涌井良幸　涌井貞美 著

Python演習で初歩から学ぶ実習統計学入門

43の演習で動かしながらマスターできる!

技術評論社

はじめに

本書は現代人気のコンピュータ言語Pythonを学びながら、統計学の基本をマスターすることを目的としています。

現代は「データの世紀」と呼ばれています。データが様々な分野で主役となり活用されているからです。そして、デジタル化した社会において、データは日々膨大に蓄積されています。

この「データの世紀」を主導する主役がデータデータサイエンスです。AI（人工知能）、DX（デジタルトランスフォーメーション）といった、データサイエンスを基盤にする言葉が日々マスコミをにぎわしています。実際、膨大なデータを解析するデータサイエンスがなければ、AIやDXは実現しません。

さて、データサイエンスを理解するには、さまざまな知識が求められます。適切なデータを取捨選択したり、分析し意味のある情報を取り出したり、さらには取り出した情報を活用できるようにするスキルが求められるのです。これらのスキルを養う基本が統計学です。データをどのようにまとめられるのか、またデータから得られた知見がどれほど信頼できるのか、というは大切な技能を提供するのが統計学なのです。

このため、現代、統計学は多くの大学で必修科目と位置づけられるようになりました。また、中学校や高等学校の授業でも、その基本の学習が課せられるようになっています。遅きに失した感もなくもありません。

本書は、このように現代において大切な統計学の基本を、分かりやすく解説する入門書です。

ところで、その統計学を学び理解するには情報分析ツールが必要です。データを前にして「そろばんや電卓で解析せよ」と命じられても、打つ手がありません。現代はそのツールが容易に手に入ります。パソコンであり、その上で動くソフトウェアです。特に便利なのがマイクロソフト社のExcelで、これまでデータ分析の標準ツールの一つでした。操作が簡単で、表形式にデータを並べるだけで、さまざまなデータ分析が可能になるからです。Excelが多くの社会人の必須アイテムの一つにもなっているのは理由があります。

しかし、ワークシートで分析するExcelスタイルにはやはり欠点もあります。データ処理が冗長になるのです。セル番地を意識しながら関数を埋め込まなければなりません。大きなデータに対しては、その分ワークシートが広がり、冗長性が顕著になります。

そこで本書はデータ解析の主役としてPythonを選びました。

Pythonは、歴史は浅いのですが大変人気の言語です。データサイエンスの花形の一つであるAIの世界で、それは標準言語にもなっています。理由は簡単です。データ処理が簡単なのです。リストや配列にデータを入れるだけで、すぐに目的の分析ができるのです。Excelのようにセル番地を意識したり、関数を多くのセルに埋め込む必要はありません。

また、Pythonはインタプリタ言語です。Cなどのようなコンパイル言語と異なり、すぐに修正が可能です。また、従来の言語のように、データの型を厳しくチェックする必要もありません。

更に、Python を開発する環境も豊富に提供されています。特に米国アルファベット社が提供する Google Colabo を利用すれば、Web ページを開くだけで、すぐにプログラムを試すことができます。その上、誤りも指摘してもらえるので、修正も簡単です。

このような特徴のおかげで、多くの大学で Python がデータサイエンスの記述言語として採用されています。また、高校のプログラミングの授業でも、Python が取り入れられています。

本書が Python を統計学のツールに採用したのは、以上の理由です。

ところで、「Excel なら知っている」、「会社では Excel を利用している」、「学校の授業で Excel を習った」という方は多いと思われます。そのような読者がより簡単に Python を使えるようになるために、本書は Excel によるデータ分析の方法も併記しました。Python と見比べることで、より一層データ分析の理解が深められると期待できます。

本書を利用して、Python を用いてデータを積極的に活躍できるようになることを希望します。

最後になりましたが、本書を作成するに際して技術評論社の渡邉悦司氏に多方面に御指導を仰ぎました。この場をお借りして感謝の意を表させて頂きます。

2023 年　筆者

≪本書で用いるシステム構成≫

Python には、標準以外にも、付け足すことができるライブラリが多彩に用意されています。その中で、本書は、NumPy、Matplotlib、SciPy を用いることにします。これら 3 者はほとんどの Python ユーザに利用されており、ほぼ標準的なシステム構成の要素になっています。

また、実行環境は Google Colaboratory を標準とします。NumPy、Matplotlib、SciPy 等のセットアップ作業が不要で、Web ページからすぐに利用できるからです。更に、Google の提供する「マイドライブ」と併用すれば、データファイルが簡単に活用できます。

本書の利用法

・分かりやすさを大切にするために、掲載プログラムは例外処理を考慮していません。たとえば確率に負値を代入したり、1より大きな値を代入したりした時のエラー処理は考えていません。

・Python 用に開発された統計処理用のプログラムを利用すると、多くの問題に対して、簡単にデータ分析の結果が得られます。しかし、結果だけ出すだけでは統計学の学習になりません。本書はできるだけ統計学の分析の意味が分かるように、理論の流れに忠実に「手動」でデータ解析を進めます。

・Python にはプログラムをコンパクトに表現する方法をたくさん用意されています。しかし、本書では初等数学的に忠実な記述を採用しています。

時には敢えて回りくどい表現を利用するのは、Python 固有のコンパクトな記述が、統計学の初学者にとって、理解しにくいと考えるからです。本書は統計学に重きを置き、Python のマニュアルではないので、その辺はご容赦ください。

・グラフや数値の表現は何も工夫を凝らしていません。それに凝るとプログラムが長くなるからです。また、数値の意味を優先したので、有効桁等の厳密性に配慮していません。

・併記した Excel においては、Excel2010 以降について調べます。それ以前のバージョンでは使えない関数が利用されています。

ダウンロードサービスの利用法

・本章で利用した Python のプログラムファイルや Excel のファイルは下記 Web ページからダウンロードできます。

［ダウンロード手順］

① ブラウザから「https://gihy.jp/book/2023/978-4-297-13411-2/support」にアクセスします。

②「ダウンロード」にサンプルファイルのリンクと説明があります。サンプルファイルのリンクをクリックするとダウンロードが始まります。

［注］

・サンプルファイルは ZIP 形式で圧縮されいています。ZIP 形式の圧縮ファイルは、XP 以降の Windows では、通常のフォルダと同じように操作できます。ZIP 形式の圧縮ファイルの操作方法については、Windows の解説書などをご参照ください。

・Python プログラムを収めたファイルの拡張子は py です。これは Python の実行ファイル形式ですが、テキストエディタやワープロで簡単に読むことができます。ファイルの内容をコピーし、Google Colabo のコードセルにペーストすれば、すぐにプログラムを実行できます。もちろん、個人のパソコンに Python システムがインストールされていれば、このファイルを実行できます。

・Excel ファイルの中のワークシートは Excel2010 以降に対応しています。

・著作権は著者及び㈱技術評論社に帰属します。

・ファイル内容の変更や改良は自由ですが、そのサポートは致しておりません。

Python 演習で初歩から学ぶ 実習統計学入門

序 章

Pythonで統計学

序－1 データサイエンスと統計学、そしてPython
～データサイエンスで最も人気の言語

近年データサイエンスの重要性が叫ばれています。DX、AI など、データサイエンスに関連するニュースが毎日のように報道されています。そのデータサイエンスの基本を支えるのが統計学です。

脚光を浴びるデータサイエンス

データサイエンスはデータを集計、分析し、新しい知見や法則を見つけ出す手法です。

現代、この科学が脚光を浴びるのには理由があります。IT（情報技術）の発達で、社会には膨大な量のデジタルデータが蓄積され、利用できるようになったからです。例えば、インターネットの検索記録、携帯電話の通信記録や位置情報、POS システムやカード会社から得られる日々の購入記録など、枚挙にいとまがありません。コンピュータがすぐに利用できる現代、溢れかえるデジタルデータを資源として活用しない手はありません。データサイエンスはこれら豊富なデジタル情報に果敢に対応する科学なのです。

データサイエンスに不可欠な統計学の基礎

このように、デジタル化した社会において、データサイエンスは社会を支える基盤です。ところで、そのデータサイエンスを理解するには、様々な知識が求められます。適切なデータを取捨選択したり、それを分析し意味のある情報を取り出したり、更には取り出した情報を活用できるようにする能力などが求められます。データサイエンスは総合科学なのです。

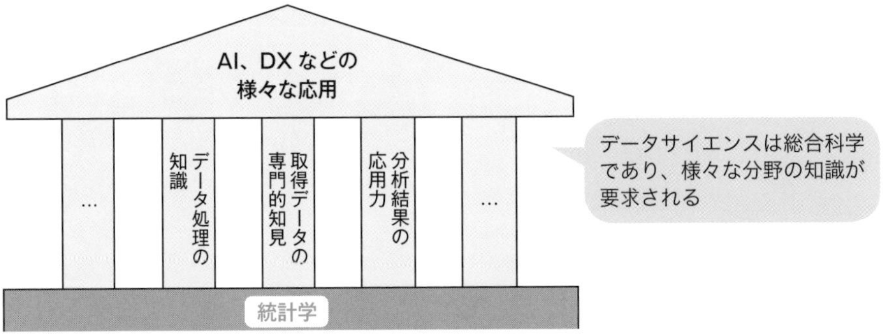

このように幅広い知識が要求されるデータサイエンスですが、基本となるのは統計学の素養です。これ無くして、信頼できるデータ分析はできません。データがどのように扱われ、得られた結論にどれくらいの誤差があるかなどを理解できなければ、結論の情報は意思決定の手段として使えないからです。本書はこの統計学の基本を丁寧に記述しています。統計的な判断の素養をしっかり身に着けることを目指しているのです。

統計学とPython

統計学はIT（情報技術）の発達で得られたデジタルデータを処理し分析する基本ツールです。しかし、その統計学自体も、IT（情報技術）の技術で生産されるコンピュータの手助け無くして、理解はできません。更に具体的にいうなら、統計学にはパソコンが不可欠なのです。

ところで現代、多くの読者はコンピュータに慣れ親しんでいると思います。統計学を理解する環境は整っているのです。小学校からタブレット等のパソコンに触れる機会が豊富です。また、中学校や高等学校の情報科学の授業で、プログラミングに触れていることでしょう。現代は統計学の学習に恵まれた時代なのです。

本書は統計学のためのプログラミング言語として、Python（パイソンと呼びます）を中心に据えています。Pythonは現代もっとも人気のプログラミング言語の一つです。特にAI（人工知能）の開発言語としては抜きんでた人気を博しています。

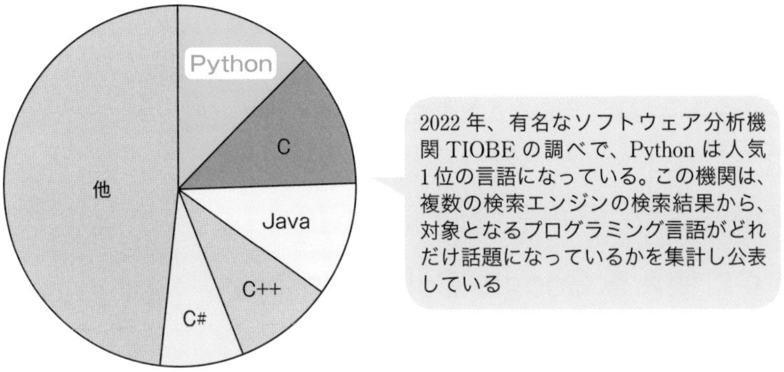

（出典）https://www.tiobe.com/tiobe-index/

Python人気の秘訣の一つは、理解しやすいということです。特に統計学に限っていうと、中学校程度の英語と高校1年生程度の数学の知識があれば簡単に理解し利用できます。素直にプログラムのコードを読み進めると、簡単に処理内容が理解できるのです。統計学でこのメリットを利用しない手はありません。

Pythonは統計学を学ぶのに最適

Pythonは統計処理に特化したツールではなく、統計解析専用のソフトウェアのように、データをセットすればすぐに結論が得られるわけではありません。しかし、Pythonで統計学の問題をプログラミングするのには深い意味があります。しくみが理解できるのです。統計理論の流れが見えるのです。このことはデータサイエンスで大切です。様々な特異なデータにも、応用が効くようになるからです。これからのデジタル社会でどのようなデータが現れるかは想像かつきません。しかしPythonによる統計学の理解は、それらへの対応力を十分養うことになるでしょう。

序－2 すぐに使える Python ～ Google Colabo を開くだけ！

Python を利用するには PC が必要です。ところで、購入直後の PC には、通常 Python はセットされていません。Python を利用するには、準備が必要です。しかし、大丈夫。すぐに使える方法があるのです。

個人が Python を利用するには、次の 2 つの使い方が代表的です。

(1) Google Colaboratory（略して Google Colabo）を利用する

(2) PC に Python をインストールする

（注）職場や学校で Python を利用する際には管理者の指示に従ってください。

どちらを利用しても Python のプログラムの本質は変わりません。そこで、本書では「使い方 (1)」を標準に考えます。インストール作業が不要で、すぐに使えるからです。また、文法的なミスなども指摘してくれるので、プログラミングが大変容易です。更に、有用なツールが最新のものに更新されているので、面倒なアップデート作業から解放されます。

（注）使用法 (2) については、付録 D、E、F をご覧ください。

すぐに使える Google Colaboratory

いま述べたように、本書は Google Colaboratory 上で Python を利用することを標準とします。今後は Google Colaboratory を Google Colabo と略して呼ぶことにします。

Google Colabo を開いたページの一部（内容は不定期に更新されます）

Google Colabo を利用するには、インターネッ上の Google Colabo のホームページを開くだけです。開くだけですぐに Python のプログラムが実行できるのです！

このホームページは次のURLからアクセスできます。

https://colab.research.google.com/

(注) URLは変更されかもしれません。開かないときには、「Google Colaboratory」とネット検索してみましょう。

Google Colaboで Python プログラミング

Webページを開くと次のボックスが表示されます。その右下にあるクリックメニュー「ノートブックを新規作成」「キャンセル」のどちらか一方をクリックしましょう。

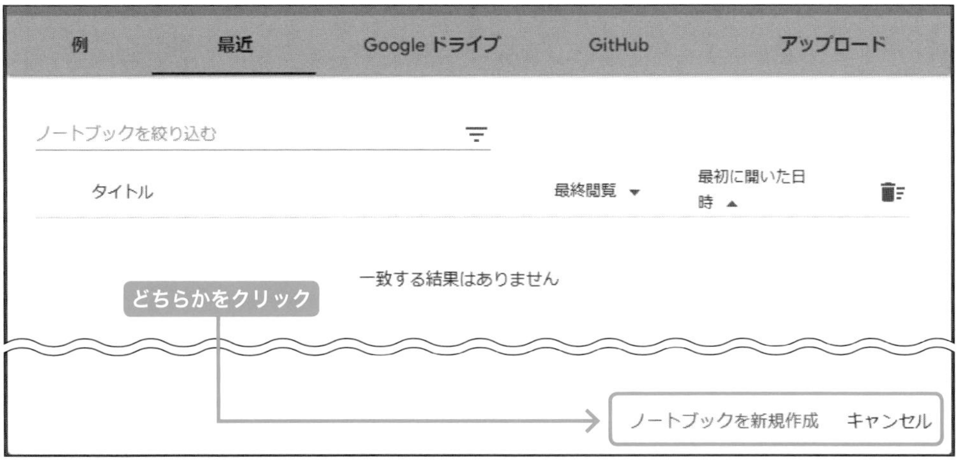

(注) ブラウザによっては表示の形態が変わります。このボックスが現れないときには次の「コードセル」の説明に進んでください。

表示されるウィンドウの中に、コードセルと呼ばれる次のサブウィンドウが現れます。このサブウィンドウがプログラムのコードを入力する場所です。ここにプログラムを入力すれば、Google Colaboはそれを実行してくれます。

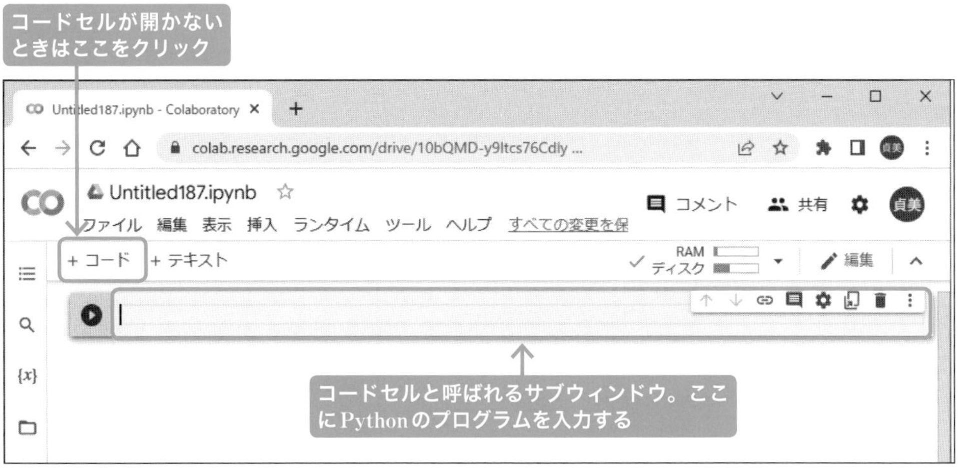

(注) 「コードセル」が開かないときには、ツールメニューにある「+コード」をクリックしましょう。

コードセルにプログラムを入力

プログラムを「コードセル」に入力するには、キーボードから直接入力するのも一つの手です。リアルタイムに文法ミスなどを指摘してくれるので、入力しながら訂正が可能です。また、ワープロやテキストエディターで作成したプログラムを「コードセル」にコピーすることも可能です。このときにも、Google Colabo は文法的な誤りなどを指摘してくれます。

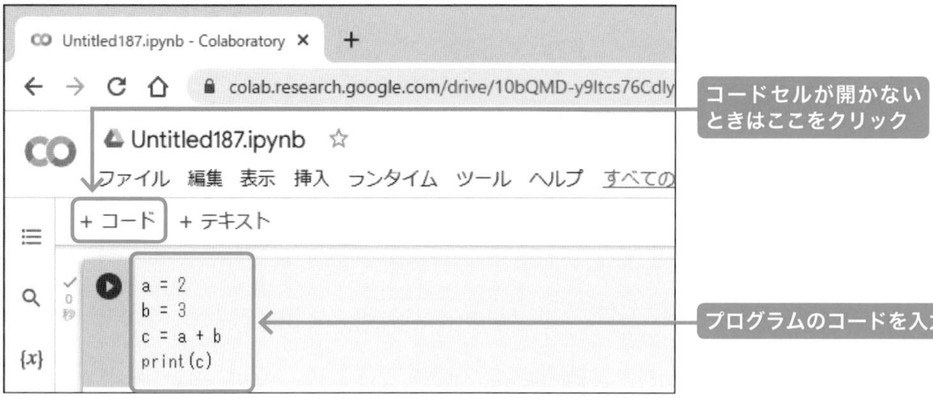

Google Colabo でプログラムを実行

入力したプログラムを実行するのも、いたって簡単です。コードセルの左にある▶マークをクリックすればよいのです。

(注)キーボードで Ctrl と Enter を同時に押しても(すなわち Ctrl + Enter)、実行されます。

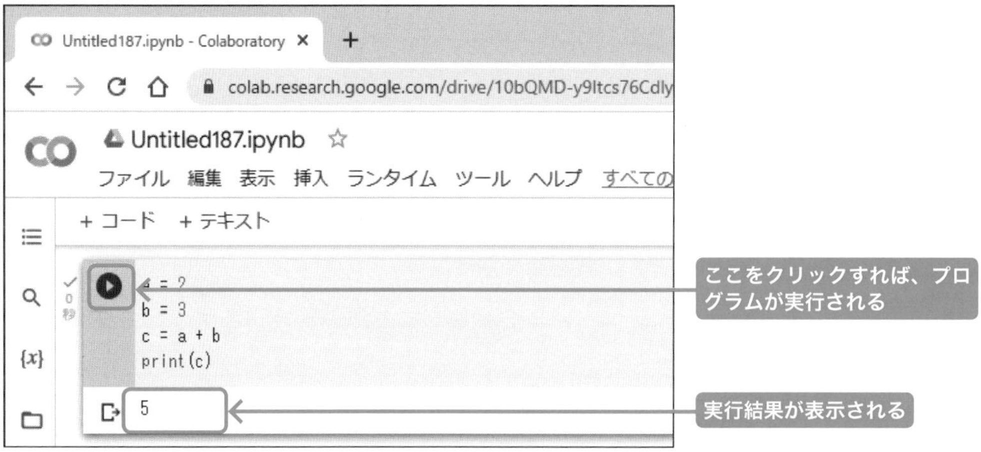

Google Colabo で外部ライブラリもすぐに利用可

Python の世界では、プログラムの大きなまとまりを**ライブラリ**と呼んでいます。ライブラリは機能ごとに様々な部品(すなわち**モジュール**)から構成されています。本書は Python に標準的に備えられている「標準ライブラリ」以外に、**NumPy**、**Matplotlib**、**SciPy** と呼ばれる 3 つの外部のライブラリを利用します。

Python の標準機能だけでも多彩なプログラミングが可能です。しかし、これらの外部ライブラリを付加すると、鬼に金棒になります。

Google Colabo では、これら NumPy、Matplotlib、SciPy は最新のものが使えるようになっています。インストールする必要はありません。

(注) 個人のパソコンで使う場合には、インストール作業が必要です(付録E)。

外部ライブラリ名	特徴
NumPy	リスト、配列に関係する計算が得意
SciPy	科学や統計に関する計算が得意
Matplotlib	グラフ描画が得意

本書では、簡略を期すために、Python の標準ライブラリとこれら 3 つのライブラリを含めて Python と呼ぶことにします。そして、これらを使うことを前提とします。

(注) 3 つのライブラリ以外にも、便利なツールが豊富にあります。これら 3 つを選択したのは、ほとんどすべての Python ユーザが使っているという理由からです。

memo

コードセルの開閉

コードセルが開いていないとき、ツールバーにある「＋コード」をクリックすれば、それが開きます。逆に閉じたいときには、コードセルの左のバーを右クリックし、表示されるメニューの中の「セルの削除」を選択します。

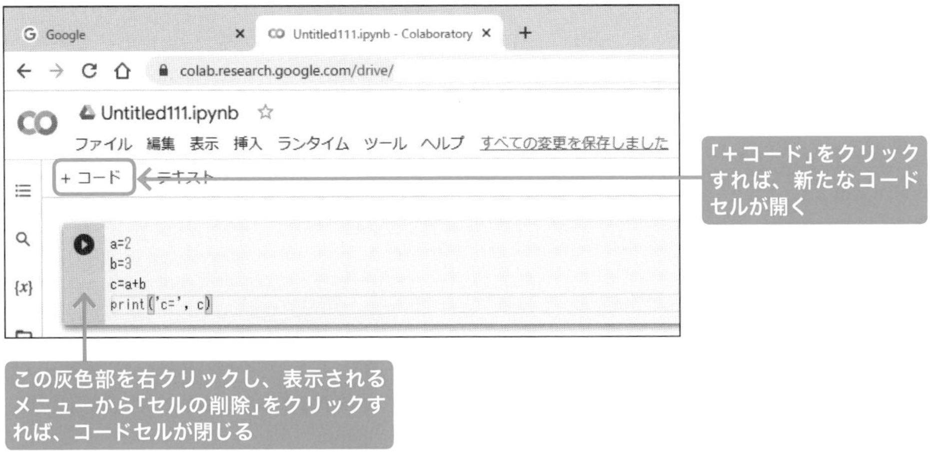

序－3 Pythonプログラミング、さあ始めよう（基本編）～基本は簡単な数学と英語

Pythonは大変使いやすいプログラム言語です。簡単な数学と英語の知識だけで理解することができます。早速調べてみましょう。

統計プログラミングは高校1年生の数学と中学生の英語

プログラムの基本単位を**命令文**といいます。Pythonのプログラムも命令文から構成されています。

命令文は中学教科書にある数学の記述がそのまま利用できます。先に示したプログラムの例を見てください。中学校の数学の教科書に掲載されていても、違和感は起こりません。

```
a = 1
b = 2
c = a + b
print(c)
```

命令文は英語的に解釈できます。その英語も中学生の英語力で十分です。例えば、上記プログラムの最後の1行の「print」を見てください。「cを印刷せよ」とすぐに解釈できます。

ところで、後に次のような関数が利用されます。

numpy.array(x)、numpy.mean(w)

さすがに中学の英語力では、array（配列）、mean（平均値）の意味は不明でしょう。しかし、よく現れる名称なので、すぐに覚えることができます。

ちなみに、上記のプログラムで、文字a、b、cは**変数**と呼ばれます。その一つ一つの名称は**変数名**と呼ばれます。これも中学校の数学で学ぶ「変数」「変数名」とほぼ同じです。

（例）中学校の数学でも、例えば2次関数$y=x^2$のx、yを「変数」と呼んでいます。

データの型

データはコンピュータに記憶されことで活用することができます。コンピュータの世界では、データは**整数型**、**実数型**、**文字型**、**文字列型**の4つの型に大きく分類されます。

型	説明	例
整数（iteger type）	整数のみで構成されるデータの型	0、1、−2、256
実数（float type）	小数部を持つ数からなりたつデータの型。float型とも呼ばれる。	0.1、3.14、2.718281
文字（character type）	1文字から成立するデータの型	'a'、'b'、'c'、'A'、'B'、'C'
文字列（string type）	文字列から成り立つデータの型	'ABC'、'book'

表に示すように、文字や文字列は「'」（シングルクォート）で囲みます。「"」（ダブルクォート）でも良いのですが、本書は前者に統一します。

(注1) 情報科学の「実数」は数学の「実数」とは異なります。数学の「実数」は「実際に存在する」数という意味です。それに対して、情報科学では、上記のように、整数と対比された意味を持ちます。

(注2) Pythonは4つの型を更に細分した型を用意していますが、本書では4つの型だけの理解で十分です。

先に調べた変数名は、これらのデータの値が収まる場所の名を意味しています。

データの類型をしっかり意識する必要があるのは、実際にプログラムを書いてみるとわかります。次の例を見てください。

```
x = 1
y = 'apple'
z = x + y
```

コンピュータの立場で考えれば、1行目は「xに1を代入する」、2行目は「yにappleという文字列を代入する」と理解できます。しかし、3行目は理解不能となります。1にappleは加えられないからです。同じ型同士の計算が必要なのです。

(注) 整数 (integer type) と実数 (float type) の混用は、人が行う計算と同様、多くの場合許容されます。

本書は、これら4つの型のうち、整数型、実数型、文字列型の3種を利用します。

命令文の構成

これまで調べてきたように、Pythonのプログラムは簡単な数学と英語の知識があれば、十分に理解できます。プログラムを構成する文は、中学生の学力で十分解釈できるからです。

(注) 乗除の記号「×」、「÷」は、対応するキーがキーボードにないので、「*」(アスタリスク)、「/」(スラッシュ) を代用します。

以下では、中学数学にはない、Python固有の表現法を解説します。本書の内容に限ると、次の2つが挙げられます。

〔中学数学にない形①〕代入計算「+=」「-=」

次の例を見てください。中学数学では現れない記号が使われています。

例 x+=1

この「+=」は「変数 x の値に1を加えて、新たな変数 x の値にせよ」という意味です。すなわち、左辺の変数自身への代入を意味しています。

例 x-=1

「- =」は「変数 x の値から1を引き、新たな変数 x の値にせよ」という意味です。

(注) Pythonに限らず、現代の多くのプログラミング言語はこの形をサポートしています。

〔中学数学にない形②〕比較記号「==」「>=」「<=」

プログラムで最重要な要素の一つは「判定」です。Pythonでは次のような命令文の中に多く利用されます。これをif文と呼びます。

例 `if x > 1:` … (意味) 変数 x の値が1より大きいなら以下の処理をせよ

これは中学生の知識で理解できる範囲です。しかし、次の例はどうでしょう。

例 `if x == 1:`

一般社会でも通用しない表記です。これは「変数xの値が1に等しいなら次の処理をせよ」という意味です。これまでの例でわかるように、等号「=」は代入の意味で使われます。そこで、「等しい」という本来の意味で等号を利用したいときには「==」と等号を2つ並べるのです。

本書で利用するif文の判定記号をまとめましょう。

判定記号	説明	例
==	左辺が右辺と等しいかを判定	`if a == 2:`
>	左辺が右辺よりと大きいかを判定	`if a > 2:`
<	左辺が右辺よりと小さいかを判定	`if a < 2:`
>=	左辺が右辺以上かを判定	`if a >= 2:`
<=	左辺が右辺以下かを判定	`if a <= 2:`

リストと要素

これまでの話は、Pythonに限らず、現代のプログラミング言語ではほぼ共通の話です。これからは多少Python向けの話になります。リスト(list)と配列(array)です。ここでは**リスト**について調べましょう(配列は次の節で調べます)。

Pythonは、数値や文字列の並びを表現するのに「リスト」を用意してくれています。

リストの基本例として、数や文字列が一列に並んだ**1次元**のリストが挙げられます。

例 a = [1, 2, 3]、b = ['**リンゴ**', '**ミカン**', '**イチゴ**', '**ブドウ**']

この例でわかるように、1次元のリストは括弧[ ]でくくられます。また、その成分となる**要素**はコンマ「,」で区切られます。

要素の取り出し方を調べましょう。1次元のリストには、下記の○の付けられた数字に示されるような番地が付けられています。この番地を**インデックス**(index)と呼びます。

　　　　　0　1　2 ←インデックス

例 a = [1, 2, 3]

注意すべき点は、インデックスの番号が、日常の数え方と異なる点です。日常では番号は1から数え始めます。それに対して、Pythonのインデックスは0から数え始めるのです。このことはPythonの世界では常識となっていて、例外はほとんどありません。

1次元のリストの要素の参照法を調べましょう。上の(例)のリストaを利用すると、「インデックスが1」の要素は次のように見ることができます。

```
a[1]
```

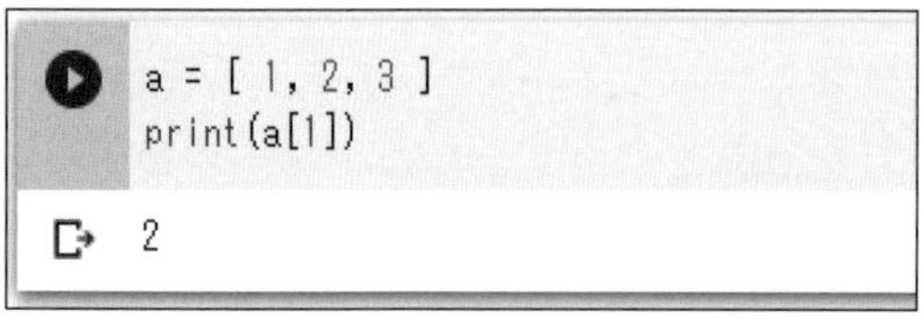

リストaのインデックス1の要素a[1]をGoogle Colaboで見た図。今後はこのような実行図はGoogle Colaboから得ることにする

2次元リスト

表(テーブル)を表すには平面的な並びが必要になります。次の表を見てみましょう。出席番号と、名前、そして試験の点数が書き込まれた表です。

1	太郎	69
2	花子	78
3	次郎	59

2次元リストはこのような表を表すのに便利

このような平面タイプの並びを、Pythonは2次元リストで表現します。例えば、上の表は次のように2次元リストで表現されます(リスト名はdとしました)。

例 `d = [[1, '太郎', 69], [2, '花子', 78], [3, '次郎', 59]]`

このリストdを、上記の表に対応できるように改行してみましょう。

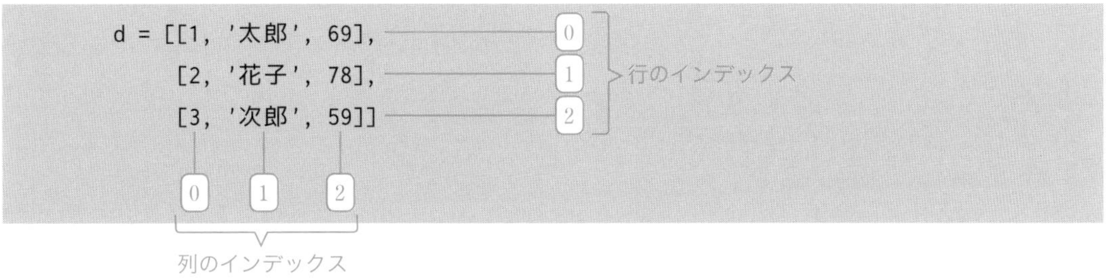

このとき、横のまとまりを行(row)と呼び、縦の並びを列(column)と呼びます。ここでも、行や列の指定にインデックスが利用されます。

2次元リストの場合の要素の取り出し方を調べましょう。上の例のリストdで、行のインデックスが1、列のインデックスが2の要素を取り出すには、次のように記述します。

```
d[1][2]
```

2次元リストの行全体を取り出す方法も似ています。例えば、上の例のリストdのインデックス0の行全体を取り出すには、次のように記述します。

```
d[0]
```

```
d = [[1, '太郎', 69], [2, '花子', 78], [3, '次郎', 59]]
print(d[1][2])
print(d[0])
```

```
78
[1, '太郎', 69]
```

2次元リストdの要素と行の取り出し方

リストの計算

リストの計算は、文字処理的な感覚から生まれています。そこで、数学のベクトルに親しんでいる読者には戸惑うと思います。戸惑う読者は、次節で調べる「配列」を常用することをお勧めします。

次の例で計算の仕方を了解してください。

例 a = [4, 5, 6]、b = [1, 2, 3] のとき、3*a、a + b を計算してみます。

```
a = [4, 5, 6]
b = [1, 2, 3]
print(3*a)
print(a+b)
```

```
[4, 5, 6, 4, 5, 6, 4, 5, 6]
[4, 5, 6, 1, 2, 3]
```

リストの計算は文字処理に便利であるが、数学的には不便。本書では、リストのこのような使い方はしない。ちなみに「a−b」「a*b」は文法エラーになる

繰り返し処理の基本

コンピュータは繰り返し処理を得意とします。本書では、その「繰り返し処理」として、ただ一つのタイプを利用します。

```
for i in [1,2,3]:
  print(i)
```

このように for から始まる命令文を **for 文**といいます。意味は「変数 i が配列 [1, 2, 3] の要素を順に取り出し、字下げした以下の処理（すなわち print(i)）を要素ごとに実行せよ」ということです。

```
for i in [1,2,3]:
  print(i)
```

```
1
2
3
```

本書で利用する「繰り返し処理」の典型例。リスト [1, 2, 3] の部分には、リストや後述の range 関数で生成する数の列などがセットされる。最後がコロン(:) になっていること、後続の繰り返し部分を字下げ（インデント）で表すこと、の 2 点に留意

（注）字下げを**インデント**といいます。また変数 i を**ループ変数**と呼びます。i 以外の文字でも構いません。

リスト内包表記

Python の大きな特徴の一つが**リスト内包表記**です。この表記法は、プログラムをコンパクトにするのに役立ちます。次の例で、リスト x=[0, 1, 2, 3, 4] を作成しています。大きなリストでも 1 行で表現できることがポイントです。

```
x = [i for i in range(5)]
```

確認のために実行してみてみましょう。

```
x = [i for i in range(5)]
print(x)
```

```
[0, 1, 2, 3, 4]
```

リスト内包表記でリスト [0, 1, 2, 3, 4] を作成。range(5) は 0 から 5 未満の整数を生成する関数

他の言語のようにプログラミングすると、次のように冗長になります。

```
x=[0] * 5
for i in range(5):
    x[i]=i
print(x)
```

```
[0, 1, 2, 3, 4]
```

リスト内包表記を使わずリスト [0, 1, 2, 3, 4] を作成。1 行目の「x=[0] * 5」は、要素数 5 の配列 x を確保するための文。冗長になる

リスト内包表記は、初めはわかりにくいという欠点があります。また場合によっては、冗長な記述の方が役立ちます。しかし、一度使うと、その簡潔性ゆえに、病みつきになります。

タプル

リストに似たものに**タプル (tuple)** があります。リストが大括弧 [ ] でまとめられた数や文字列の集まりですが、タプルは通常の括弧 ( ) でまとめられた数や文字列の集まりです。

例 (0, 1, 2, 3)、('red', 'yellow', 'blue')

タプルとリストは括弧の形が異なるだけで、リストとほとんど同じ機能を持ちます。ただし、大きな違いがあります。タプルの要素は変更できないのです。そこで、プログラムの中で書き換えてはいけない定数の定義に便利です。

(注) tuple は変な英語ですが、double、triple の発音の流れで生まれた言葉といいます。

print

いままでに何度か利用していますが、print は「次に続く ( ) の内容を印刷せよ」という意味です。

```
print(3.14, 'Python')
```

```
3.14 Python
```

このように変数名に ( ) が付けられたものを**関数**と呼びます。Python は様々な関数を組み合わせてプログラムを完成します。

序－4 Pythonプログラミング、さあ始めよう（関数編）～Pythonは関数の組み合わせ

Pythonでは**関数**が大切です。プログラムは関数を組み合わせて作成します。ところで、「関数」というと身構える読者もおられると思いますが、そんな心配はありません。Pythonで利用する場合は簡単なのです。ここでも中学生で習う数学の記述がそのまま利用できます。

Python処理の基本単位は関数

Pythonでいう関数は「必要なデータを与えれば処理を実行してくれる機能」という理解で十分です。その関数を上手に結合し、組み立てていくことで、プログラムが作成できます。

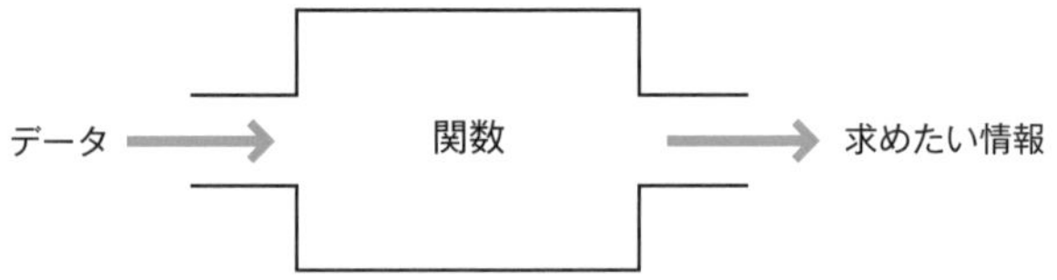

例を見てみましょう。次のプログラムで「複数の数が収められた変数xに対して、それらの和を求めなさい」という機能を果たす関数sumを用いています。

```
x = [1, 2, 3, 4, 5]
s = sum( x)
print( s )
```

```
15
```

関数の例
sum関数は引数にある数の列の和を算出。すなわち、1＋2＋3＋4＋5＝15を計算する

この関数sumの例からわかるように、関数は**関数名**に括弧( )が続く形をしています。

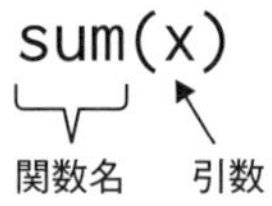

関数名の隣にある括弧の中には変数やリスト、配列がセットされます。これらを関数の**引数**（英語でargument）と呼びます。なじみの少ない言葉ですが、コンピュータの世界ではよく利用される言葉なので、覚えておいてください。

必要な関数はPythonが用意

プログラムは関数を組み合わせて作りますが、統計学で役立つ関数の多くはPythonが用意してくれています。基本的な統計学の関数はほぼすべてが用意されているといっても過言ではありません。自分で作成する必要はないのです。

例 numpy.mean(w)：変数 w に記憶されているデータの平均値を求める関数

例 scipy.stats.norm.pdf(x, 0, 1)：標準正規分布の確率密度関数の値を算出する関数

ちなみに、独自の関数を作ることも、当然できます。本書ではほとんど利用しませんが、統計処理を発展的に応用していく際には必要になるでしょう。

（注）本書では、5-1 節以外、Python やその外部ライブラリが用意した関数のみ利用します。

関数を使うには宣言が必要

統計学で利用される関数のほとんどは Python が用意していますが、実際に使うには「これから使いますよ」という準備のための宣言が必要になる場合があります。例えば、上記の平均値を求める関数 numpy.mean を使うには、次のような宣言が必要です。

```
import numpy as np
```

これを **import 文**と呼びます。次の例は NumPy の関数 numpy.mean を使用した例を示しています。

```
import numpy as np
x=[1, 2, 3, 4, 5]
m=np.mean(x)
print(m)
```

```
3.0
```

NumPy の関数 numpy.mean を用いて、リスト x の中の要素の平均値を算出している例。import 文が必要。numpy.mean が np.mean と変化していることに注意

import 文の形で関数形が異なる

ややこしいのは、関数利用の宣言とそれに対応する関数の表現法です。宣言のし方によって、すなわち import 文によって、同じ関数でも使うときに形が多少異なることがあるのです。

上記の関数 numpy.mean を見てみましょう。次の import 文を用いると、関数の形は次のように変化します。

```
import numpy
x=[1, 2, 3, 4, 5]
m=numpy.mean(x)
print(m)
```

```
3.0
```

import 文の形を変えて NumPy の関数 numpy.mean を使用した例。上記とは異なる形になっている

そこで本書では import 文を次の表のように統一します。

import 文	説明
import numpy as np	NumPy の関数を利用するとき
import matplotlib.pyplot as plt	Matplotlib の関数を利用するとき
from scipy.stats import（モジュール名）	SciPy の関数を利用するとき

本書では、解説のタイトルでは関数名にフルネームを利用しています。しかし、実際の解説では、ここに示したimport文が宣言されていることを仮定し、それに対応した関数名を利用します。

例 SciPyで正規分布の値を求める関数は、フルネームとして「scipy.stats.norm.pdf」が利用されますが、本文解説ではnorm.pdfという名称を用います。

配列とその計算規則

前の節（序-3節）では、Pythonの便利な特徴であるリストについて調べました。それを更に便利に拡張する方法があります。外部ライブラリのNumPyが提供する**配列**（array）を利用するのです。

この配列は「ndarray」（numpy data arrayの略）と呼ぶこともあります。本書では「配列」という言葉をこのndarrayの意味以外には利用しません。そこで、ndarrayを単に「配列」と呼びます。

配列はリストを使いやすく拡張したものです。そこで、リストは簡単に配列に変換できます。それを実現するのが**numpy.array**関数です。引数にリストを置くことで、それが配列に変換されます。

例 `b = np.array([1, 2, 3])`

リストと配列とは関数typeを利用して区別できます。次の例を見てください。

```
import numpy as np
x=[1, 2, 3]
y=np.array(x)
print(type(x),type(y))
```

```
<class 'list'> <class 'numpy.ndarray'>
```

変数がリストか配列化を区別するにはtype関数を利用

NumPyの提供する「配列」は、扱いが数学の世界のベクトルや行列に似ています。そのことがNumPyをPython環境の標準ツールに押し上げた理由です。次の例で計算の仕方を了解してください。

```
import numpy as np
a = np.array([4, 5, 6])
b = np.array([1, 2, 3])
print(3*a)
print(a+b)
print(a-b)
print(a*b)
```

```
[12 15 18]
[5 7 9]
[3 3 3]
[ 4 10 18]
```

a*b以外は、数学のベクトルの計算法と一致。数学に慣れている読者にはありがたい性質である

第1章

統計学のための資料整理

実際のデータを前にしたとき、それをどのように整理するかの方法を調べましょう。度数分布表やヒストグラム、相関図など、基本的な図表の作成を調べます。

1-1 度数分布表の作成法 ～ 資料を整理整頓

統計学の狙いは、資料の裏に潜む本質を把握することです。それには資料の整理と視覚化が役立ちます。バラバラに見えているデータを整理し、視覚化することで、全体的な理解を深められるからです。

資料の整理

膨大な資料を前にしたときに、整理法を知らなければ資料は「宝の持ち腐れ」になってしまいます。その整理法の代表が度数分布表の作成と視覚化です。本節では、前段である度数分布表の作成法を調べます。

個票

名前	年収
A	473.2
B	328.7
C	615.0
…	…
…	…
…	…
Y	289.7
Z	737.1

（万円）

度数分布表

階級			階級値	度数
以上		未満		
250	～	275	262.5	1
275	～	300	287.5	3
300	～	325	312.5	5
…	…	…	…	…
975	～	1000	987.5	1

ヒストグラム

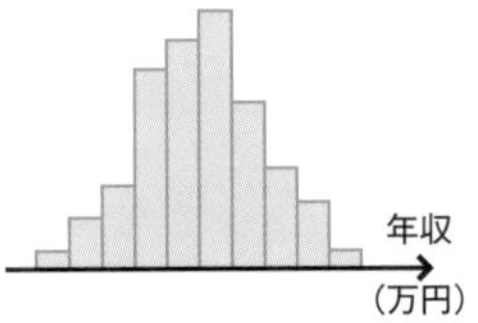

度数折れ線

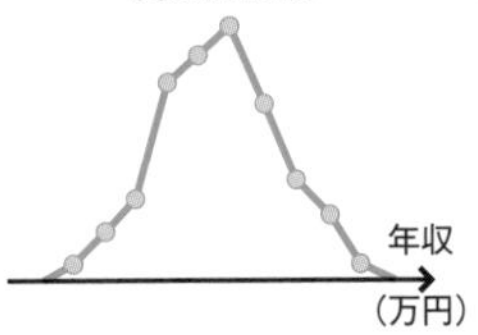

資料の整理。通常は、左から右に向かって資料をまとめる

用語解説

本論に入る前に、用語の確認をします。例えば、次の表はある会社の社員の年収資料です。これをもとに調べることにしましょう。

名前	年収
A	473.2
B	328.7
C	615.0
…	…
…	…
…	…
Y	289.7
Z	737.1

（万円）

変量

1番目の個体

2番目の個体

3番目の個体の個体名

この資料のように、個々のデータとそのデータ名とが並んでいるものを個票という。**個票**のように、加工されていない生資料のことを**1次データ**と呼ぶ

統計の調査結果は通常このような表にまとめられます。これを**個票**（または**個票データ**）といいます。

個票の構成単位を**個体**といいます。左表の場合、「名前Aの人の年収473.2万円」が一つの個体となります。そして、その**個体**の名称である、例えば「名前A」をそのデータの**個体名**といいます。

また、個票の調査項目を変量といいます。上の資料で言うと、「年収」がそれに対応します。変量を数学的に表す際には通常、x、yなどと、小文字のローマ字が用いられます。

度数分布表と階級

個票は数値の羅列であり、理解しにくいものです。そこで、次の表のように整理されるのが普通です。

階級			階級値	度数
以上		未満		
250	～	275	262.5	1
275	～	300	287.5	3
300	～	325	312.5	5
…	…	…	…	…
975	～	1000	987.5	1

前ページに示した収入の個票を度数分布表にまとめたもの。度数、階級、階級幅という言葉に親しもう

このように、データを適当な間隔ごとの頻度(**度数**)で表したものを**度数分布表**といいます。そして、データの収まる各区間のことを**階級**といい、階級を代表する値を**階級値**といいます。多くの場合、階級値は階級の区間の中央の値を利用します。また、区間の幅を**階級幅**といいます。この表の階級幅は25です。

相対度数分布表

度数分布表に示された度数は資料の大きさによって変動します。資料が膨大のときには、度数分布表で示された数値を見ても、資料全体の把握が困難です。そこで、各度数を総度数で割ってみましょう。これを**相対度数**といいますが、これがまとめられた分布表を**相対度数分布表**といいます。データ数によらない割合の把握を容易にします。

階級			階級値	相対度数
以上		未満		
250	～	275	262.5	0.01
275	～	300	287.5	0.03
300	～	325	312.5	0.05
…	…	…	…	…
975	～	1000	987.5	0.01

相対度数分布表。全体のデータの分布の把握が容易になる。上の度数分布表で、総度数が100の場合を例示している

累積度数分布表

各階級の度数を積み重ねた表を**累積度数分布表**といいます。ある境よりも大きい(または小さい)値を持つ度数を調べるのに便利です。上の度数分布表の例で考えると、次の表が累積度数分布表となります。

階級			階級値	累積度数
以上		未満		
250	～	275	262.5	1
275	～	300	287.5	4
300	～	325	312.5	9
…	…	…	…	…
975	～	1000	987.5	100

累積度数分布表。前のページの度数分布表で、総度数が100の場合をイメージしている

相対度数分布表からも、その累積度数分布表を作ることができます。この場合、最終的な累積値は1となります。

階級			階級値	累積度数
以上		未満		
250	～	275	262.5	0.01
275	～	300	287.5	0.04
300	～	325	312.5	0.09
…	…	…	…	…
975	～	1000	987.5	1.00

累積相対度数分布表。上の累積度数分布表から作成している

実習 1　Pythonによる統計分析

右のデータは47都道府県別の令和3年の「最低賃金」、すなわち最低賃金時間額（円）である。この資料から最低賃金の度数分布表を作成してみよう。

都道府県名	最低賃金	都道府県名	最低最低	都道府県名	最低賃金
北海道	889	石川	861	岡山	862
青森	822	福井	858	広島	899
岩手	821	山梨	866	山口	857
宮城	853	長野	877	徳島	824
秋田	822	岐阜	880	香川	848
山形	822	静岡	913	愛媛	821
福島	828	愛知	955	高知	820
茨城	879	三重	902	福岡	870
栃木	882	滋賀	896	佐賀	821
群馬	865	京都	937	長崎	821
埼玉	956	大阪	992	熊本	821
千葉	953	兵庫	928	大分	822
東京	1041	奈良	866	宮崎	821
神奈川	1040	和歌山	859	鹿児島	821
新潟	859	鳥取	821	沖縄	820
富山	877	島根	824		

（出典）厚生労働省：
https://www.mhlw.go.jp/stf/seisakunitsuite/bunya/koyou_roudou/roudoukijun/minimumichiran/

度数分布表の作成法はいろいろです。ここではNumPyが用意しているヒストグラム作成機能を用いましょう。

プログラムを簡単にするために、データは変数wageに直接入力しています。データが大きいときには、これは現実的ではありません。その場合、データはファイルから読み込みます。方法については、付録A～Cをご覧ください。

Pythonプログラム 1

```
#度数分布表の作成
print('【度数分布表の作成】')
#準備
import numpy as np

#最低賃金データをwageにセット
wage=np.array(
[889, 822, 821, 853, 822, 822, 828, 879, 882, 865,
956, 953, 1041, 1040, 859, 877, 861, 858, 866, 877,
880, 913, 955, 902, 896, 937, 992, 928, 866, 859,
821, 824, 862, 899, 857, 824, 848, 821, 820, 870,
821, 821, 821, 822, 821, 821, 820 ])

#度数分布作成
hist, edges = np.histogram(wage, range=(810,1050), bins=24)

#階級の表示
print('階級')
print(edges.astype(int))

#度数分布の表示
print('度数分布')
print(hist)
```

NumPy関数を利用できるように準備(序-4節)

配列wageに最低賃金データを設定

np.histogramで度数分布を作成。rangeにはデータの範囲を、binsには階級数を設定。左辺histに度数分布が、edgesに階級が格納される

数値の小数部を切り捨て、整数表示するのにastye(int)を利用(後述)

計算結果

プログラムの実行結果を示します。テキストで出力されるので、Excelで出力したように見やすくはありません。統計学の問題ではありませんが、プログラムを工夫すれば、いかようにも美しい表示は可能です。Pythonに親しんでいる読者は挑戦してみてください。また、有名な外部ライブラリのPandasを利用すれば、多少見栄えのよい表が簡単に作成できます。なお、このようなコメントは、以下略します。

```
【度数分布表の作成】
階級
[ 810  820  830  840  850  860  870  880  890  900  910  920  930  940
  950  960  970  980  990 1000 1010 1020 1030 1040 1050]
度数分布
[ 0 17  0  1  5  5  4  3  2  1  1  1  1  0  3  0  0  0  1  0  0  0  0  2]
```

Pythonレッスン **numpy.histogram関数**

度数分布を得るために、NumPyの関数histogramを利用しました。配列に収められた数値から

度数分布を簡単に作成してくれる関数です。本節では次のように利用しています。

```
hist, edges = np.histogram(wage, range=(810,1050), bins=24)
```

最低賃金データの入った配列 wage について、階級の下限、上限を 810、1050 とし、階級数を 24 として、度数分布を算出するように指示しています。結果として、配列 hist に各階級の度数が、配列 edges に階級の区切りがセットされます。

この例を理解していれば、他への応用は容易でしょう。

注意すべき点は、階級の区切りを与える配列の要素数は、階級の度数を表す配列の要素数よりも、1 つ多いことです。グラフを描くとき、この点に工夫が求められることになります (1-2 節)。

例 配列 w に 13 人の成績が納められているとする。

```
w = np.array([2, 3, 3, 4, 4, 4, 5, 5, 6, 6, 7, 7, 8])
```

このとき histogram 関数を次のように利用してみよう。

```
hist, edges = np.histogram(w, range=(1, 10), bins=3)
```

すると、左辺の配列は次のようにセットされる。

```
hist  ← np.array([3 7 3])
edges ← np.array([1.  4.  7. 10.])
```

edges の方が hist よりも、要素数が 1 つ多いことに注意してみよう (右図)。また、edges は実数型で算出されていることにも留意したい。

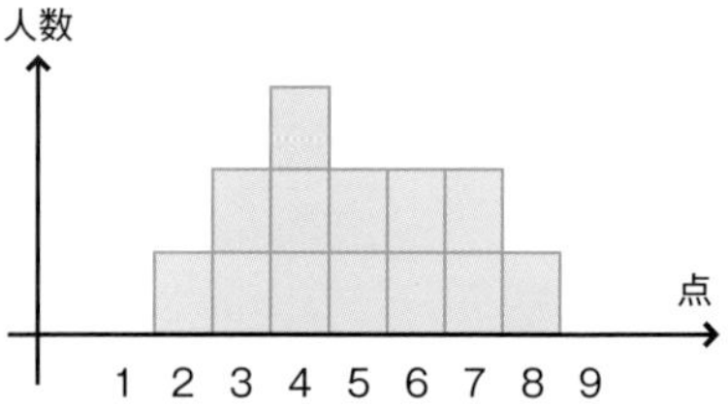

Python レッスン　astype 関数

序章でも調べたように、コンピュータの世界では、データの型は大きく 4 つに分けられます。

(1) 整数型 (int 型) (整数を表現)

(2) 実数型 (float 型) (小数部の付いた数値を表現。)

(3) 文字型 (char 型) (単一の文字を表現。a、b、c、A、B、C など。)

(4) 文字列型 (str 型) (文字の列を表現。'hello'、' こんにちは '、など。)

これら 4 つの世界を互いに行き来できる機能が NumPy に用意されています。それが astype です。プログラムでは次のように利用しています。

```
print(edges.astype(int))
```

こうすることで、配列 edges の各要素は整数として表示されます。実数型の数値が納められている配列 edges をそのまま出力すると表示が見にくくなります。そこで、このような工夫をしました。

なお、5-4 節では似た機能をもつ int 関数を紹介します。

参考 1 Python・Excel 二刀流

本節のテーマを Excel で実行するには、COUNTIFS 関数を利用するのが簡単です。例えば度数分布は次のように作成できます。

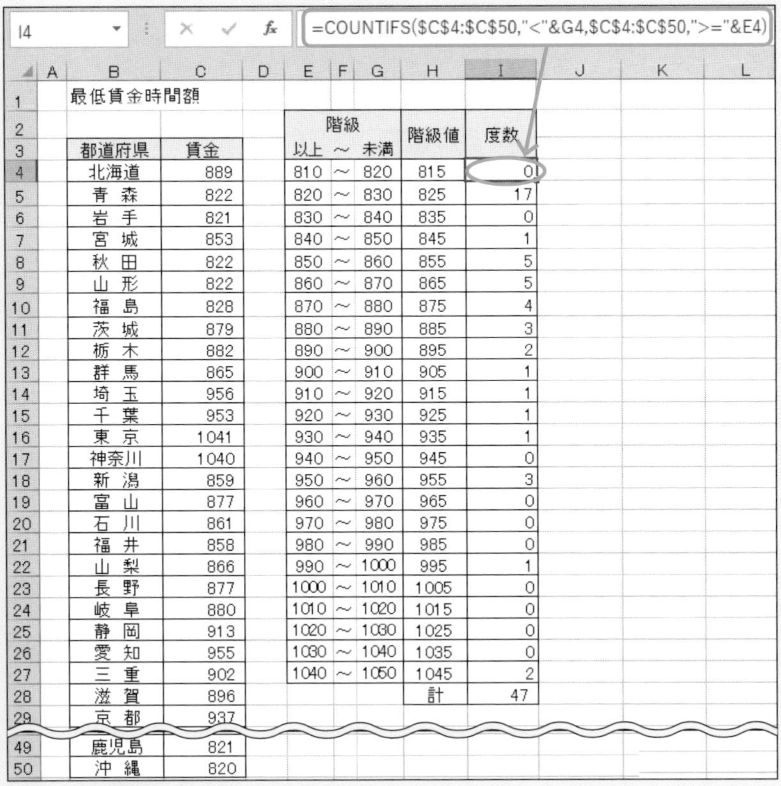

	B	C	E	F	G	H	I
1	最低賃金時間額						
2			階級			階級値	度数
3	都道府県	賃金	以上	～	未満		
4	北海道	889	810	～	820	815	0
5	青 森	822	820	～	830	825	17
6	岩 手	821	830	～	840	835	0
7	宮 城	853	840	～	850	845	1
8	秋 田	822	850	～	860	855	5
9	山 形	822	860	～	870	865	5
10	福 島	828	870	～	880	875	4
11	茨 城	879	880	～	890	885	3
12	栃 木	882	890	～	900	895	2
13	群 馬	865	900	～	910	905	1
14	埼 玉	956	910	～	920	915	1
15	千 葉	953	920	～	930	925	1
16	東 京	1041	930	～	940	935	1
17	神奈川	1040	940	～	950	945	0
18	新 潟	859	950	～	960	955	3
19	富 山	877	960	～	970	965	0
20	石 川	861	970	～	980	975	0
21	福 井	858	980	～	990	985	0
22	山 梨	866	990	～	1000	995	1
23	長 野	877	1000	～	1010	1005	0
24	岐 阜	880	1010	～	1020	1015	0
25	静 岡	913	1020	～	1030	1025	0
26	愛 知	955	1030	～	1040	1035	0
27	三 重	902	1040	～	1050	1045	2
28	滋 賀	896				計	47
29	京 都	937					
49	鹿児島	821					
50	沖 縄	820					

（注）Excel の配列関数 FREQUENCY を利用しても度数分布表が作成できます（下図）。

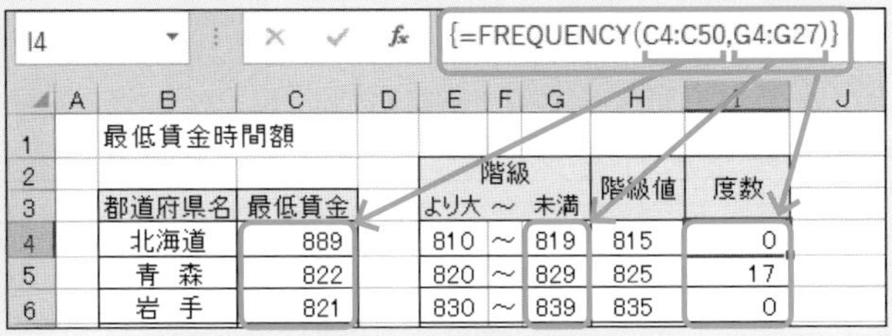

	B	C	E	F	G	H	I
1	最低賃金時間額						
2			階級			階級値	度数
3	都道府県名	最低賃金	より大	～	未満		
4	北海道	889	810	～	819	815	0
5	青 森	822	820	～	829	825	17
6	岩 手	821	830	～	839	835	0

1-2 ヒストグラム作成法 ～度数分布表はヒストグラムで可視化

統計分析の有効な手段の一つは「データの可視化」です。統計資料をグラフ化することで、その理解が深められるのです。

資料を視覚化するグラフには様々なものがあります。ここでは、後述する確率分布(2、3章)に関係するヒストグラムと度数折れ線について調べることにします。

ヒストグラムと度数折れ線

度数分布表の階級を底辺とし、度数を高さにした長方形の集まりを**ヒストグラム**といいます。簡単にいえば、度数を高さにした棒グラフです。

また、階級値を x 座標に、度数を y 座標にした点を結んでできた折れ線グラフを**度数折れ線**といいます。ただし、左端と右端は x 軸(すなわち y 座標が 0)から始まるようにします。

階級			階級値	度数
以上		未満		
250	～	275	262.5	1
275	～	300	287.5	3
300	～	325	312.5	5
…	…	…	…	…
975	～	1000	987.5	1

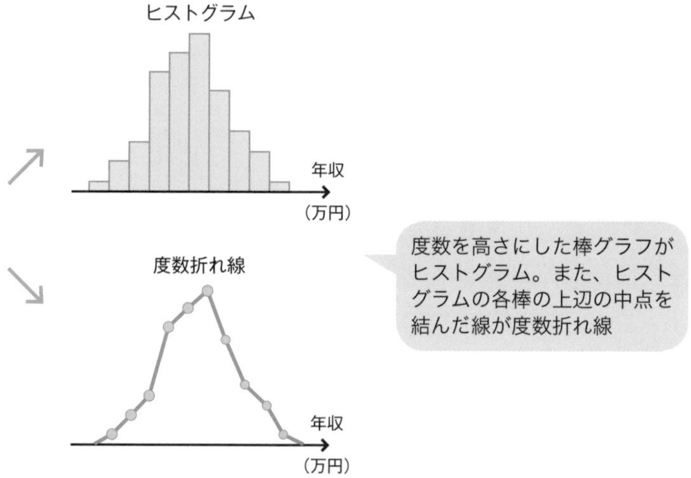

実習 2 Pythonによる統計分析

1-1節で作成した度数分布表をヒストグラムと度数折れ線で視覚化してみよう。

本書では､統計データの視覚化にMatplotlibを利用します。序章でも調べたように､データの「見える化」を容易に実現してくれる外部パッケージです。

Pythonプログラム 2

```
#ヒストグラムの作成法
#準備
import numpy as np
import matplotlib.pyplot as plt
```

NumPy関数、Matplotlib関数を利用できるように準備(序-4節)

```
#最低賃金データを変数wageにセット
wage=np.array(
[889, 822, 821, 853, 822, 822, 828, 879, 882, 865,
956, 953, 1041, 1040, 859, 877, 861, 858, 866, 877,
880, 913, 955, 902, 896, 937, 992, 928, 866, 859,
821, 824, 862, 899, 857, 824, 848, 821, 820, 870,
821, 821, 821, 822, 821, 821, 820 ])
```

前節(1-1節)のデータを利用

```
#度数分布表の作成
x1 = 810; x2 = 1050; nbin = 24
hist, edges = np.histogram(wage, range=(x1,x2),bins=nbin)
```

histogram関数については1-1節参照

```
#階級幅
binw=(x2-x1)/nbin
```

binwには、階級の区切りの幅を設定

```
#棒グラフの描画の準備
fig = plt.figure()
ax1 = fig.add_subplot(2, 2, 1)
```

Matplotlibの描画機能を利用するときの定型準備(詳細は後述)

```
#棒グラフの描画の準備
ax1.set_title('histogram')
ax1.set_ylim(0, 18)
ax1.bar(edges[:-1],hist, width=0.9*binw)
```

bar関数で棒グラフを描画。[:−1]で配列edgesの最後の要素を一つ削除。配列histと要素数を同一にするため(1-1節)

```
#度数折れ線の描画の準備
ax2 = fig.add_subplot(2, 2, 2)
```

Matplotlibの描画機能を利用するときの定型。棒グラフとは別の区画に描画(詳細は後述)

```
#度数折れ線の描画
ax2.set_title('line graph')
ax2.set_ylim(0, 18)
ax2.plot(edges[:-1], hist)
```

plot関数で折れ線グラフを描画。[:−1]は上記barと同一理由で付加

```
# 表示する
plt.show()
```

描画の実行

(注) ファイルからデータを入力する方法については、付録A、B、Cを参照してください。

計算結果

プログラムの実行結果を示します。Matplotlibを利用して描画するのは実に簡単です。

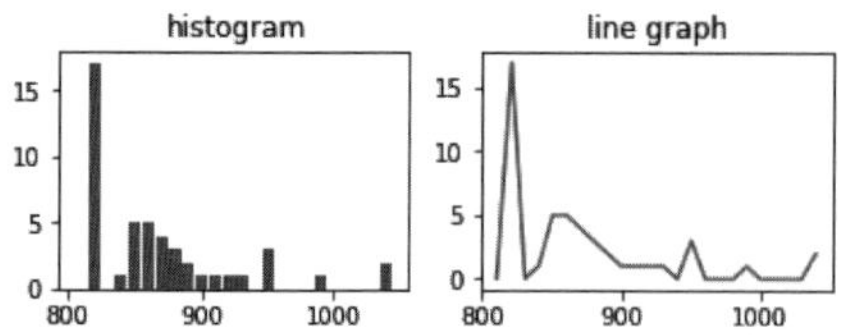

Pythonレッスン Matplotlibのbar関数、plot関数

Pythonの外部ライブラリの一つであるMatplotlibは描画機能を簡単に実現してくれます。以下に最も標準的な利用法の手順を示します。

（注）色指定や線の幅（width）など、様々な設定オプションがありますが、以下では略します。

❶ 次のようにMatplotlibの描画モジュールをインポートします。

例
```
import matplotlib.pyplot as plt
```

❷ 描画のためのオブジェクト（すなわち関数の実体）を作成します。

例
```
fig = plt.figure()
```

❸ 描く場所を設定します。

例
```
ax = fig.add_subplot(2, 2, 1)
```
描画領域を2行2列に分割し、左上から数えて1番目の領域に描画する設定。

描画範囲

(2, 2, 1)	(2, 2, 2)
(2, 2, 3)	(2, 2, 4)

（注）分割数は2行2列とは限りません。例えば3行4列に分割することも可能です。

❹ 描く図の情報を設定します。

例 ax.set_title('line graph')：タイトルに「line graph」（折れ線グラフ）を設定。

（注）Matplotlibは漢字表示機能が使いづらい欠点があります。タイトルは英文表示しています。

❺ 棒グラフや折れ線グラフの描画機能を設定します。

以下に代表的書式を示します。

ax.bar(x, y)	横軸の配列 x に対応する縦軸の配列 y の値を棒グラフで描く
ax.plot(x, y)	横軸の配列 x に対応する縦軸の配列 y の値を折れ線グラフで描く

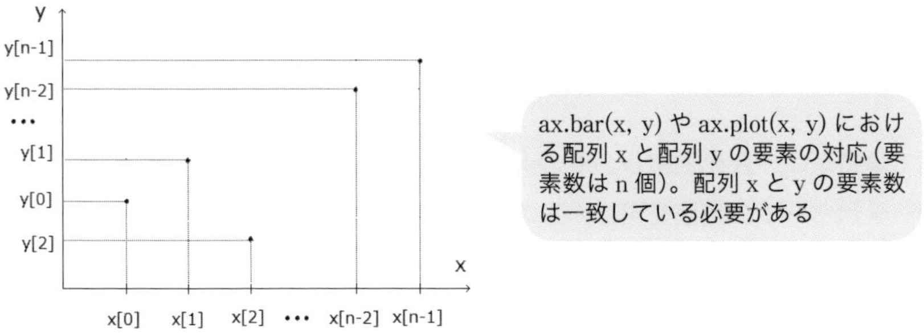

この図に示すように、配列 x と配列 y の要素数は同じである必要があります。プログラムで

```
ax2.plot(edges[:-1], hist)
```

と、「edges[:−1]」にしたのは、配列 edges が、階級値を表す配列 hist よりも、要素が 1 つ多いためです（1-1 節）。1 次元リストに [:−1] を付加すると、最後の要素が削除されます。

⑥ 描画を実行します。これは次の関数でなされます：plt.show()

（注）本プログラムでは 2 箇所に描画しているので、ax を ax1、ax2 の 2 つに分けて用意しています。

参考 2　Python・Excel 二刀流

本節のテーマを Excel で実行するには、Excel のグラフ作成機能を利用するのが簡単です。すなわち、下図に示された「挿入」リボンの中の「棒グラフ」、「折れ線」の描画機能を用います。

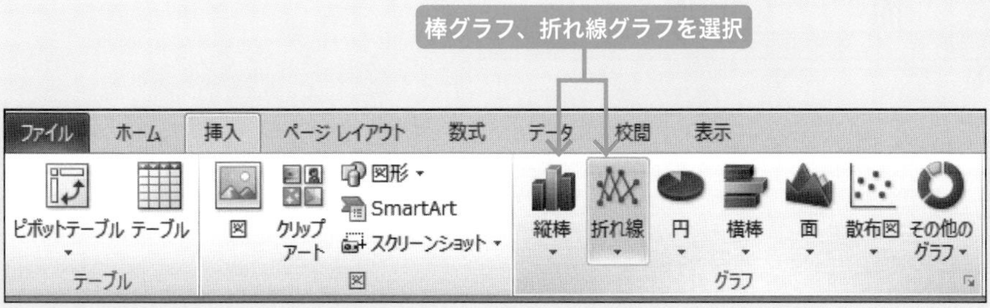

1-1 節の度数分布表にこの機能を適用すると、次のように作図できます。

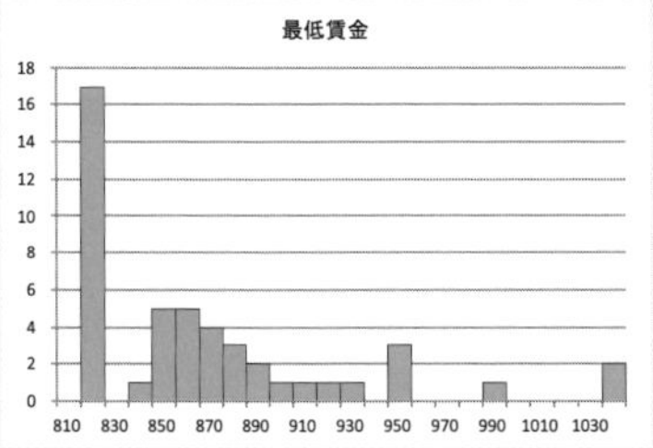

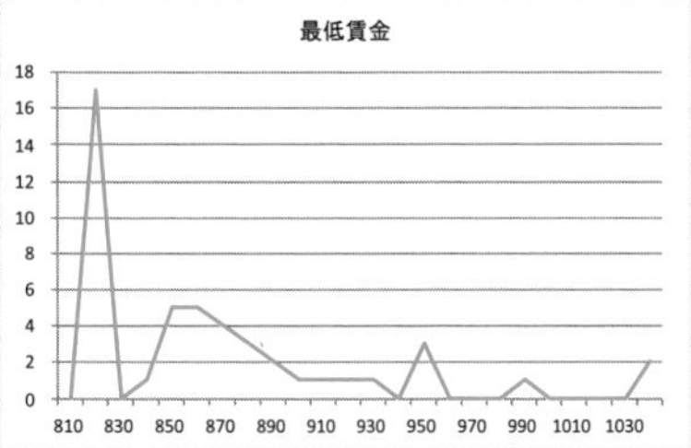

1-3 代表値の算出法 ～膨大な資料を一つの数に集約

多くの人の集団では特定の一人を選出し、その人に集団を代表させます。統計学の世界も同様です。たくさんのデータから一つの数値を選び、その数値で資料を代表させる手段が利用されるのです。

統計資料から選ばれた代表的な値を代表値といいます。有名なものとして、平均値、中央値、最頻値があります。統計学では、このうち平均値が最も重要な代表値となります。

平均値

平均値とは個々の変量の値の総和をデータ数で割ったものです。利用される分野によって、平均点、平均所得、平均時刻などと名を変えます。

例えば、次の表は、5人の子供A、B、C、D、Eの月々の小遣い額の資料です。この5人の小遣いの平均値は次のように求められます。

$$平均値=\frac{5000+2000+4000+3500+5000}{5}=3900$$

名前	小遣い額
A	5,000
B	2,000
C	4,000
D	3,500
E	5,000

（円／月）

平均値は資料を一直線上に並べたときの重心の位置を示します。

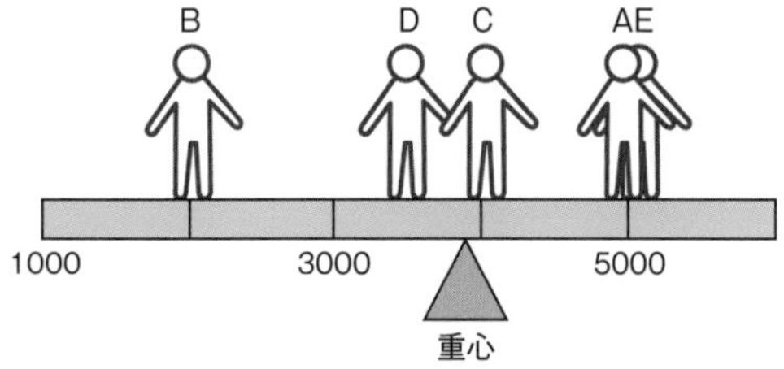

一般的に右のような変量 x についての資料を考えてみましょう。変量 $\overline{x}$ の平均値は次のように書き表されます。

$$\overline{x}=\frac{x_1+x_2+x_3+\cdots+x_N}{N} \quad \cdots(1)$$

N は個体数です。

（注）本書では変量の平均値を変量の上にバーを付けて表わします。

番号	x
1	x_1
2	x_2
3	x_3
…	…
N	x_N
総度数	N

中央値（メジアン）

大きさの順に資料を並べたときに、ちょうど中央に位置する値のことを**中央値**といいます。**メジアン**とも、**中位数**ともいいます。

例えば、先の平均値のときに取り上げた「5人の子供の小遣い額」の資料を見てみましょう。小遣いの額を小から大に順に並べると、次のようになります。

2000、3500、4000、5000、5000

ちょうど中央に位置する数は4000（円）です。これが中央値（メジアン）です。

名前	小遣い額
A	5,000
B	2,000
C	4,000
D	3,500
E	5,000

（円／月）

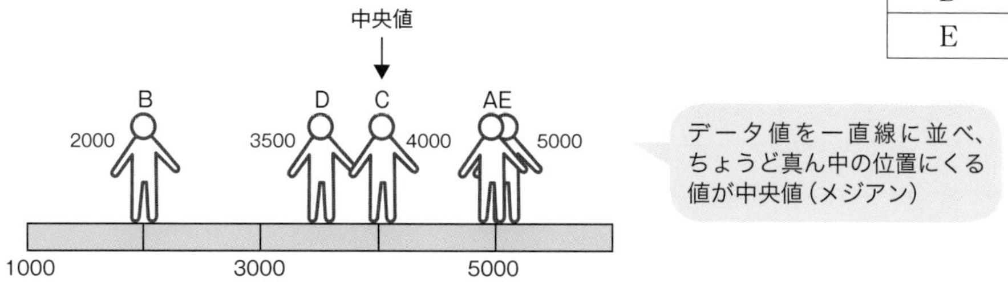

最頻値（モード）

最もデータの値の頻度（度数）の高い値のことを**最頻値**といいます。**モード**とか**最尤値**とも呼ばれます。

再び、先に取り上げた「5人の子供の小遣い額」の資料を例に調べてみると、一番頻度が高いのは5000（円）です。そこで、最頻値は5000ということになります。

名前	小遣い額
A	5,000
B	2,000
C	4,000
D	3,500
E	5,000

（円／月）

一番頻度が高いのは5000（円）なので最頻値は5000

個票ではなく度数分布表にまとめられている場合、最頻値は度数の最大の値となります。

小遣い額	度数
2,000	1
3,500	1
4,000	1
5,000	2
計	5

階級にまとめられている度数分布表のときには、最頻値は正確な度数の最大値と一致しないことがある（「実習3」参照）

最頻値

代表値は一長一短

次の図は令和2年の二人以上の世帯の「貯蓄現在高階級別世帯分布」を表したグラフです。簡単にいえば、配偶者のいる世帯の貯蓄額にほぼ一致します。平均値、中央値、最頻値が大きくずれていることに注意してください。どれが代表値として相応しいかは、その資料を利用する人の価値観に依存します。すなわち、数学的にどれが優れた代表値かは決めかねるのです。

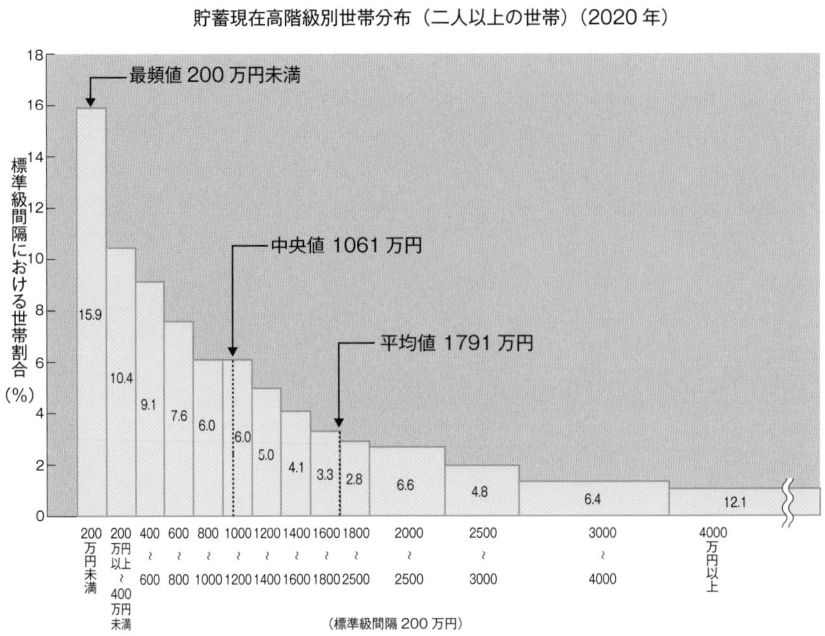

2020 年の貯蓄現在高階級別世帯分布（二人以上の世帯）
（出典：総務省統計局 https://www.stat.go.jp/data/kakei/family4/05.html）

実習 3 Python による統計分析

1-1 節で調べた最低賃金の資料から、Python によって平均値、中央値、最頻値を求めてみよう。

基本的な統計量である平均値や中央値を求める方法は複数あります。ここでは Python の標準モジュールを使って、平均値や中央値、最頻値を取得します。コードを記述する前に次の import 文が必要になりますが、標準モジュールなので、Python へのインストール作業は不要です。

```
import statistics
```

Pythonプログラム 3

```
#代表値の算出
print('【代表値】')
#準備
import statistics

#最低賃金データを変数wageにセット
wage = [
889, 822, 821, 853, 822, 822, 828, 879, 882, 865,
956, 953, 1041, 1040, 859, 877, 861, 858, 866, 877,
880, 913, 955, 902, 896, 937, 992, 928, 866, 859,
821, 824, 862, 899, 857, 824, 848, 821, 820, 870,
821, 821, 821, 822, 821, 821, 820 ]
```

Python 標準の統計関数を利用する準備（序-4 節）

前節（1-1 節）のデータを利用。ただし、リストに記憶させている

```
#代表値の算出
print('平均値＝', statistics.mean(wage))
print('中央値＝', statistics.median(wage))
print('最頻値＝', statistics.mode(wage))
```

代表値の表示

（注）ファイルからデータを入力する方法については、付録A、B、Cを参照してください。

計算結果

プログラムの実行結果を示します。数値はあえてそのままで表示しています。

```
【代表値】
平均値＝ 872.1702127659574
中央値＝ 861
最頻値＝ 821
```

Pythonレッスン　mean、median、mode関数

mean、median、modeは、順に、日本語の平均値、中央値、最頻値の意味を持つ英語です。その名を冠した関数をPythonやNumPyなどは個別に用意しています。ここではPython標準の関数を利用しています。次節（1-4節）からは、平均値についてはNumPy提供の関数numpy.meanを利用します。

参考 3　Python・Excel二刀流

本節のテーマをExcelで実行するには、関数AVERAGE、MEDIAN、MODEが便利です。

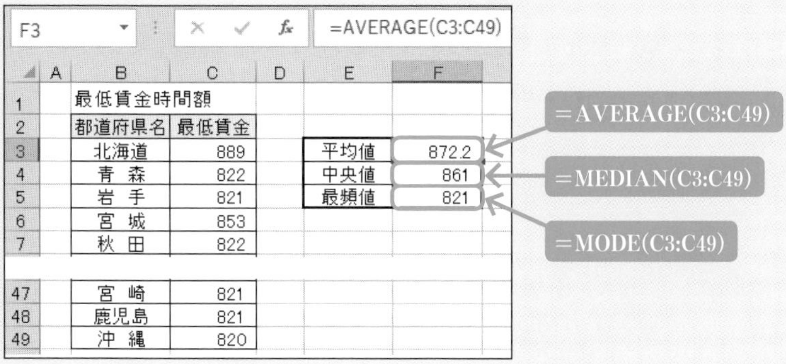

1-4 分散と標準偏差 ～データの散らばりは貴重な情報

前節(1-3)では、資料の代表値として、平均値、中央値、最頻値を調べました。しかし、これら代表値だけで資料を語ることはできません。資料の中のデータの散らばりも重要です。というのは、散らばりは標準からのズレ、すなわち各データが持つ「個性」を表すからです。そこで登場するのが分散と標準偏差です。

偏差

分散、標準偏差を調べる前に、まず**偏差**について調べてみましょう。偏差とは個体の値から平均値を引いて得られる値です。例えば、変量 x について、i 番目の個体の持つ値を x_i とし、平均値を $\overline{x}$ とすると、x_i の偏差は次のように表わされます。

番号	x
1	x_1
2	x_2
3	x_3
…	…
i	x_i
…	…
n	x_n

偏差 $=x_i-\overline{x}$

要するに、偏差とは平均値からのズレを表します。

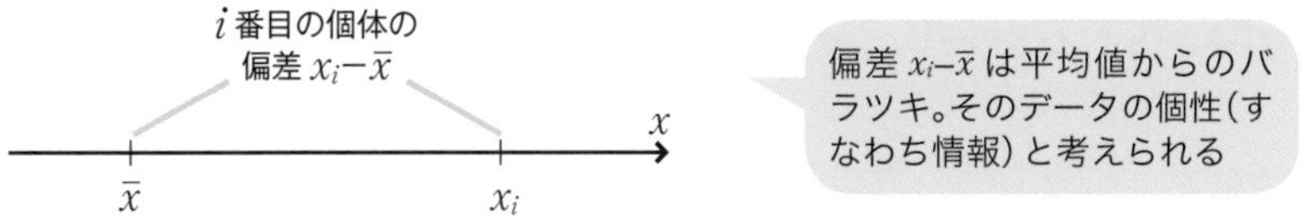

平均値は資料全体を代表する値、すなわち「標準」の値です。俗な言い方をすれば、資料における「並み」の値です。したがって、その平均値からのズレを表す偏差は、資料を構成する各個体の「個性」と考えられます。

変動

「偏差」は各個体の標準値からのズレを表します。このズレを加えあわせれば、その資料の持つバラツキ具合を求めることができますが、単純に加えあわせるとプラスとマイナスのズレが打ち消し合い、値は0になってしまいます。そこで、資料全体のバラツキ具合を調べるときには、各々を2乗して加えます。これを**変動**といいます。また、**偏差平方和**とも呼びます。通常、Q で表されます。

もう一度、上の表の資料を考えます。このとき、変量 x の変動 Q は次のように表されます。

$$Q=(x_1-\overline{x})^2+(x_2-\overline{x})^2+\cdots+(x_n-\overline{x})^2 \quad \cdots (1)$$

n は個体数、$\overline{x}$ は平均値です。

分散

資料が大きいほど、変動 Q の値は大きくなってしまいます。バラツキが小さく個性の少ない単調な資料でも、データ数が増えれば式(1)の値 Q は大きくなってしまうのです。そこで、個体数 n で割って平均化してみましょう。こうすれば、その欠点が避けられます。

$$s^2=\frac{(x_1-\overline{x})^2+(x_2-\overline{x})^2+\cdots+(x_n-\overline{x})^2}{n}\quad\cdots(2)$$

この値を変量 x の**分散**と呼びます。通常 s^2 と記されます。

既に調べた平均値と偏差という言葉を利用するなら、分散とは「偏差の 2 乗平均」と表現できます。

(注) 分散は英語で Variance といいますが、その値は通常 s^2 と表記されます。この s は標準偏差 (standard deviation) の頭文字です。この標準偏差の 2 乗が分散になるのです。分母を個体数 n としていますが、後に、分母を $n-1$ とした分散 (不偏分散) も調べます (4-2 節)。

標準偏差

分散 s^2 の正の平方根 s を**標準偏差**と呼びます。

平方根をとることで、標準偏差は単位が変量と同じになります。例えば、体重の資料のとき、分散の単位は「重さの平方」となり物理的な意味を持ちません。しかし、その平方根の標準偏差は、「重さ」の単位を持っています。したがって、標準偏差は分散よりも散らばりの目安をよく表現します。

例 前節 (1-3) でも調べた次の資料において、小遣い額 x の分散 s^2、標準偏差 s を求めてみよう。

名前	小遣い額
A	5,000
B	2,000
C	4,000
D	3,500
E	5,000

(円 / 月)

まず、小遣い額 x の平均値 $\overline{x}$ を求めます。

$$\text{小遣い額の平均値}=\frac{5000+2000+4000+3500+5000}{5}=3900$$

すると、上の公式 (2) から、この変量 (= 小遣い額) の分散 s^2 は

$$s^2=\frac{(5000-3900)^2+(2000-3900)^2+(4000-3900)^2+(3500-3900)^2+(5000-3900)^2}{5}=1240000$$

したがって、標準偏差 s は

$$s=\sqrt{s^2}=\sqrt{1240000}\fallingdotseq 1113.6$$ **答**

イメージ的に表現すると、標準偏差は平均値からの「散らばりの幅」の目安を表します。例えば、資料を表すヒストグラムが下図のように山型になるとき、標準偏差は山の中腹の幅の目安を表すのです。

実習 4 Pythonによる統計分析

1-1節で調べた最低賃金の資料について、分散と標準偏差を求めよう。

基本統計量である分散や標準偏差を求める方法は複数あります。ここではNumPyの関数numpy.var、numpy.stdを利用します。(「平均値」もNumPyの関数numpy.meanで算出します。)

Pythonプログラム 4

```
#分散と標準偏差の算出
print('【分散と標準偏差】')
#準備
import numpy as np

#最低賃金データを変数wageにセット
wage=np.array(
[889, 822, 821, 853, 822, 822, 828, 879, 882, 865,
956, 953, 1041, 1040, 859, 877, 861, 858, 866, 877,
880, 913, 955, 902, 896, 937, 992, 928, 866, 859,
821, 824, 862, 899, 857, 824, 848, 821, 820, 870,
821, 821, 821, 822, 821, 821, 820 ])

#分散と標準偏差の算出
m = np.mean(wage)
varp = np.var(wage, ddof=0)
sdp = np.std(wage, ddof=0)

#分散と標準偏差の出力
print(' 平均値 =', np.round(m, 1))
```

- import numpy as np：NumPy関数を使えるように準備(序-4節)
- wage=np.array(…)：前節(1-1節)のデータを利用。配列に記憶させている
- m, varp, sdp：推定や検定を考えないときには、ddofに0をセット
- np.round(m, 1)：結果を見やすくするために、小数第2位以下を四捨五入

```
print('　分散　= ', np.round(varp, 1))
print('標準偏差 = ', np.round(sdp, 1))
```

（注）ファイルからデータを入力する方法については、付録 A、B、C を参照してください。

計算結果

プログラムの実行結果を示します。値は小数第 2 位以下を四捨五入しています。

```
【分散と標準偏差】
平均値 = 872.2
 分散  = 3155.1
標準偏差= 56.2
```

Python レッスン　**numpy.mean、numpy.var、numpy.std 関数**

平均値（mean）、分散（variance）、標準偏差（standard deviation）を求めるための NumPy 関数は次の通りです。

```
numpy.mean( 配列 )
numpy.var( 配列 , ddof= 自由度 )
numpy.std( 配列 , ddof= 自由度 )
```

引数にはデータを格納した配列を設定します。また、分散、標準偏差の関数には ddof の値をセットします。ddof は「データの自由度」（Data Degrees of Freedom）を表します。推定や検定を考えないときには 0 を設定します。

参考 4　Python・Excel 二刀流

本節のテーマを Excel で実行するのに関数 VAR.P、STDEV.P が用意されています。

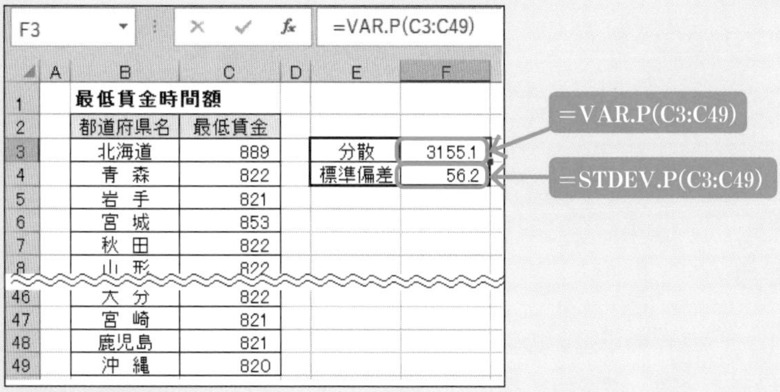

	A	B	C	D	E	F
1		最低賃金時間額				
2		都道府県名	最低賃金			
3		北海道	889		分散	3155.1
4		青　森	822		標準偏差	56.2
5		岩　手	821			
6		宮　城	853			
7		秋　田	822			
8		山　形	822			
46		大　分	822			
47		宮　崎	821			
48		鹿児島	821			
49		沖　縄	820			

（注）P は Population の頭文字

1-5 度数分布表から求める平均値と分散 ～実用的な平均値と分散の求め方

前節(1-3、1-4)では、平均値と分散など、統計学の重要な指標の意味とその求め方を調べましたが、そこでは個票の形をした右の形式の資料を扱いました。

番号	x
1	x_1
2	x_2
3	x_3
…	…
N	x_N
総度数	N

このとき、変量 x についての平均値 $\overline{x}$ と分散 s^2 は次のように公式化されました。

$$\overline{x}=\frac{x_1+x_2+x_3+\cdots+x_N}{N} \quad \cdots(1)$$

$$s^2=\frac{(x_1-\overline{x})^2+(x_2-\overline{x})^2+\cdots+(x_N-\overline{x})^2}{N} \quad \cdots(2)$$

本節では、度数分布表で示されている場合について、分散と標準偏差を調べてみましょう。

度数分布表から平均値と分散を求める

度数分布表で示された資料について、平均値と分散の求め方を調べてみましょう。変量 x についての資料が度数分布表として、右のような資料にまとめられているとしましょう。

階級値	度数
x_1	f_1
x_2	f_2
x_3	f_3
…	…
x_n	f_n
総度数	N

このとき、平均値と分散は、上の(1)、(2)をアレンジすることで、次のように与えられます。

$$\overline{x}=\frac{x_1f_1+x_2f_2+x_3f_3+\cdots+x_nf_n}{N} \quad \cdots(3)$$

$$s^2=\frac{(x_1-\overline{x})^2f_1+(x_2-\overline{x})^2f_2+(x_3-\overline{x})^2f_3+\cdots+(x_n-\overline{x})^2f_n}{N} \quad \cdots(4)$$

例で見てみよう

例 8人の小学生に対して、月々の小遣いの額を調査したところ、右の結果が得られた。平均値と分散、標準偏差を求めてみよう。

小遣い	人数
1,000	3
2,000	4
3,000	1

(円/月)

解 (3)、(4)式から

$$\text{平均値}\ \overline{x}=\frac{1000\times3+2000\times4+3000\times1}{8}=1750\ (\text{円})$$

$$\text{分散}\ s^2=\frac{(1000-1750)^2\times3+(2000-1750)^2\times4+(3000-1750)^2\times1}{8}=437500$$

標準偏差$s=\sqrt{s^2}=661.4$（円）

分散公式のアレンジ

分散を求める際に、(4) 式の形は不便なときがあります。そこで、(4) 式の分子を展開して整理してみましょう。

$$s^2=\frac{(x_1{}^2f_1+x_2{}^2f_2+\cdots+x_n{}^2f_n)-2\overline{x}(x_1f_1+x_2f_2+\cdots+x_nf_n)+\overline{x}^2(f_1+f_2+\cdots+f_n)}{N}$$

(3) 式と　$f_1+f_2+\cdots+f_n=N$を利用すると、

$$s^2=\frac{(x_1{}^2f_1+x_2{}^2f_2+\cdots+x_n{}^2f_n)-2\overline{x}^2N+\overline{x}^2N}{N}=\frac{(x_1{}^2f_1+x_2{}^2f_2+\cdots+x_n{}^2f_n)}{N}-\overline{x}^2$$

これで目標の式が得られました。

$$s^2=\frac{(x_1{}^2f_1+x_2{}^2f_2+\cdots+x_n{}^2f_n)}{N}-\overline{x}^2 \quad \cdots \ (5)$$

例 上の例の小学生の小遣いの資料について、(5) を用いて分散を求めてみよう。

解 平均値が 1750 円であることを利用して、(5) 式から

$$分散s^2=\frac{1000^2\times3+2000^2\times4+3000^2\times1}{8}-1750^2=437500$$ **答**

実習 5　Python による統計分析

1 個のサイコロを実際に 100 回振って、出た目の度数を表にまとめた。それが右の表である。この表から、サイコロの目の平均値と分散、標準偏差を求めよう。

目	度数
1	16
2	16
3	20
4	17
5	18
6	13
計	100

度数分布表からの平均値と分散を求めるには、NumPy の関数 numpy.dot が便利です。これからもよく利用するので、使い方を確認してください。

Pythonプログラム 5

```
#度数分布表から平均値と分散を求める
print('【度数分布表から求める平均値と分散】')
```

```
#準備
import numpy as np
```

NumPy関数を使えるように準備(序-4節)

```
#度数分布表をセット
number=np.array([1, 2, 3, 4, 5, 6 ])
freq=np.array([16, 16, 20, 17, 18, 13 ])
```

変数numberに目の数を、freqに度数をセット。変数freqはfrequency（頻度）から命名

```
#平均値
m=np.dot(number,freq)/sum(freq)
print('平均値=',m)
```

公式(3)を利用して平均値mを算出

```
#分散
v = np.dot(number*number,freq)/sum(freq)-m*m
print('分散＝', np.round(v, 2))
```

公式(5)を利用して分散vを算出

```
#標準偏差
s = np.sqrt(v)
print('標準偏差＝', np.round(s, 2))
```

分散vの正の平方根が標準偏差s(1-4節)

計算結果

プログラムの実行結果を示します。出力値は小数第3位以下を四捨五入しています。

```
【度数分布表から求める平均値と分散】
平均値= 3.44
分散＝ 2.67
標準偏差＝ 1.63
```

Pythonレッスン　numpy.dot関数

同じ型の2つの配列x、yがあるとき、対応する成分について積を求め、それらの和を算出する関数がnumpy.dotです。数学的には「2つのベクトルの内積」を求める関数です。基本的な使い方を確認しましょう。

```
import numpy as np
x = np.array([1, 2, 3])
y = np.array([3, 4, 5])
print(np.dot(x, y))
```

```
26
```

この結果は、手計算で次のように得られます。

$1\times3+2\times4+3\times5=26$

ちなみに、x*y とコーディングしたら、何が算出されるでしょうか。次のような配列が出力されます。

x*y=[1×3　2×4　3×5]=[3　8　15]

```
import numpy as np
x = np.array([1, 2, 3])
y = np.array([3, 4, 5])
print(x*y)

[ 3  8 15]
```

参考 5　Python・Excel 二刀流

本節のテーマを Excel で実行するには、度数分布表を入力し、公式 (3)、(5) を利用します。この計算には SUMPRODUCT 関数が役立ちます。使い方は NumPy の dot 関数とほぼ同一です。

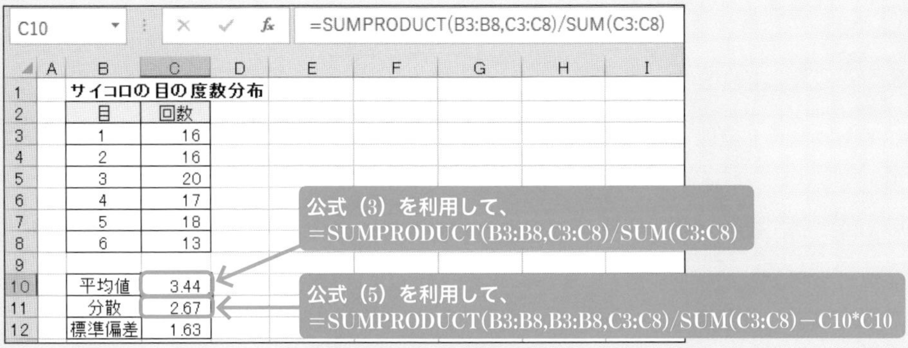
C10　=SUMPRODUCT(B3:B8,C3:C8)/SUM(C3:C8)

	A	B	C	D	E	F	G	H	I
1		サイコロの目の度数分布							
2		目	回数						
3		1	16						
4		2	16						
5		3	20						
6		4	17						
7		5	18						
8		6	13						
9									
10		平均値	3.44						
11		分散	2.67						
12		標準偏差	1.63						

memo

正しいサイコロを 100 回振ったら、実際に出る目の度数は？

数学的には、正しく作られたサイコロを 100 回振れば、各目の度数は等しく

$$100\times\frac{1}{6}=16.666\cdots\text{回}$$

になるはずです。しかし、実際に振ればこの例題のように回数はバラツキます。このバラツキの中から、サイコロが正しく作られているかどうかを調べるのは統計学の仕事になります。

1-6 変量の標準化
～データを規格化して見やすくする技法

たくさんの数値データが並んでいるとき、個々のデータが全体のどの位置にあるかは一目見ただけでは見当もつきません。ところが、「標準化」という技法を用いると、注目データが全体の中でどの位置にあるかが瞬時に見えるようになります。

変量の標準化

右の10個の数値はT大学の学生10人の英語検定試験TOEFLの得点です。この資料を見ただけでは、個々の学生のデータが全体でどのような位置にあるかは不明です。例えば6番目の名前Fの得点579を見てください。この人の得点が全体としてどれくらい高いのか、または低いのか、一目だけではわかりません。

名前	TOEFL
A	488
B	625
C	545
D	701
E	515
F	579
G	621
H	647
I	566
J	552

そこで、次のような変換を施してみましょう。

$$z=\frac{x-\overline{x}}{s} \quad \cdots (1)$$

ここでsは得点xの標準偏差（s^2は分散）、$\overline{x}$は得点xの平均値です。この変換を変量の**標準化**といいます。

この変換を施すと、新たな変量z（すなわち標準化された変量）は次の性質を持ちます。

①zの平均は0、分散は1

(1)を平均値と分散の定義式に当てはめれば、標準化された変量zは平均値0，分散1（標準偏差も1）の無次元量になることが確かめられます。

②zが正なら平均値よりも大きく、負ならば小さい

このことは標準化の定義式(1)から明らかです。度数折れ線を抽象化して曲線で描くと、この意味は下図のように図示できます。

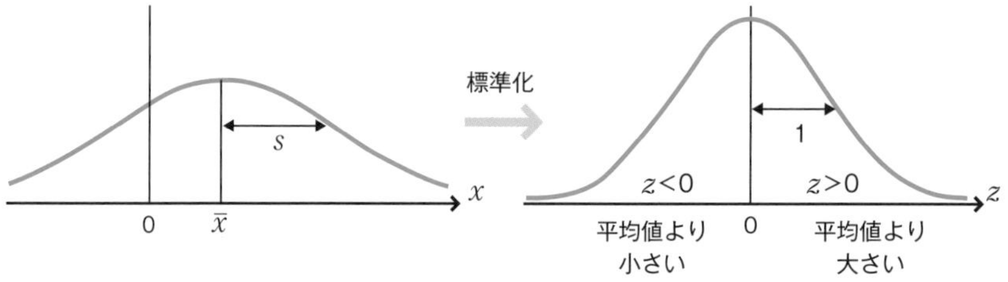

③ z の大きさが 1 より大きければ、標準より大きく離れている

標準偏差は分布のおおよその幅を表現します（1-4 節）。したがって、標準化された変量 z の分散は 1（すなわち、標準偏差も 1）なので、大きさが 1 を越える値を持つデータは、平均から大きくはずれることになります。度数折れ線を抽象化し曲線として描くと、この意味は下図のように図示できます。

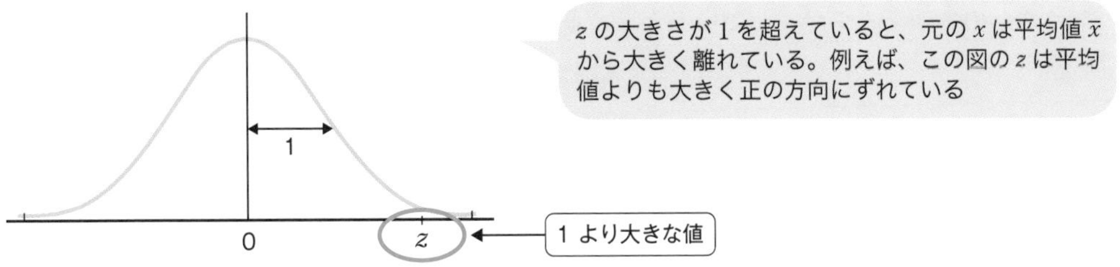

以上①～③のことを実際の資料で確認してみましょう。

右の資料は、先の TOEFL の資料において (1) の標準化の変換を施した結果です。ここで、名前 A の人の標準化された得点を見てみましょう。−1.56 です。大きさが 1 よりも大きな負の値です。このことから、10 人の中でかなり悪い成績であることがわかります。

6 番の名前 F の得点を見てみましょう。実際の得点は 579 点ですが、その標準化された値は −0.08 です。この人は平均よりもやや低い成績ですが、だいたい平均的な得点といえるでしょう。

名前	TOEFL
A	−1.56
B	0.67
C	−0.63
D	1.91
E	−1.12
F	−0.08
G	0.61
H	1.03
I	−0.29
J	−0.52

実習 6 Python による統計分析

右の資料は、2018 年における各都道府県の勤労者 1 世帯当たりの 1 か月収入である。「収入」を変量 x として、この x を標準化してみよう。

都道府県名	収入	都道府県名	収入	都道府県名	収入
北海道	2742.2	石川県	3022.7	岡山県	2769.1
青森県	2507.4	福井県	3279.8	広島県	3109.1
岩手県	2841.1	山梨県	3159.7	山口県	3198.5
宮城県	2944.9	長野県	3009.8	徳島県	3092.4
秋田県	2697.2	岐阜県	2919.0	香川県	3013.5
山形県	2896.6	静岡県	3431.6	愛媛県	2658.0
福島県	2942.8	愛知県	3727.8	高知県	2643.8
茨城県	3327.3	三重県	3120.9	福岡県	2885.3
栃木県	3479.2	滋賀県	3318.5	佐賀県	2752.6
群馬県	3282.9	京都府	2982.7	長崎県	2629.2
埼玉県	3046.8	大阪府	3189.5	熊本県	2667.4
千葉県	3115.8	兵庫県	2967.7	大分県	2713.7
東京都	5414.8	奈良県	2631.5	宮崎県	2467.6
神奈川県	3267.8	和歌山県	2912.7	鹿児島県	2508.5
新潟県	2915.9	鳥取県	2515.3	沖縄県	2391.0
富山県	3398.1	島根県	2667.3		

（単位：千円）

（出典）https://www.esri.cao.go.jp/jp/sna/data/data_list/kenmin/files/contents/tables/2018/soukatu7.xlsx

Python による変量の標準化には、式 (1) を直接使うのが便利です。その式で用いられる平均値と標準偏差の求め方は、1-4 節、1-5 節で調べました。

Pythonプログラム 6

```
#変量の標準化
print('【変量の標準化】')
#準備
import numpy as np

#データの準備
income data=np.array(
[['北海道',2742.2],['青森県',2507.4],['岩手県',2841.1],['宮城県',2944.9],
 ['秋田県',2697.2],['山形県',2896.6],['福島県',2942.8],['茨城県',3327.3],
 ['栃木県',3479.2],['群馬県',3282.9],['埼玉県',3046.8],['千葉県',3115.8],
 ['東京都',5414.8],['神奈川県',3267.8],['新潟県',2915.9],['富山県',3398.1],
 ['石川県',3022.7],['福井県',3279.8],['山梨県',3159.7],['長野県',3009.8],
 ['岐阜県',2919.0],['静岡県',3431.6],['愛知県',3727.8],['三重県',3120.9],
 ['滋賀県',3318.5],['京都府',2982.7],['大阪府',3189.5],['兵庫県',2967.7],
 ['奈良県',2631.5],['和歌山県',2912.7],['鳥取県',2515.3],['島根県',2667.3],
 ['岡山県',2769.1],['広島県',3109.1],['山口県',3198.5],['徳島県',3092.4],
 ['香川県',3013.5],['愛媛県',2658.0],['高知県',2643.8],['福岡県',2885.3],
 ['佐賀県',2752.6],['長崎県',2629.2],['熊本県',2667.4],['大分県',2713.7],
 ['宮崎県',2467.6],['鹿児島県',2508.5],['沖縄県',2391.0]])

#標準化用の配列を用意
s_data = income_data

#県民所得データの取り出し
earns = income_data[:, 1].astype(float)

#平均値、標準偏差の計算
m = np.mean(earns)
s = np.std(earns, ddof=0)
print('平均値m=', np.round(m, 1), end='、')
print('標準偏差s=', np.round(s, 1))

#標準化
s_earns = np.round((earns - m) /s,2)
s_data[:, 1] = s_earns.astype(str)
```

NumPy関数を利用できるように準備(序-4節)

変数income_dataに県民所得のデータをセット。県名と所得を47行2列の配列で表現

変数s_dataにこれからの計算結果を格納(sはstandardの略)

変数income_dataのインデックス1の列を配列earnsにセット。続けてastypeを利用して実数型に変換(1-1節)

平均値と標準偏差を算出し、変数m、sにセット

end指定すると、指示した文字列を表示

式(1)を利用して標準化。小数は第3位以下を四捨五入。それを配列s_earnsにセット

標準化された配列earnsを文字型にし(1-1節)、s_dataのインデックス1の列にセット

```
#標準化されたデータを表示
print('標準化された県民所得')
print(s_data)
```

結果を収めた配列 s_dataの中身を表示

(注) ファイルからデータを入力する方法については、付録A、B、Cを参照してください。

計算結果

プログラムの実行結果を示します。標準化された県民所得は文字列にしています。標準化すると、データの性質が見やすくなります。

```
【変量の標準化】
平均値m＝ 3003.8、標準偏差s＝ 462.9
標準化された県民所得
[['北海道' '-0.57']
 ['青森県' '-1.07']
 ['岩手県' '-0.35']
 ['宮城県' '-0.13']
 ['秋田県' '-0.66']
 ['山形県' '-0.23']
 ['福島県' '-0.13']
 ['茨城県' '0.7']
 ['栃木県' '1.03']
 ['群馬県' '0.6']
 ['埼玉県' '0.09']
 ['千葉県' '0.24']
 ['東京都' '5.21']
 ['神奈川県' '0.57']
～～～～～～～～～～～～～～～～～～～～～～～～～～～～～～
 ['宮崎県' '-1.16']
 ['鹿児島県' '-1.07']
 ['沖縄県' '-1.32']]
```

Pythonレッスン **2次元配列に[:, 0]、[:, 1]を付けると?**

プログラムでは、2次元配列income_data、s_dataに[:, 1]を付加し、次の形を利用しています。

```
income_data[:, 1]、s_data[:, 1]
```

これらは2次元の配列の2番目の列(インデックスが1の列)を取り出す指示です。一般的に、2次元の配列xについて、x[:,i]は、インデックスがiの列を取り出します。

例 x = [[1, 5, 9], [2, 6, 10], [3, 7, 11], [4, 8, 12]] の場合、調べるのは x[:, 0]、x[:, 1] となる。

この配列 x を表形式に示すと、次のように表せる。

1	5	9
2	6	10
3	7	11
4	8	12

```
x = [[1, 5, 9],
     [2, 6, 10],
     [3, 7, 11]
     [4, 8, 12]]
```

このとき、x[:, 0] は配列 [1, 2, 3, 4] を、x[:, 1] は [5, 6, 7, 8] を表すので、確かめてみよう。

```
import numpy as np
x=np.array(
  [[1, 5, 9],
   [2, 6, 10],
   [3, 7, 11],
   [4, 8, 12]])
print(x[:, 0])
print(x[:, 1])
```

```
[1 2 3 4]
[5 6 7 8]
```

配列 x = [[1, 5, 9], [2, 6, 10], [3, 7, 11], [4, 8, 12]] について、x[:, 0]、x[:, 1] を示した図

ちなみに、1-2 節では、1 次元のリストに [-1] を付加する場合を調べた。これはリスト最後の要素を削除する意味を持つ。

```
a=[1,2,3]
print(a[:-1])
```

```
[1, 2]
```

配列とリスト、カンマが付くと付かないで、似た記号の意味が大きく変わる

参考 6　Python・Excel 二刀流

本節のテーマを Excel で実行するには、定義の式 (1) をそのまま利用できます。また、Excel には標準化のための STANDARDIZE 関数が用意されています。下図は、この関数を利用し標準化を実行しています。

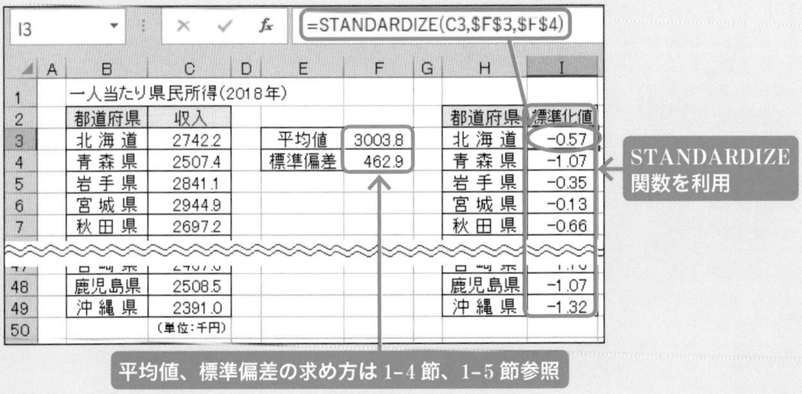

1-7 相関図の意味と作成法 ～ 2 変量の関係を図示する方法

これまでは調査対象が 1 項目の資料、すなわち変量の数が 1 個の資料を調べてきました。ここでは、変量が複数ある場合、すなわち多変量の資料を調べることにしましょう。

相関図

資料に複数の変量が含まれているとき、それらの変量間の関係を視覚的に示す図が**相関図**です。**散布図**と呼ばれることもあります。

例として、次の資料を見てみましょう。これは 2021 年の日経平均とダウ平均との終値を示しています。

（注）ダウ平均は表に示した日付の前日の取引日の値です。

月日	日経平均	ダウ平均
11 月 29 日 (月)	28283	34899
11 月 30 日 (火)	27821	35135
12 月 1 日 (水)	27935	34483
12 月 2 日 (木)	27753	34022
12 月 3 日 (金)	28029	34639
12 月 6 日 (月)	27927	34580
12 月 7 日 (火)	28455	35227
12 月 8 日 (水)	28860	35719
12 月 9 日 (木)	28725	35754

2021 年の日経平均とダウ平均の終値

各日付について、日経平均を x、ダウ平均を y とし、点 $(x,\ y)$ を平面上にプロットします。こうして得られた図が相関図（散布図）です。

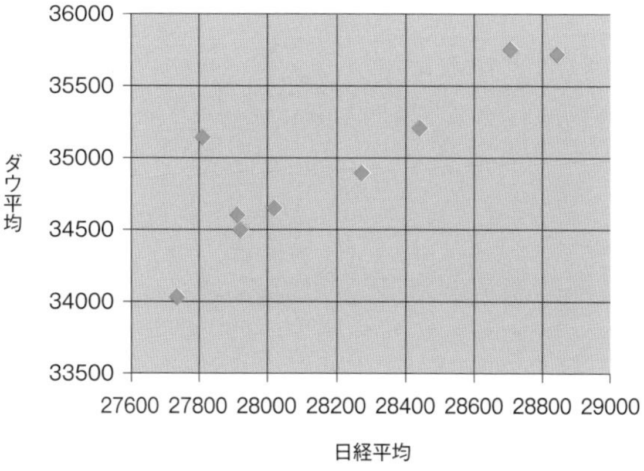

日経平均を x、ダウ平均を y とし、点 (x, y) を平面上にプロットした図。これが相関図（散布図）

点列はおおむね右上がりに並んでいます。ダウ平均が高くなれば日経平均も高くなるということを表現しています。

この例が示すように、相関図は2変量の関係を視覚的に示してくれます。

正の相関・負の相関

散布図において、特徴あるパターンとして、次の3つが考えられます。ここで、2つの変量名を x、y とします。

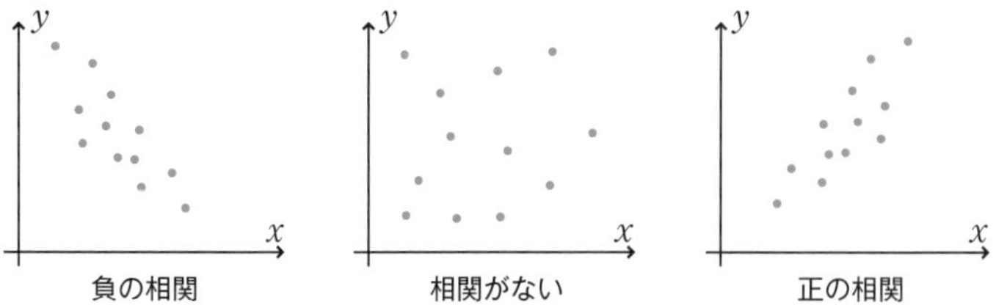

右端の図は、変量 x が増加すれば、変量 y も増加する、という関係です(先のダウ平均と日経平均の相関図がこの例です)。この関係を**正の相関**があるといいます。それに対して左端の図は、変量 x が増加すれば、逆に変量 y は減少します。この関係を**負の相関**があるといいます。更に真ん中の図の場合、2変量 x、y の間にはとりたてて特徴があるとはいえません。このような場合、2変量 x、y に**相関はない**といいます。

「正の相関」、「負の相関」、「相関がない」という関係は、2つの変量の関係を調べるときに大切な関係となります。

実習 7　Python による統計分析

先に示したダウ平均と日経平均の資料の相関図を Python で描いてみよう。

相関図の描画には Matplotlib を利用しましょう。先には棒グラフや折れ線グラフに利用したツールです(1-2節)。

Pythonプログラム 7

```
#相関図
#準備
import numpy as np
import matplotlib.pyplot as plt

#データの準備
nikkeidow=np.array(
```

(NumPyの関数、Matplotlibの関数を利用できるように準備(序-4節))

```
[['11月29日',28283,34899],['11月30日',27821,35135],
 ['12月1日',27935,34483],['12月2日',27753,34022],
 ['12月3日',28029,34639],['12月6日',27927,34580],
 ['12月7日',28455,35227],['12月8日',28860,35719],
 ['12月9日',28725,35754]])

#nikkei平均の取り出し
nikkei=nikkeidow[:, 1].astype(int)
#dow平均の取り出し
dow=nikkeidow[:, 2].astype(int)

#Matplotlibによる描画の準備
fig = plt.figure()
ax = fig.add_subplot(1,1,1)

#相関図の描画
ax.set_title('correlation chart')
ax.set_xlabel('NIKKEI')
ax.set_ylabel('DOW')
ax.scatter(nikkei,dow)
plt.show()
```

配列nikkeidowに与えられたデータをセット

配列nikkeidowの列インデックス1を配列nikkeiに、列インデックス2を配列dowにセット。この際、文字型を整数型に変換

Matplotlibで描画する際の定型準備

タイトルと軸ラベルをセットし、相関図をscatter関数で描画

(注) ファイルからデータを入力する方法については、付録A、B、Cを参照してください。

計算結果

プログラムの実行結果を示します。日経平均とダウ平均の相関性がよく見えます。なお、scatter関数の引数に様々なパラメータを加えることで、更に見栄えを良くすることができます。

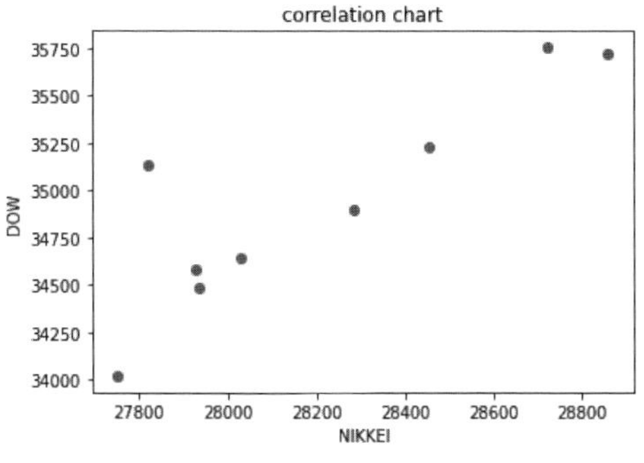

Python レッスン　matplotlib.pyplot.scatter関数

相関図を描く簡単な方法は、Matplotlibの用意したscatter関数を利用することでしょう。プログラムでは、次のように利用しています。

```
ax.scatter(nikkei,dow)
```

使い方は至ってシンプルで、基本はデータの入った2つの配列をセットするだけです。

ちなみに、相関図の点の色や形、大きさなどもパラメータを追加することで簡単に変更できます。例えば、点を赤で描きたいときには、先のコードを次のように変形します。

```
ax.scatter(nikkei,dow, c='r')
```

参考 7　Python・Excel 二刀流

本節のテーマを Excel で実行するには、下図のようにデータを入力し、「挿入」リボンの「散布図」を選択します。

	A	B	C	D
1		日経平均とダウ平均終値		
2		日付	日経平均	ダウ平均
3		11月29日(月)	28283	34899
4		11月30日(火)	27821	35135
5		12月1日(水)	27935	34483
6		12月2日(木)	27753	34022
7		12月3日(金)	28029	34639
8		12月6日(月)	27927	34580
9		12月7日(火)	28455	35227
10		12月8日(水)	28860	35719
11		12月9日(木)	28725	35754

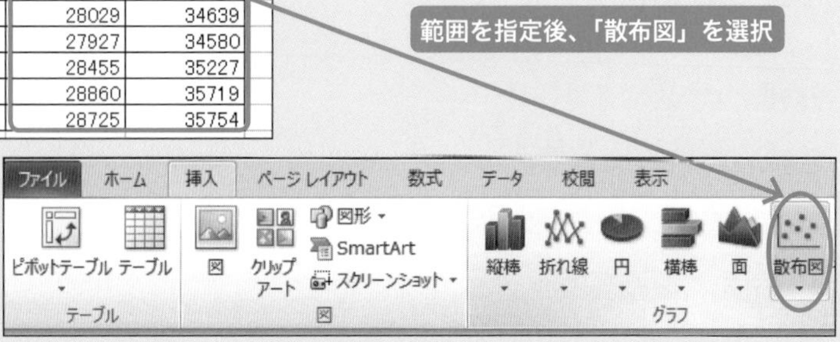

下図のような散布図が描けます。

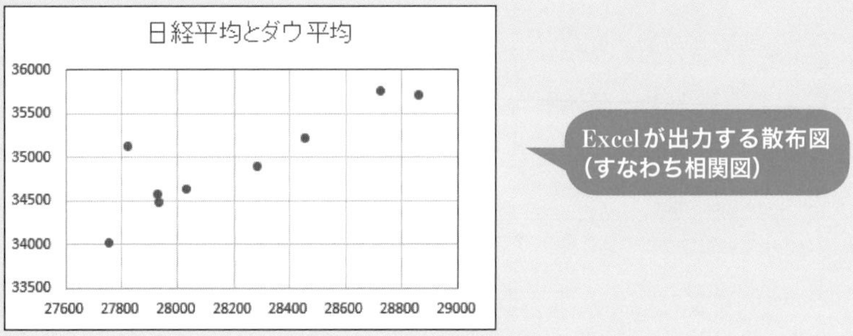

memo

print 関数の引数 end

print 関数の引数として、大変便利なのが end です。例えば次のように利用します。

例 print(' 相対度数分布 : ', end=' ')

この引数 end は、print 関数が実行されたときに、末尾に出力する文字を指定します。上の例では、print 関数は「' 相対度数分布 :'」という文字列を出力後に、空白文字 1 文字を出力します。end を指定しなければ、print 関数は改行コード (¥n) を暗黙裡に出力します。

1-8 共分散と相関係数の意味と求め方 〜２変量の関係の数値化

前節（1-7）では、２つの変量の関係を図示し、「正の相関」「負の相関」「相関がない」という関係を調べました。本節では、これらの関係を数値化する方法を調べましょう。

共分散

右のような２変量 x、y の一般的な資料について、散布図を描いてみましょう。そして、$(x-\overline{x})(y-\overline{y})$ の正負を調べてみます。ここで、$\overline{x}$、$\overline{y}$ は２変量 x、y の平均値です。

個体番号	x	y
1	x_1	y_1
2	x_2	y_2
3	x_3	y_3
…	…	…
n	x_n	y_n

$(x-\overline{x})(y-\overline{y})$ の正負は次の図のようにまとめられます。図で、点 $G(\overline{x}, \overline{y})$ は各変量の平均値 $\overline{x}$、$\overline{y}$ を座標とする散布図の中心（重心）です。

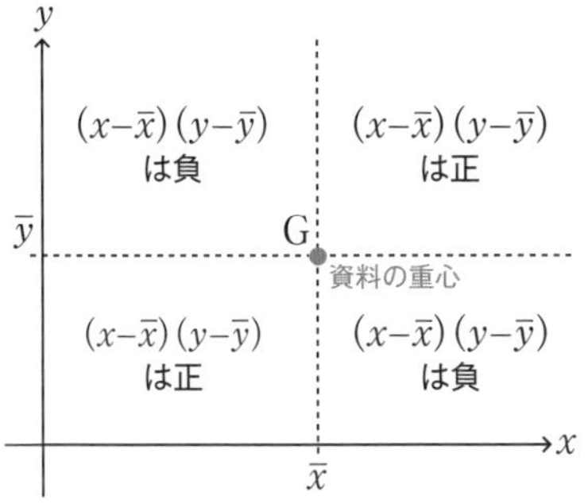

$(x-\overline{x})(y-\overline{y})$ の正負。$(x,\ y)$ が点 G の右上・左下なら正、そうでなければ負になる。G は分布の重心になる

この図と、前節（1-7）で調べた次の図とを重ねてみましょう。

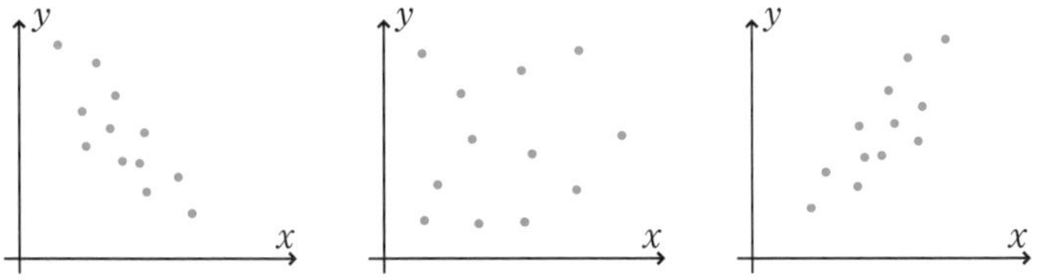

負の相関　　相関がない　　正の相関

２つの図の関係から、次の表の結論が得られます。

正の相関	$(x-\overline{x})(y-\overline{y})$ が正となる点が多い
負の相関	$(x-\overline{x})(y-\overline{y})$ が負となる点が多い
相関がない	$(x-\overline{x})(y-\overline{y})$ の正負はいろいろ

そこで、次の和を求めてみましょう。

$$Q_{xy} = (x_1-\overline{x})(y_1-\overline{y}) + (x_2-\overline{x})(y_2-\overline{y}) + \cdots + (x_n-\overline{x})(y_n-\overline{y})$$

前頁で調べた $(x-\overline{x})(y-\overline{y})$ と正負の関係から、Q_{xy} について次のことがわかります。

正の相関	$Q_{xy}>0$
負の相関	$Q_{xy}<0$
相関がない	$Q_{xy}\fallingdotseq 0$

Q_{xy}は相関の有無についての良い指標になることがわかります。

さて、資料の個体数nが大きくなると、2変量x、yの相関が小さくても、Q_{xy}は値が大きくなるという欠点があります。そこで、Q_{xy}を個体数nで割った次の値s_{xy}が、2変量x、yの相関の大小を見る良い指標として用いられます。

$$s_{xy}=\frac{(x_1-\overline{x})(y_1-\overline{y})+(x_2-\overline{x})(y_2-\overline{y})+\cdots+(x_n-\overline{x})(y_n-\overline{y})}{n}$$

これを2変量x、yの**共分散**と呼びます。共分散は、いま調べたように次の性質を持ちます。

	正の相関	相関がない	負の相関
共分散の値	正	0に近い値	負

共分散の具体例

具体的な資料で、共分散を計算してみましょう。前節（1-7）に示した2021年9日間の日経平均とダウ平均の資料を再掲します。

月日	日経平均	ダウ平均
11月29日（月）	28283	34899
11月30日（火）	27821	35135
12月1日（水）	27935	34483
12月2日（木）	27753	34022
12月3日（金）	28029	34639
12月6日（月）	27927	34580
12月7日（火）	28455	35227
12月8日（水）	28860	35719
12月9日（木）	28725	35754

日経平均をx、ダウ平均をyとし、共分散s_{xy}の値を求めてみましょう。日経平均x、ダウ平均yの平均値が各々28199、34940であることを利用して、

$$s_{xy}=\frac{1}{9}\{(28283-28199)(34899-34940)+(27821-28199)(35135-34940)$$
$$+\cdots+(28725-28199)(35754-34940)\}=179841$$

共分散s_{xy}の値は大きな正の値になっています。日経平均x、ダウ平均yとは正の相関があることがわかります。

相関係数

共分散はデータの単位によって数値が変わります。例えば、いま調べた日経平均とダウ平均の共

分散も、日経平均をドルに換算して計算すると100分の1程に小さくなります。

そこで、単位に影響されない「より客観的な」相関関係の指標が欲しくなります。その期待に応えるのが**相関係数**です。

2変量x、yの相関係数r_{xy}は次のように定義されます。

$$r_{xy}=\frac{s_{xy}}{s_x s_y}\quad (s_x \text{ は} x \text{の、} s_y \text{ は} y \text{の標準偏差}) \quad \cdots (1)$$

（注）この係数はPearsonの**積率相関係数**ともいいます。

このように定義された相関係数r_{xy}は単位を持たない量であり、次の性質を持つことが証明されます。

$$-1 \leqq r_{xy} \leqq 1$$

r_{xy}の値は1に近いほど「正の相関」が強く、−1に近いほど「負の相関」が強いことを表します。また、0に近いほど相関がないことを表します。

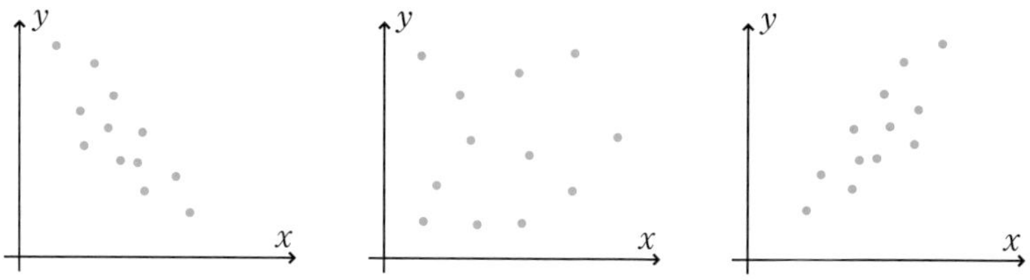

r_{xy}が−1に近い　　$r_{xy}\fallingdotseq 0$　　r_{xy}が1に近い

先に示した日経平均とダウ平均の資料について、相関係数を求めてみましょう。

前節（1-4節）で調べた公式から、日経平均x、ダウ平均yの標準偏差s_x、s_yは

$$s_x = 380.1、s_y = 544.0$$

よって、相関係数の定義式(1)より、

$$r_{xy}=\frac{179841}{380.1\times 544.0}\fallingdotseq 0.87$$

1に近い値です。日経平均とダウ平均には大きな正の相関があることが確かめられます。

実習 8 Pythonによる統計分析

右の資料は2021年9日間の日経平均とDOW平均とを並記したものである(1-7節)。この資料について、共分散と相関係数を求めよう。

月日	日経平均	ダウ平均
11月29日(月)	28283	34899
11月30日(火)	27821	35135
12月1日(水)	27935	34483
12月2日(木)	27753	34022
12月3日(金)	28029	34639
12月6日(月)	27927	34580
12月7日(火)	28455	35227
12月8日(水)	28860	35719
12月9日(木)	28725	35754

Pythonで共分散、相関係数の値を求めるには、NumPyのnumpy.cov、numpy.corrcoef関数が便利です。これらは**分散共分散行列**、**相関行列**を求める関数です。ここで、変数x、yの分散共分散行列、相関行列とは次の形、すなわち配列(数学でいう行列)をいいます。

$$分散共分散行列\begin{pmatrix} s_x^2 & s_{xy} \\ s_{xy} & s_y^2 \end{pmatrix}、相関行列\begin{pmatrix} 1 & r_{xy} \\ r_{xy} & 1 \end{pmatrix}$$

そこで、これらの1行2列目の成分(インデックスでいうと[0][1]成分)を抽出すれば共分散s_{xy}や相関係数r_{xy}の値が得られます。

(注) 本書では数学や統計学の世界で利用される「行列」を利用することはありません。上記2つの行列は2行2列の配列と解釈して問題はありません。

Pythonプログラム 8

```
#共分散と相関係数の算出
print('【共分散と相関係数】')
#準備
import numpy as np

#データをセット
nikkeidow=np.array(
[['11月29日',28283,34899],['11月30日',27821,35135],
 ['12月1日',27935,34483],['12月2日',27753,34022],
 ['12月3日',28029,34639],['12月6日',27927,34580],
 ['12月7日',28455,35227],['12月8日',28860,35719],
 ['12月9日',28725,35754]])
```

NumPyの関数を利用できるように準備(序-4節)

1-7節と同じく、配列nikkeidowに与えられたデータをセット

```
#nikkei平均とdow平均の取り出し
nikkei = nikkeidow[:, 1].astype(int)
dow = nikkeidow[:, 2].astype(int)

#分数共分散行列、相関行列を算出
cov_matrix = np.cov(nikkei, dow, ddof=0)
corr_matrix = np.corrcoef(nikkei, dow)

#分散共分散行列、相関行列の要素[0][1]を取り出す
cov_nd = cov_matrix[0][1]
corr_nd = corr_matrix[0][1]

#共分散、相関係数の表示
print('共分散＝', np.round(cov_nd))
print('相関係数＝', np.round(corr_nd,2))
```

1-7節の場合と同じように、配列nikkeidowの列インデックス1を配列nikkeiに、列インデックス2を配列dowにセット。この際、整数型に変換

numpy.cov、numpy.corrcoef関数で分散共分散行列、相関行列を求める

変数cov_nd、corr_ndに、分散共分散行列、相関行列の要素[0][1]を取り出す

結果を表示

計算結果

```
【共分散と相関係数】
共分散＝ 179841.0
相関係数＝ 0.87
```

Pythonレッスン **numpy.cov、numpy.corrcoef関数**

共分散は英語でcovariance、相関係数はcorrelation coefficient。それらの文字を用いたNumPyの関数が**numpy.cov**、**numpy.corrcoef**です。ここでは、次のように利用しています。

```
cov_nd = np.cov(nikkei, dow, ddof=0)
corr_nd = np.corrcoef(nikkei, dow)
```

先に調べたように、2つの配列x、yに収められたデータの分散共分散行列、相関行列を求める関数です。実際に行列の中身を見てみましょう。上記プログラムの最後に、次のプログラムを付加し実行してみます。分数共分散行列で相関行列が具体的に表示されます。

```
#分散共分散行列、相関行列の表示
print('【分散共分散行列と相関行列】')
print('分散共分散行列')
print(np.round(cov_matrix))
print('相関行列')
print(np.round(corr_matrix,2))
```

```
【分散共分散行列と相関行列】
分散共分散行列
[[144508. 179841.]
 [179841. 295921.]]
相関行列
[[1.   0.87]
 [0.87 1.  ]]
```

分散共分散行列、相関行列を具体的に表示。先に得られた共分散、相関係数の値 179841、0.87 が行列の (1, 2) 成分、すなわち配列の [0][1] 成分に算出されている

共分散、相関係数はこれらの行列の1行2列目(または2行1列目)の成分です。そこで、算出結果の配列のインダックス [0][1] の要素(または [1][0] の要素)を取り出せば、目的の共分散 s_{xy} や相関係数 r_{xy} の値が得られるのです。

ちなみに、numpy.cov は自由度 ddof を設定する必要があります。推定や検定を考えないときには、この値は 0 に設定します。

参考 8 Python・Excel 二刀流

本節のテーマを Excel で実行するには、関数 COVARIANCE.P、CORREL を利用します。各変量の間の共分散、相関係数を求めてくれます。

C13 =COVARIANCE.P(C3:C11,D3:D11)

	A	B	C	D	E	F	G
1		2021年日経平均とダウ平均終値					
2		日付	日経平均	ダウ平均			
3		11月29日(月)	28283	34899			
4		11月30日(火)	27821	35135			
5		12月1日(水)	27935	34483			
6		12月2日(木)	27753	34022			
7		12月3日(金)	28029	34639			
8		12月6日(月)	27927	34580			
9		12月7日(火)	28455	35227			
10		12月8日(水)	28860	35719			
11		12月9日(木)	28725	35754			
12							
13		共分散	179841				
14		相関係数	0.87				

=COVARIANCE.P(C3:C11,D3,D11)

=CORREL(C3:C11,D3,D11)

(注) 共分散を求める関数には、他に COVARIANCE.S があります。これは推定や検定の際に利用されます。本書は多変量の推定や検定を調べることはないので使うことはありません。

第2章

確率論の基本

統計学の中心課題は、一部の資料（すなわち標本）から全体（すなわち母集団）についての的確な情報を得ることです。それを支える理論が確率論です。ゆらぎのあるデータから本質的な情報を得るには確率論が欠かせないのです。

2-1 確率の定義 ～数学的な確率と統計的な確率

統計的な推定や検定を理解するには、確率を理解する必要があります。この確率について復習してみることにしましょう。

試行と事象

典型的な確率現象としてコインやサイコロを投げることが挙げられます。そこで、確率を理解するには、コインやサイコロを用いるのが最適です。

いま、コインを1個投げる場合を考えることにしましょう。このとき、コインを「投げる」という操作を**試行**といいます。そして、その試行によって得られる結果を**事象**といいます。この場合、「表」の出る事象と「裏」の出る事象の2つの事象があります。

数学的確率

事象Aの起こる確率pは、次のように定義されます。これを数学的な**確率**と呼びます。通常、統計学で確率という場合には、この確率を指します。

$$p=\frac{\text{事象Aの起こる場合の数}}{\text{起こりうるすべての場合の数}} \quad \cdots (1)$$

(注) 確率はよくpで表わされます。英語の probability の頭文字をとっているからです。

例 2個のコインを同時に投げて、2つとも表の出る事象Aの確率を求めてみよう。

2つのコインの表裏の事象は {表表，表裏，裏表，裏裏} の4通りがあります。

(表)(表)、(表)(裏)、(裏)(表)、(裏)(裏)

これが(1)の分母になります。このうち、2枚とも表、すなわち {表表} となるのは1通りです。これが(1)の分子になります。よって、求める確率pは

$p=\frac{1}{4}$ **答**

統計的な確率

先の例では、2個のコインを同時に投げて{表表}と出る場合の(数学的な)確率は$\frac{1}{4}$であることを調べました。ところで、これが正しいことを確かめるにはどうすればよいでしょうか。

2個のコインを同時に1回だけ投げると、結果は{表表, 表裏, 裏表, 裏裏}のどれかであり、確率など議論はできません。そこで、何回も2個のコインを同時に投げて実験してみることにしましょう。すると、4回に1回の割合で{表表}が出ることが確かめられるはずです。このように、何回も試行をして、その極限として確率の値を定める考え方を**統計的な確率**といいます。

(注)モデルが正しければ、数学的な確率と統計的な確率は一致します。

反復試行の確率の定理

確率の計算において、よく利用される公式を紹介します。それが**反復試行の確率の定理**と呼ばれる次の定理です。後で調べる二項分布を考えるとき大切な公式です。

> 1回の試行で事象Tが起こる確率をpとする。この試行を独立にn回繰り返したとき事象Tがちょうどr回起こる確率は
>
> $${}_nC_r p^r (1-p)^{n-r}$$

ここで、${}_nC_r = \frac{n!}{r!(n-r)!}$であり、**二項係数**と呼ばれる数です。

例 表と裏の出る確率が等しいコインを10回投げたとき、表の出る回数がちょうどr回となる確率を求めよ。

解 題意よりpは$\frac{1}{2}=0.5$。「反復試行の確率の定理」を用いれば、

$${}_{10}C_r\,0.5^r(1-0.5)^{10-r} = {}_{10}C_r\,0.5^r \cdot 0.5^{10-r} = {}_{10}C_r\,0.5^{10} = \frac{10!}{r!(10-r)!\cdot 2^{10}} = \frac{14175}{4r!(10-r)!}$$ **答**

実習 9 Phtyonによる統計分析

理想的に正しく作られたサイコロを1000回振る実験を行い、1の目の出る統計的な確率が数学的な確率の$\frac{1}{6}$に近い値になることをPythonで見てみよう。

Pythonの乱数生成機能を利用すると、様々な確率のシミュレーションが行えます。ここで、Pythonの外部モジュールSciPyの整数乱数生成機能を利用して、サイコロの実験をシミュレーションしましょう。

Pythonプログラム 9

```
#統計的確率の意味
print('【統計的確率】')
#準備
import numpy as np
from scipy.stats import randint
```

NumPyとSciPyの統計関数が使えるように準備（序-4節）

```
#シミュレーション（サイコロを振る）
x = randint.rvs(1, 7, size=(400,25))
nsize = x.size
print('試行回数', nsize, '回')
```

1から6までの整数乱数を10000個生成し、配列xにセット。配列の型を400行25列にしたのは、出力を見やすくするため。変数nsizeには振る回数をセット

```
#結果を表示
print( 'サイコロの目' )
print( x )
```

printで、出たサイコロの目を表示

```
#「1の目」の個数をカウント
n1 = np.sum(x == 1)
print('1の目の個数＝', n1)
```

出た目の中で、「1の目」の個数を変数n1にセット

```
#統計的確率を算出
print('統計的確率＝',n1/nsize)
```

統計的確率を出力

計算結果

プログラムの実行結果を示します。サイコロの目のシミュレーションの途中の表示は省かれています。統計的確率が数学的確率 $1/6\ (= 1.6666\cdots)$ に近いことがわかります。

```
【統計的確率】
試行回数 10000 回
サイコロの目
[[5 2 2 ... 6 4 4]
 [3 5 3 ... 2 3 2]
 [2 3 5 ... 2 1 6]
 ...
 [4 5 1 ... 1 4 3]
 [6 5 2 ... 1 5 5]
 [2 5 4 ... 3 4 5]]
1の目の個数＝ 1724
統計的確率＝ 0.1724
```

Pythonレッスン　scipy.stats.randint.rvs関数

整数の乱数を生成する関数としてSciPyの提供する関数scipy.stats.randint.rvsを利用しました。実際、次のように利用しています。

```
x=randint.rvs(1, 7, size=(400, 25))
```

意味は「1から6までの整数を400 × 25個、ランダムに生成し、400行25列の配列xに格納せよ」ということです。これがサイコロを振るシミュレーションになります。

このSciPy関数を利用するには、次のimport文が必要です。

```
from scipy.stats import randint
```

整数乱数を生成する方法は、他にもいろいろです。例えばnumpy.random.randintもよく利用されます。SciPyのscipy.stats.randintと対比してみましょう。引数部分は同じ形式になっています。

モジュール名	関数名	実際の使い方の例
NumPy	numpy.random.randint	np.random.randint(1, 7, size=1000)
SciPy	scipy.stats.randint.rvs	randint.rvs(1, 7, size = 1000)

(注) パラメータのキーである「size=」は、指定順序を守れば省略可能です。

Pythonレッスン　配列の型と要素数の取得

この節では、400行25列の配列xに「振ったサイコロの目」を格納しました。print関数で見やすく表示できるようにするためです。配列の要素の個数は、当然400 × 25 = 10000個です。要素数を表す変数nsizeに直接10000をセットしても良いのですが、ここでは拡張しやすいよう、配列の要素数を「.size」という修飾子で求めています。

```
nsize = x.size
```

他にも、様々な修飾子を付けることで、配列の情報を取り出すことができます。次の使用例を参考にしてください。

```
import numpy as np
y = np.array([[1, 2, 3], [4, 5, 6]])

print('y.size=', y.size)
print('y.shape=', y.shape)
print('y.ndim=', y.ndim)
print('len(y)=',len(y))
```

```
y.size= 6
y.shape= (2, 3)
y.ndim= 2
len(y)= 2
```

配列に付けた修飾子「.size」は要素数を、「.shape」は2行3列という型を、「.ndim」は2次元という次元数を表示。ちなみに、1次元配列で要素数を求めるlen関数を2次元配列に適用すると、行数が表示される

参考 9　Python・Excel 二刀流

本節のテーマを Excel で実行するには、関数 RANDBETWEEN が便利です。次のように利用すると、1 以上 6 以下の整数を等確率で生成してくれます。

=RANDBETWEEN(1,6)

これを 10000 個のセルに埋め、得られたサイコロの目から「1 の目」の個数を調べれば、「1 の目の出る」統計的確率が得られます。

E3 =RANDBETWEEN(1,6

	A	B	C	D	E	F	G	H	I	J				
1		統計的確率と数学的確率												
2					[サイコロの実験]									
3		全体の個数	10000		5	1	4	5	4	5	5	2	6	1
4		1の目の個数	1691		6	3	1	1	4	2	4	4	4	2
5		統計的確率	0.1691		2	4	2	4	5	2	6	1	6	2
6					5	4	4	2	1	4	4	5	4	1
7					3	5	6	4	2	1	5	6	1	1
8					1	3	6	5	2	3	3	1	1	6
000					2	6	6	5	1	4	4	2	2	5
001					5	2	6	2	3	2	1	2	4	3
002					4	2	6	5	2	6	6	2	2	5

図の例では、1 の目の個数は 1691 個でした。統計的確率は 0.1691 です。数学的確率 1/6 に近い値になっています（二者が一致したのは偶然です）。こうして、統計的な確率が数学的な確率を近似することが確かめられます。

memo

一様乱数からもサイコロの実験が可能

Python 標準関数には整数乱数を生成するものがありませんが、似た関数があります。

```
random.uniform(a,b)
```

この関数は a 以上 b 未満の実数を一様（uniform）な確率で生成します。これからも、簡単にサイコロのシミュレーションが行えます。次のように利用すればよいのです。

```
import random
x=random.uniform(1,7)
print(int(x))
```

```
5
```

この関数を利用するには「random」モジュールのインポートが必要。int は引数を整数にする関数

2-2 確率変数と確率分布 ～推測統計学の基本中の基本

統計的な推定や検定を理解するには、確率変数と確率分布を理解する必要があります。

確率変数

確率変数とは確率的に値が定まる変数のことです。すなわち、試行をして初めて値が確定する変数のことをいいます。

例えば、1つのサイコロを振る試行を考えてみます。そして、出る目をXと表すことにします。この変数Xは1から6までの整数値をとりますが、サイコロを投げてみて初めてその値が確定します。これが確率変数のアイデアです。

サイコロの目Xは、サイコロを振った結果として得られる。このように試行の結果、値が確定する変数を確率変数という

ちなみに、確率変数は大文字のローマ字で表記するのが普通です。1章の統計資料の中の変量は小文字で表記されていたことに留意してください。

確率分布

確率的に値が定まる変数が確率変数です。ところで、確率変数のとる各値に対応して、それが起こる確率値が与えられるとき、その対応を**確率分布**といいます。対応が表に示されていれば、その表を確率変数の**確率分布表**と呼びます。

確率変数 X	確率
x_1	p_1
x_2	p_2
…	…
x_n	p_n

確率分布表。確率変数の値に、その値が起こるときの確率を対応させた表である

(注) この表の対応を確率質量関数 (probability mass function、略し pmf) と呼びます。

確率分布表で示せる有名な確率分布として、二項分布とベルヌーイ分布があります。これについては、3章で調べることにします。ここでは、次の簡単な例を利用して、確率分布表の意味を確かめてみましょう。

例 1 個のサイコロを振ったとき、出る目 X の確率分布表は次のようになる。

目 (X)	p
1	1/6
2	1/6
3	1/6
4	1/6
5	1/6
6	1/6

サイコロ 1 個を振ったときの、出る目 X の確率分布表

連続的な確率変数と確率密度関数

サイコロの目ならば、表にして確率分布を示すことができます。しかし、人の身長や製品の重さ、各種の経済指数など、連続的な値をとる変数を確率変数とみなす場合には、それを表で示すことが不可能です。このような連続的な確率変数に対する確率分布を表現するのが**確率密度関数**です。この関数を $f(x)$ と置くと、確率変数 X が $a \leqq X \leqq b$ の値をとる確率は下図の斜線部分の面積で表せます。

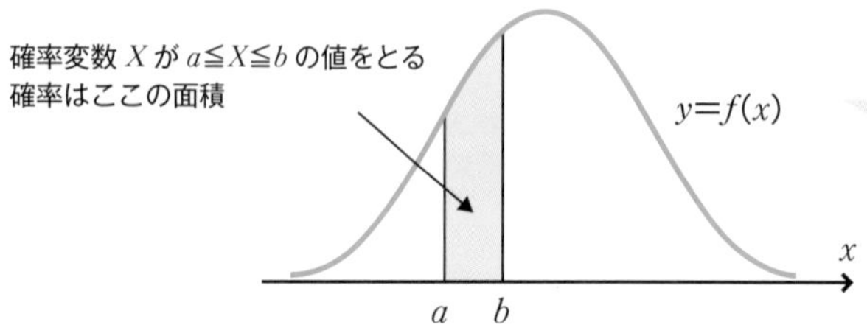

確率密度関数では、x 軸とグラフとで囲まれた面積が確率を与える

数式で示すなら、確率変数 X が $a \leqq X \leqq b$ の値をとる確率 P は、確率密度関数 $f(x)$ を用いて次のように表現されます。

$$P(a \leqq X \leqq b) = \int_a^b f(x)\,dx$$

確率密度関数の例として、簡単な次の例を調べることにしましょう。

例 時計が電池切れで止まるとき、短針の停止位置の 12 時からの角度

新しい電池をセットした時計は、数年後電池が切れて止まります。もしアナログ時計なら、止まった時の針の位置は予想不能です。短針が 12 時から測って何度の位置に止まるかなど、全く予想がつかないでしょう。

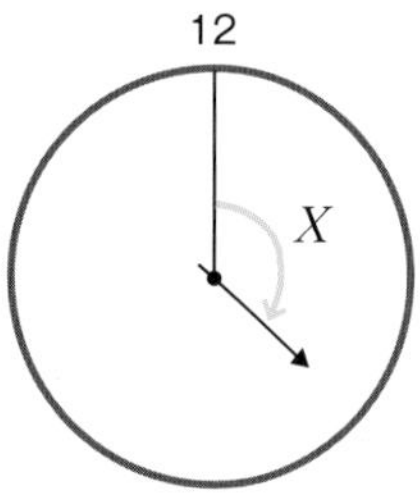

電池切れで時計が止まったとき、針がどの位置に停止するかは予想がつかない。そこで、右の図の角度 X は次の範囲に一様に分布する確率変数になる
$0^\circ \leqq X \leqq 360^\circ$

そこで、12 時から測った短針の停止位置の角度を X 度とするとき、これは確率変数になり、確率分布は右のグラフのようになります。

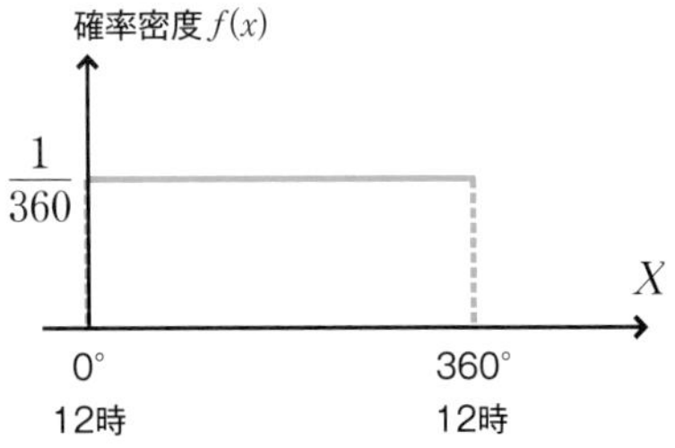

この確率密度関数 $f(x)$ は次の式で表されます。

$$f(x) = \frac{1}{360}$$

例えば、6 時から 7 時の間の 1 時間に短針が止まる確率 p は、6 時から 7 時の間の角度が 360°/12 ＝ 30° なので、右図の網をかけた部分の面積となります。すなわち、

$$p = \frac{1}{360} \times 30° = \frac{1}{12}$$

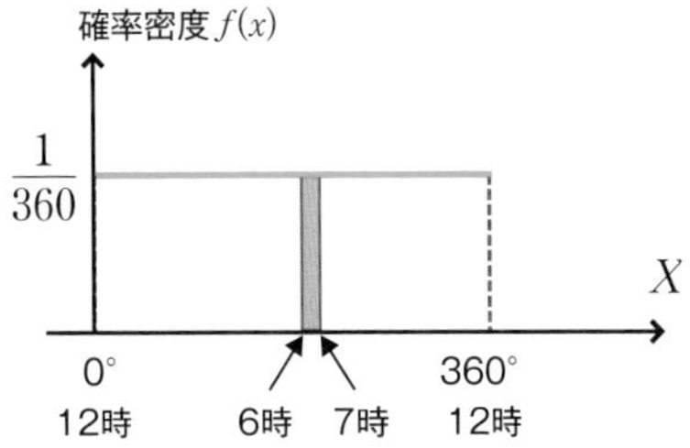

累積分布関数

推定や検定で利用される**累積分布関数**を調べましょう。これは、確率変数 X が値 x より小さい値をとる確率 p を与えるものです（下図）。

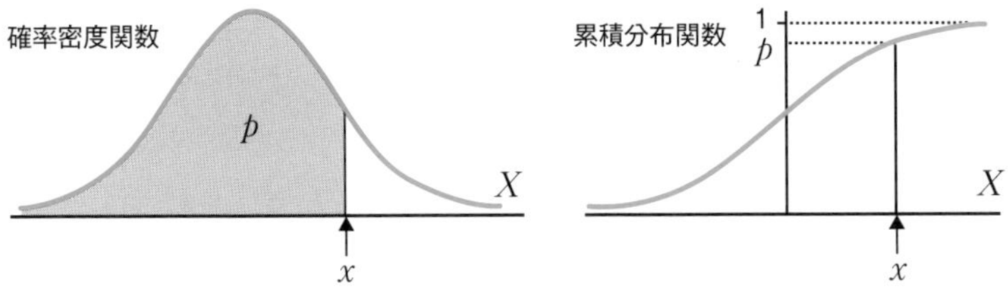

$X \leqq x$ を満たす確率を p とする。すると、左に示す確率密度関数のグラフでは、網をかけた部分の面積が p である。このとき、右の累積分布関数では、X の値が x のときの y 座標が p ということになる

パーセント点

後の章で調べる推定や検定で多用される言葉である**パーセント点**（略して％点）の意味を調べておきましょう。

上側 100p%点と**両側 100p%点**とは、確率密度関数の上側また両側の確率が p になるときの確率変数 X の値 x のことです。この上側 100p%点と両側 100p%点は、まとめて、**パーセント点**と呼ばれます。例えば、p が 0.05 ならば、100p%点は 5%点と書かれます。

数式で表現してみましょう。上側または両側の 100p%点を x とすると、

上側 100p% 点：$P(X \geqq x) = p$

両側 100p% 点：$P(X \geqq x) = \dfrac{p}{2}$

（注）上側 100p%点と同様に、下側 100p%点も定義できます。両側 100p% の式は、確率分布が y 軸について対称の場合です。

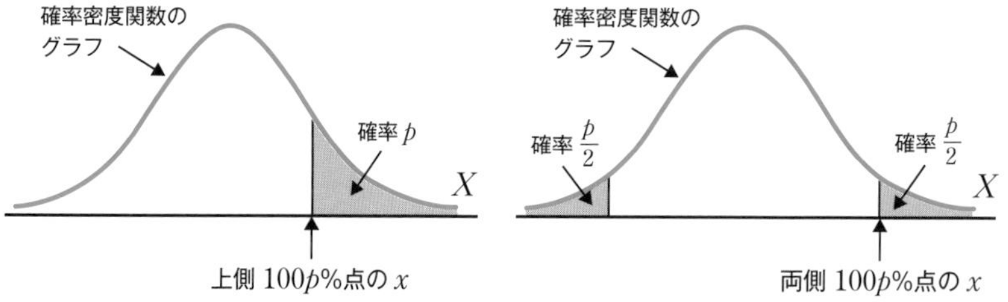

(注) 図は連続的な確率分布の場合。右の図は分布が y 軸について左右対称のときに利用されます。そうでないときには、上側と下側とをセットにして両側 100p%点を考えることがあります。

p 値

パーセント点とは逆に、確率変数 X の値 x から、その上側または両側の確率を求めることも、推定や検定では大切なことです。この値を確率変数 X の値 x に対する **p 値**と呼びます。対称な確率密度関数の場合の p 値の意味を下図に示しましょう。

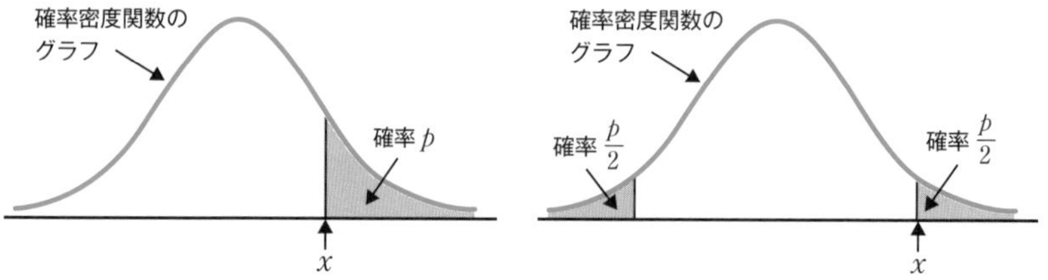

右側検定用の p 値　　両側検定用の p 値

(注) 右の図は分布が y 軸について左右対称のときに利用されます。分布が左右対称でないときには、上側と下側とをセットにした p 値を考えることがあります。

数式では、p 値は次のように表現できます。確率変数 X の値 x の上側または両側の確率を p とすると、

右側検定用の p 値：$P(X \geqq x) = p$

両側検定用の p 値：$P(X \geqq x) = \dfrac{p}{2}$

定義から当然ですが、前に示したパーセント点と同じ式になっています。

(注) 左側検定も同様に定義されます。p 値のことを、大文字で P 値と表記する文献もあります。なお、上記の両側検定用の式は、確率分布が y 軸について対称の場合に利用されます。

実習 10　Python による統計分析

与えた確率分布に従って目が出る創作サイコロ、すなわち「いかさま」サイコロを作成し、実際にこのサイコロを 10000 回振ってみよう。そして、与えられた確率分布と一致した相対度数分布（すなわち統計的な確率分布）が得られることを確かめてみよう。

Pythonの乱数生成機能を利用すると、様々な確率のシミュレーションが行えます。ここで、「いかさま」サイコロ、すなわち歪んだサイコロを振る場合について、与えられた確率分布に統計的確率が一致することを確認しましょう。「いかさま」のサイコロを振るのに、NumPyの提供する重み付き乱数の生成関数np.random.choiceを利用します。

Pythonプログラム 10

```
#歪んだサイコロを振るシミュレーション
print('【確率変数と確率分布】')
#準備
import numpy as np

#サイコロの目の定義
dice = np.arange(1, 7)

#確率質量関数pmfを定義
pmf0 = np.array(
     [1/21,2/21,3/21,4/21,5/21,6/21])

#上記pmfで定めたサイコロをne回振る
ne=10000
x = np.random.choice(a=dice, size=ne, p=pmf0)

#相対度数の分布を算出
rfreq = [np.count_nonzero(x == i) /ne for i in dice]

#相対度数の分布を表示
print('確率質量関数と相対度数の分布')
print('　　　目　　：  ', end='')
print('1', '2', '3', '4', '5', '6', sep='      ')
np.set_printoptions(precision=4, floatmode='fixed')
print('確率質量関数：', end='')
print(pmf0)
print('相対度数分布：', end='')
print(np.array(rfreq))
```

NumPyの関数を使えるように準備(序-4節)

サイコロの目1～6を配列diceに格納

配列pmf0に「いかさま」サイコロの各目の現れる確率(すなわち確率質量関数)を適当に設定

配列pmf0で定義した確率分布に従ってシミュレーション。出た目を配列xに格納

配列xの中の目iの個数をカウントし、配列rfreqにセットする(i+1は目の番号)

シミュレーション結果の出力

計算結果

プログラムの実行結果を示します。配列 pmf0 に「目の出る確率」(すなわち確率質量関数) を設定しています。得られたサイコロの目の相対度数分布 (すなわち統計的確率の分布) は、「いかさま」サイコロの目の現れる確率分布に近い値になっていることを確認しましょう。

```
【確率変数と確率分布】
確率質量関数と相対度数の分布
        目    : 1      2      3      4      5      6
確率質量関数 : [0.0476 0.0952 0.1429 0.1905 0.2381 0.2857]
相対度数分布 : [0.0475 0.0914 0.1438 0.1914 0.2377 0.2882]
```

Python レッスン　numpy.random.choice 関数

与えられた確率分布に従ってランダムに数を生成する関数が、NumPy の提供する numpy.random.choice です。本プログラムでは次のように利用しています。

```
x = np.random.choice(a=dice, size=ne, p=pmfo)
```

「配列 dice の要素の値を、重み pmfo に従って、要素数 ne だけランダムに抽出する」という働きをします。いろいろなシミュレーションを考えるときに、大変便利な関数です。

Python レッスン　np.count_nonzero 関数

配列の要素の中から、指定した文字や数が何個あるかをカウントする関数が np.count_nonzero です。度数分布を調べるときに使うと便利です。本プログラムでは次のように利用しています。

```
rfreq = [np.count_nonzero(x == i) /ne for i in dice]
```

数字 i が何個あるか数え、リスト内包表記を利用して、配列 rfreq に作成しています。

その名に示されるとおり、この関数は数値 0 をカウントできません。利用には注意が必要です。

Python レッスン　出力の表示形式

結果をきれいに見せるために、本書では小数の「丸め」を多用しています。

例 `print('共分散=', np.round(cov_nd))`

表示をきれいに見せる方法として、他にもいろいろあります。その一つに、NumPy の関数 set_printoptions が有名です。ここでは次のように利用しています。

```
np.set_printoptions(precision=4, floatmode='fixed')
```

「小数部は 4 位まで表示し、4 位に満たない小数は不足の位に 0 を埋めよ」という指示です。次の例で確かめましょう。

```
import numpy as np
x=np.array([1.23456, 1.23])
np.set_printoptions(precision=4, floatmode='fixed')
print(x)
```

```
[1.2346 1.2300]
```

np.set_printoptions 関数の対象は配列。リストでは機能しない

参考 10　Python・Excel 二刀流

本節のテーマを Excel で実行するには、Python の random.choice のような関数がないので、多少技法が必要です。すなわち、VLOOKUP と RAND 関数を組み合わせるのです。

最初に、サイコロの目 X の確率分布を適当に入力します。そして、その累積分布も作成しておきます。RAND 関数で得た値をこの分布に照合することで、与えた確率分布に従うサイコロの目のシミュレーションが実現されます。このシミュレーション 10000 回分をセルに埋め込み、得られた目 X の相対度数を調べれば、目的の確認が実現できます。

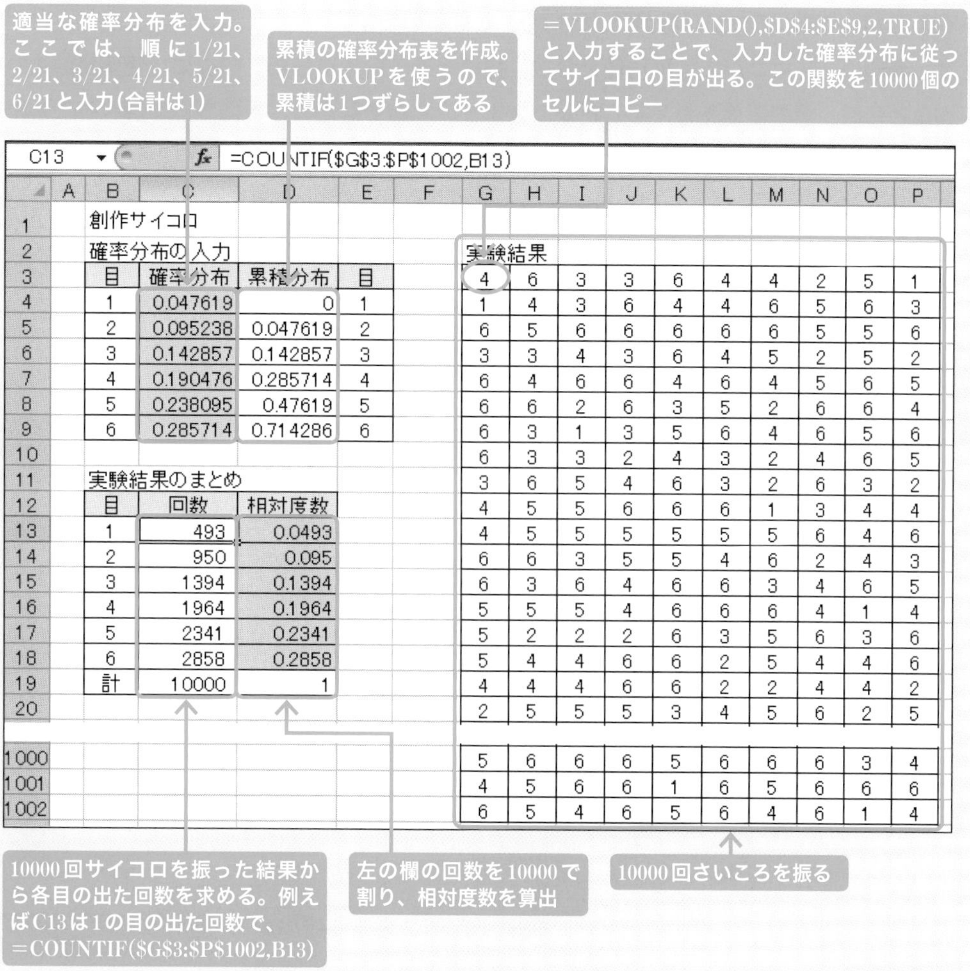

創作サイコロ

確率分布の入力

目	確率分布	累積分布	目
1	0.047619	0	1
2	0.095238	0.047619	2
3	0.142857	0.142857	3
4	0.190476	0.285714	4
5	0.238095	0.47619	5
6	0.285714	0.714286	6

実験結果のまとめ

目	回数	相対度数
1	493	0.0493
2	950	0.095
3	1394	0.1394
4	1964	0.1964
5	2341	0.2341
6	2858	0.2858
計	10000	1

実験結果

行	G	H	I	J	K	L	M	N	O	P
3	4	6	3	3	6	4	4	2	5	1
4	1	4	3	6	4	4	6	5	6	3
5	6	5	6	6	6	6	6	5	5	6
6	3	3	4	3	6	4	5	2	5	2
7	6	4	6	6	4	6	4	5	6	5
8	6	6	2	6	3	5	2	6	6	4
9	6	3	1	3	5	6	4	6	5	6
10	6	3	3	2	4	3	2	4	6	5
11	3	6	5	4	6	3	2	6	3	2
12	4	5	5	6	6	6	1	3	4	4
13	4	5	5	5	5	5	5	6	4	6
14	6	6	3	5	5	4	6	2	4	3
15	6	3	6	4	6	6	3	4	6	5
16	5	5	5	4	6	6	6	4	1	4
17	5	2	2	2	6	3	5	6	3	6
18	5	4	4	6	6	2	5	4	4	6
19	4	4	4	6	6	2	2	4	4	2
20	2	5	5	5	3	4	5	6	2	5
1000	5	6	6	6	5	6	6	6	3	4
1001	4	5	6	6	1	6	5	6	6	6
1002	6	5	4	6	5	6	4	6	1	4

設定した「確率分布」（すなわち確率質量関数）と、シミュレーションで得られた相対度数分布が近いものになっていることを確認してください。

2-3 確率変数の平均値・分散
～変量の平均値・分散を抽象化

変量は確率変数の値とも解釈できます。例えば、身体測定の資料において「A 君の身長が 170cm」というとき、「A 君を選んだとき、その身長が 170」とも考えられます。「A 君を選ぶ」を試行と考えると、確率変数としての身長が 170 と得られるわけです。サイコロと対比させて考えると、「サイコロを振ると目 X は 1」の「サイコロを振る」に相当するのが「A 君を選ぶ」であり、「目 X は 1」に相当するのが「身長 X は 170」となるのです。

さて、資料の変量については平均値と分散、標準偏差を考えました。同様に、確率変数についても平均値と分散、標準偏差を考えることができます。本節ではこのことについて調べることにしましょう。

なお、2-2 節でも調べたように、確率変数は大文字のローマ字で表します。資料の変量には小文字のローマ字を用いたことに留意してください。

離散的な値をとる確率分布

確率変数の平均値、分散、標準偏差は、1 章で調べた変量の平均値、分散、標準偏差の延長上で定義されます。

まず、1 章で調べた平均値を復習しましょう。統計資料が度数分布表として右の表のように与えられていたとします。この変量 x の平均値は次のように定義されました (1-5 節)。

変量 x	度数
x_1	f_1
x_2	f_2
x_3	f_3
…	…
x_n	f_n
総度数	N

$$平均値：\overline{x}=\frac{x_1f_1+x_2f_2+\cdots+x_nf_n}{N}$$

$$=x_1\frac{f_1}{N}+x_2\frac{f_2}{N}+\cdots+x_n\frac{f_n}{N} \quad \cdots (1)$$

$\dfrac{f_1}{N}$、$\dfrac{f_2}{N}$、…、$\dfrac{f_n}{N}$ は変量の値 x_1、x_2、…、x_n が得られる割合です。すると、それらは値 x_1、x_2、…、x_n の得られる確率と考えられます。

この考えを確率変数に応用するのです。確率変数 X に対する確率分布が右のように与えられているとします。このとき、上の式 (1) で調べた変量の議論から、確率変数 X の平均値 μ は次のように定義すると良いことがわかるでしょう。

確率変数 X	確率
x_1	p_1
x_2	p_2
x_3	p_3
…	…
x_n	p_n
計	1

$$\mu=x_1p_1+x_2p_2+\cdots+x_np_n$$

このような考えは、分散、標準偏差についても同様です。そこで、確率変数 X の平均値、分散、標準偏差は、次のように公式化されます。

平均値　：$\mu = x_1 p_1 + x_2 p_2 + \cdots + x_n p_n$　… (2) 分散　　：$\sigma^2 = (x_1 - \mu)^2 p_1 + (x_2 - \mu)^2 p_2 + \cdots + (x_n - \mu)^2 p_n$　… (3) 標準偏差：$\sigma = \sqrt{\sigma^2}$

(注) μ、σ は小文字のギリシャ文字です。μ は「ミュー」、σ は「シグマ」と読まれます。確率変数の平均値、分散、標準偏差は小文字のギリシャ文字で表すのが普通です。

なお、確率変数の平均値は**期待値**とも呼ばれます。1章で調べた変量の平均値と区別するのに便利な言葉です。

確率変数 X の平均値 μ、分散 σ^2 は各々記号 $E(X)$、$V(X)$ とも記述されます。すなわち、

平均値 $\mu = E(X)$、分散 $\sigma^2 = V(X)$

ここで E は期待値 (Expectation Value)、V は分散 (Variance) の頭文字をとったものです。

例 サイコロ1個を振ったとき、出る目 X の平均値と分散を求めよう。

1個のサイコロを振ったときの確率分布表は右の表で与えられます。そこで、公式 (2) (3) から

目 (X)	p
1	1/6
2	1/6
3	1/6
4	1/6
5	1/6
6	1/6

平均値 $\mu = 1 \times \frac{1}{6} + 2 \times \frac{1}{6} + \cdots + 6 \times \frac{1}{6} = 3.5$

分散 $\sigma^2 = (1 - 3.5)^2 \times \frac{1}{6} + (2 - 3.5)^2 \times \frac{1}{6} + \cdots + (6 - 3.5)^2 \times \frac{1}{6} = \frac{35}{12}$

標準偏差 $\sigma = \sqrt{\frac{35}{12}} \fallingdotseq 1.71$

分散の公式の変形

さて、Python で扱いやすいように分散の式 (3) を変形しましょう。(3) 式より、

$$\sigma^2 = (x_1{}^2 - 2\mu x_1 + \mu^2) p_1 + (x_2{}^2 - 2\mu x_2 + \mu^2) p_2 + \cdots + (x_n{}^2 - 2\mu x_n + \mu^2) p_n$$
$$= (x_1{}^2 p_1 + x_2{}^2 p_2 + \cdots + x_n{}^2 p_n) - 2\mu (x_1 p_1 + x_2 p_2 + \cdots + x_n p_n) + \mu^2 (p_1 + p_2 + \cdots + p_n)$$

(2) と確率の総和が 1 ($p_1 + p_2 + \cdots + p_n = 1$) であることを利用して、次の公式が得られます。

$\sigma^2 = (x_1{}^2 p_1 + x_2{}^2 p_2 + \cdots + x_n{}^2 p_n) - \mu^2$　… (4)

これが目標の式です。

連続的な値をとる確率変数

連続的な確率変数の場合、先の式 (2)、(3) のように、平均値や分散を和の形では表現できません。確率変数 X の確率密度関数 $f(x)$ を利用して、和を積分で置き換えた次の式で表現することになります。

平均値　：$\mu = E(X) = \int_a^b xf(x)\,dx$　… (5)

分散　　：$\sigma^2 = V(X) = \int_a^b (x-\mu)^2 f(x)\,dx$　… (6)

標準偏差：$\sigma = \sqrt{\sigma^2}$　… (7)

積分範囲 a、b は、確率密度関数が定義されているすべての範囲から決められます。

例 時計が電池切れで止まるとき、短針の停止位置の角度 X の平均値と分散を求めよう。

2-2節で調べたように、短針の停止位置を12時から測った角度 X は右のグラフで示せる一様分布になります。この確率密度関数 $f(x)$ は次の式となります。

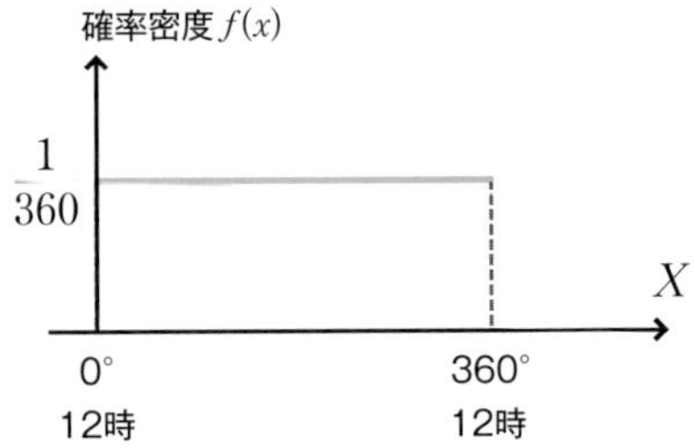

$$f(x) = \frac{1}{360}$$

この確率変数の平均値 μ、分散 σ^2、標準偏差 σ は

$$\mu = \int_0^{360} x \times \frac{1}{360}\,dx = \left[\frac{x^2}{720}\right]_0^{360} = \frac{360^2}{720} = 180°\ \text{（6時の位置）}$$

$$\sigma^2 = \int_0^{360} (x-180)^2 \times \frac{1}{360}\,dx = \left[\frac{1}{1080}(x-180)^3\right]_0^{360} = \frac{2\times 180^3}{1080} = 10800$$

$$\sigma = \sqrt{\sigma^2} = \sqrt{10800} = 60\sqrt{3} \fallingdotseq 104°\ \text{（}\fallingdotseq 3.5\text{時間）}$$ **答**

標準偏差は確率分布の広がりの幅

変量のとき、標準偏差は資料の度数分布の大まかな幅を与えることを見ました（1-4節）。確率変数の標準偏差も同様で、確率密度関数のグラフの大まかな幅を与えます。

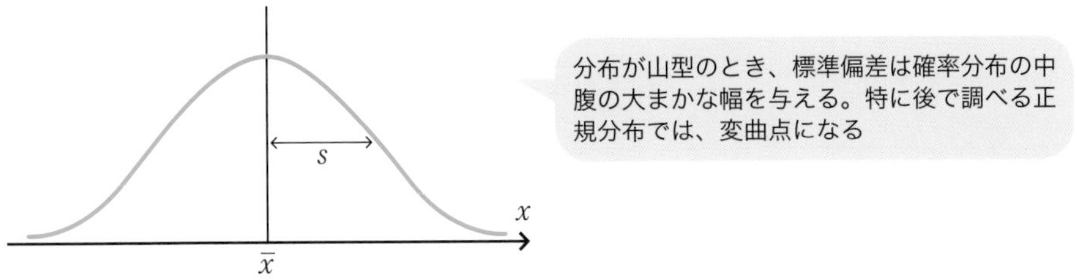

例 上の時計の例で、「標準偏差は確率分布の広がりの幅を与える」という意味を確かめてみよう。

平均値と標準偏差の値を図に記入してみましょう。σ が分布の散らばりの目安を与えているという意味が了解されるでしょう。

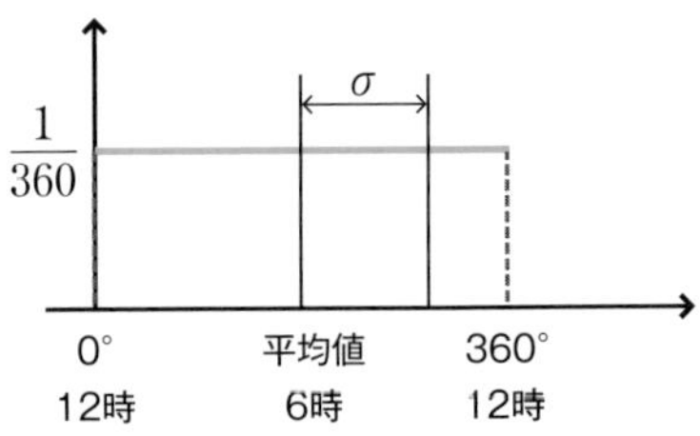

実習 11 Pythonによる統計分析

絵札とジョーカーを除いた40枚のトランプのカード1組がある。よく切って1枚を取り出し、そのマークと番号を記録してから、再び元に戻すという試行を10000回行ってみる。取り出された番号について、数学的に定義された平均値と分散（(2)、(3) 式）が、統計的な平均値と分散（1-5節）に一致することをPythonで確かめてみよう。

Pythonの乱数生成機能を利用して、トランプの「カードを引く」シミュレーションが行えます。このシミュレーションを通して、確率的に定義された平均値、分散が、統計的に定義された平均値、分散とほぼ一致することを調べましょう。

なお、カードはすべて等確率で取り出されると仮定します。すなわち、カードの番号は次の確率分布の表に従って取り出されると仮定します。

番号	1	2	3	4	5	6	7	8	9	10
確率	1/10	1/10	1/10	1/10	1/10	1/10	1/10	1/10	1/10	1/10

Pythonプログラム 11

```
#トランプのカードを引くシミュレーション
print('【確率変数の平均値・分散】')
#準備
import numpy as np

#引く回数の設定（nrowは表示行数、nclmnは表示列数、nrow*nclmnが試行回数）
(nrow, nclmn) = (1000, 10)

#初期設定（mはマーク、nはナンバーの頭文字）
cardm = ['♠', '♣', '♥', '◆']
cardn = [' 1', ' 2', ' 3', ' 4', ' 5',
         ' 6', ' 7', ' 8', ' 9', '10']
cardx = np.arange(1,11)

#シミュレーション（カードをnrow*nclmn回引く）
print('試行を実行')
trials = np.zeros((nrow, nclmn))
for row in range(nrow):                    # rowは表示行数(0からnrow未満)
  card = ''
  for clmn in range(nclmn):                # jは表示桁(0からnclmn未満)
```

NumPyの関数を使えるように準備（序-4節）

配列cardmにカードマークを、cardnにカード番号を文字としてセット。cardxにはカードの番号(1～10)を数値としてセット

抜かれたカードの番号を記憶するための配列trialsを確保

```
    mi = np.random.randint(0, 4)                # miは♠♣♥◆のmarkインデックス
    ni = np.random.randint(0, 10)               # niは1～10のnumberインデックス
    card += cardm[mi] + cardn[ni] + '  '        # cardに1行分の試行結果をセット
    trials[row][clmn] = cardx[ni]               # cardxに引いたカード番号
  print(card)

#資料から得られる平均値と分散
mp = np.mean(trials)
print('資料から得た平均値=', np.round(mp,3))
vp = np.var(trials,ddof=0)
print('資料から得た分散□=', np.round(vp, 3))

#確率論で定義される平均値
ptable = np.repeat(1/10,10)
m0 = np.dot(cardx, ptable)                      # 式(2)を利用
print('確率から得た平均値=', np.round(m0,3))

#確率論で定義される分散
v0 = np.dot(cardx*cardx, ptable) - m0*m0        #式(4)を利用
print('確率から得た分散□=', np.round(v0, 3))
```

資料から得られる平均値と分散の求め方は1-4節参照

配列ptableにはカード番号の確率分布が入る。すべて等確率

計算結果

プログラムの実行結果を示します。統計的に得られた平均値と分散が、確率分布から得た平均値と分散とほぼ一致することを確かめましょう。

```
【確率変数の平均値・分散】
試行を実行
 ♣ 6   ♣ 5   ♠ 2   ♠ 5   ♣ 9   ♣ 5   ♠ 5   ♦10   ♥ 6   ♥10
 ♠ 2   ♠10   ♦ 3   ♣10   ♦ 6   ♠ 1   ♣ 1   ♠ 9   ♦ 4   ♣ 9
 ♦ 6   ♦ 1   ♦ 1   ♣ 7   ♣ 8   ♥10   ♠10   ♠10   ♥10   ♠ 8
 ♠ 3   ♦ 1   ♠ 1   ♥ 9   ♥ 1   ♣ 3   ♦ 8   ♥ 8   ♦ 1   ♠ 6
 ♣ 8   ♥ 4   ♥ 2   ♦ 3   ♦ 3   ♥ 1   ♥10   ♦ 5   ♦ 2   ♠ 7
 ♠ 4   ♦ 1   ♠ 6   ♥ 8   ♠ 2   ♥ 6   ♦ 1   ♠ 9   ♥10   ♠10
 ♦ 4   ♦ 7   ♣ 4   ♠ 5   ♦10   ♥ 8   ♣ 2   ♣ 6   ♣ 9   ♦ 3

 ♠10   ♠ 6   ♥ 2   ♦ 6   ♥ 7   ♥ 7   ♠ 6   ♣10   ♣ 6   ♥ 5
 ♦ 8   ♥ 9   ♦ 1   ♦ 9   ♣ 6   ♥10   ♠ 2   ♦ 4   ♦10   ♥ 3
 ♠ 3   ♥ 8   ♥ 1   ♦ 4   ♦10   ♠10   ♥ 5   ♣ 1   ♠ 8   ♦ 2
資料から得た平均値= 5.5
資料から得た分散  = 8.157
確率から得た平均値= 5.5
確率から得た分散  = 8.25
```

Pythonレッスン　numpy.repeat関数

配列に同じ数や文字列を繰り返し代入するのに便利なのがnumpy.repeatです。プログラムでは次のように利用しています。

```
ptable = np.repeat(1/10,10)
```

0.1（= 1/10）という数値を10個生成し、要素数10の配列ptableに格納しています。この使用例からわかるように、指定した文字や数値を、指定した要素数持つ配列を作成します。

参考 11　Python・Excel二刀流

本節のテーマをExcelで実行するには、関数RANDBETWEENが便利です（2-1節）。この関数を利用してトランプのカードを抜くシミュレーションを行い、抜いたカードのマークと番号を各々10000個のセルに埋めます。その結果をもとに、統計的な平均値と分散を計算します。数学的な平均値と、統計的に求めた平均値や分散とが一致することを確かめましょう。

なお、数学的な平均値と分散は式(2)、(4)を用いて算出します。

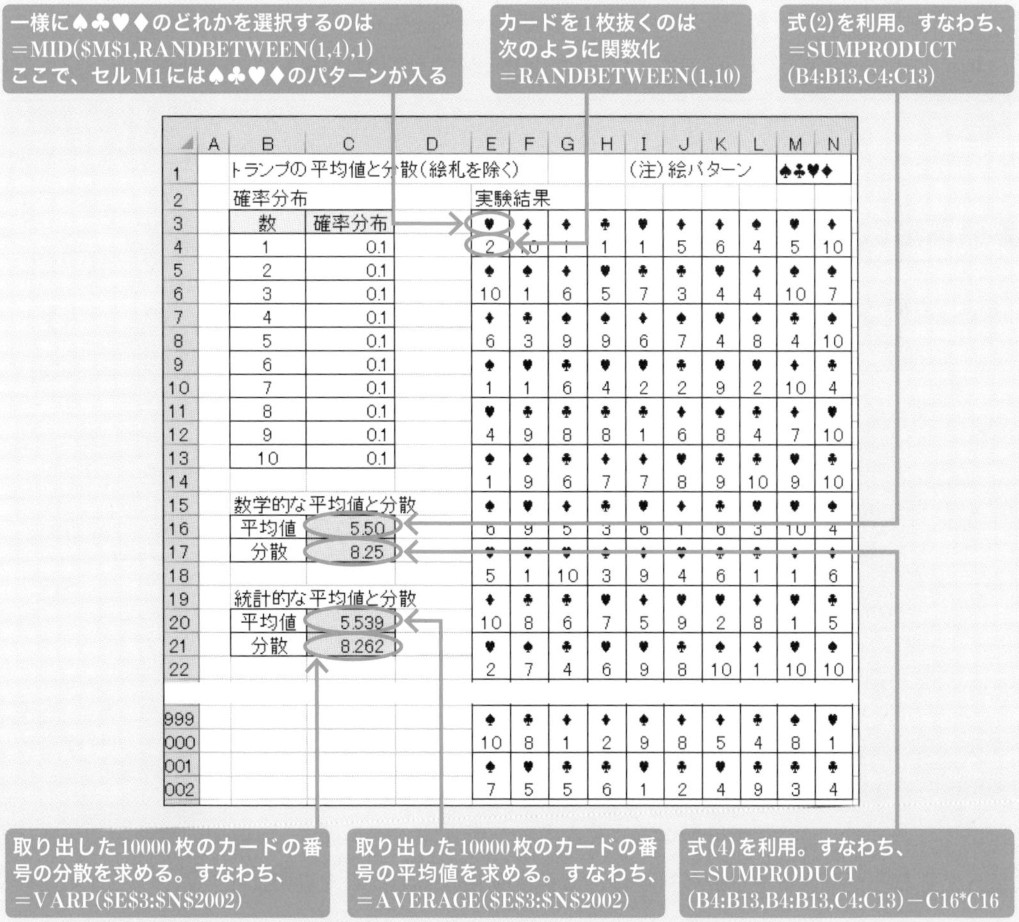

	A	B	C	D	E	F	G	H	I	J	K	L	M	N
1		トランプの平均値と分散（絵札を除く）							（注）絵パターン				♠♣♥♦	
2		確率分布			実験結果									
3		数	確率分布		♥	♦	♦	♣	♥	♦	♦	♠	♥	♦
4		1	0.1		2	10	1	1	1	5	6	4	5	10
5		2	0.1		♠	♠	♦	♥	♣	♣	♥	♦	♠	♠
6		3	0.1		10	1	6	5	7	3	4	4	10	7
7		4	0.1		♦	♣	♠	♠	♦	♠	♥	♠	♣	♠
8		5	0.1		6	3	9	9	6	7	4	8	4	10
9		6	0.1		♠	♥	♣	♥	♥	♣	♥	♥	♦	♣
10		7	0.1		1	1	6	4	2	2	9	2	10	4
11		8	0.1		♥	♣	♣	♣	♣	♦	♠	♣	♦	♥
12		9	0.1		4	9	8	8	1	6	8	4	7	10
13		10	0.1		♠	♠	♣	♦	♦	♥	♣	♣	♥	♣
14					1	9	6	7	7	8	9	10	9	10
15		数学的な平均値と分散			♠	♥	♦	♣	♥	♦	♣	♥	♥	♠
16		平均値	5.50		6	9	5	3	6	1	6	3	10	4
17		分散	8.25		♥	♥	♥	♦	♦	♥	♣	♣	♦	♦
18					5	1	10	3	9	4	6	1	1	6
19		統計的な平均値と分散			♦	♣	♣	♥	♦	♥	♥	♦	♥	♣
20		平均値	5.539		10	8	6	7	5	9	2	8	1	5
21		分散	8.262		♥	♠	♣	♥	♥	♣	♠	♦	♥	♠
22					2	7	4	6	9	8	10	1	10	10
999					♠	♣	♦	♦	♠	♦	♦	♣	♠	♥
000					10	8	1	2	9	8	5	4	8	1
001					♠	♥	♣	♣	♥	♣	♥	♣	♣	♣
002					7	5	5	6	1	2	4	9	3	4

2-4 確率変数の標準化 ～不ぞろいな分布を統一化

変量の標準化については前章で調べました（1-6 節）。ここでは、確率変数の標準化を調べることにしましょう。

確率変数の変換公式

確率変数 X について、次のような変換を施してみましょう。

$Z=aX+b$ （a, b は定数）

このとき、新変数 Z の平均値や分散はどのように変わるでしょうか。前節の平均値や分散の公式から、次の公式が生まれます。確率変数 X の平均値 μ を $E(X)$、分散 σ^2 を $V(X)$ で表すと、

$$E(aX+b)=aE(X)+b \quad \cdots (1)$$
$$V(aX+b)=a^2V(X) \quad \cdots (2)$$

（注）2-3 節の定義から簡単に証明できます。

確率変数の標準化

変換公式で、a に $\frac{1}{\sigma}$、b に $-\frac{\mu}{\sigma}$ を代入した次の変数 Z を考えてみます。

$$Z=\frac{X-\mu}{\sigma} \quad \cdots (3)$$

すると、$E(X)=\mu$、$V(X)=\sigma^2$ より、変換公式 (1)、(2) から、

$$E(Z)=\frac{1}{\sigma}E(X)-\frac{\mu}{\sigma}=\frac{1}{\sigma}\mu-\frac{\mu}{\sigma}=0$$

$$V(Z)=\frac{1}{\sigma^2}V(X)=\frac{1}{\sigma^2}\sigma^2=1$$

すなわち、確率変数の平均値は 0、分散は 1 になるのです。この Z への変換 (3) を、確率変数 X の**標準化**といいます。

標準化によって、平均値や分散ごとに異なる確率分布を、平均値 0、分散 1 の標準的な確率分布に統一することができます。逆にいえば、この標準的な分布だけを理解していれば、(3) の逆の変換を用いることで、異なる平均値や分散を持つ確率分布にも対応ができるようになるのです。

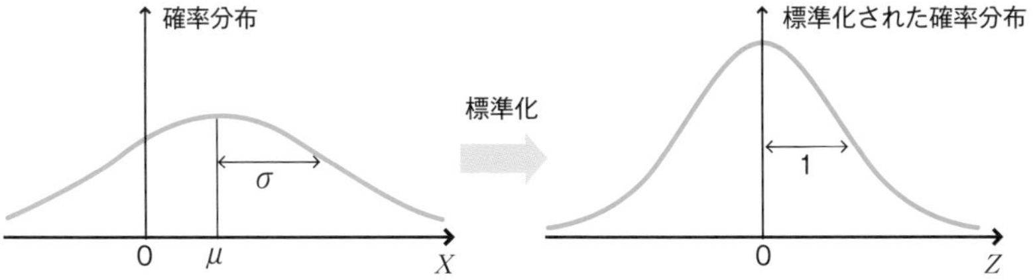

実習 12 Pythonによる統計分析

コインを10枚投げ、表の出る枚数を X とする。このとき、X は確率変数になる。この X の確率分布と平均値、分散を求め、標準化してみよう。その標準化された確率分布を図示してみよう。

標準化は式(3)を直接利用します。なお、コインを10枚投げ、出る表の枚数を表す確率分布を**二項分布**と呼びますが(3-3節)、その分布を与える関数として、ここでは、SciPyの提供する関数binom.pmfを利用します。コインの表裏は等確率で現れると仮定しています。

Pythonプログラム 12

```
#確率変数の標準化
print('【確率変数の標準化】')
#準備
import numpy as np
from scipy.stats import binom
import matplotlib.pyplot as plt

#コインを投げる回数の設定
ntrial=10

#表の枚数Xの確率変数
x = np.arange(ntrial+1)
print('元の確率変数とその分布')
print('表の枚数X：',end='')
for i in x:
    print(x[i],end='      ')
print()

#確率分布
phead=0.5  #コインの表の出る確率
```

NumPy、SciPy、Matplotlibの関数を使えるように準備(序-4節)

配列xに、コインを10回投げたときの「表の枚数」(0〜10)をセット。更に、適当な間隔を空け、整えて表示

```
ptable= binom.pmf(x, n=ntrial, p = phead)
print('確率分布：',end='')
print(np.round(ptable,3))
```

コインを10枚投げ、出る表の枚数がkのときの確率は、次のSciPy関数で求められる(後述3-3節)。
binom.pmf(k, 10, 0.5)
kに上記の配列xを充てれば、確率分布が得られる。それが配列ptableとなる

```
#元の確率変数の平均と標準偏差の算出
m0, v0 = binom.stats(ntrial, phead, moments='mv')
```

二項分布の平均値と分散をSciPyの関数binom.statsから取得(後述3-7節)

```
sd0 = np.sqrt(v0)
print('平均値 =',np.round(m0, 3))
print('標準偏差=',np.round(sd0, 3),'¥n')
```

¥nは改行のための制御コード

```
#元の確率分布(二項分布)のグラフ描画
fig = plt.figure()
ax = fig.add_subplot(2, 2, 1)
ax.set_title('binomial distribution')
ax.set_ylim(0, 0.5)
ax.bar(x, ptable)
```

元の確率変数(すなわち表のコインの枚数)の確率分布を描く設定

```
#標準化された確率変数の算出
z = (x - m0) / sd0
```

標準化の式(3)を用いて計算

```
#標準化された確率変数の表示
print('標準化された確率変数とその分布')
print('確率変数Z：',end='')
print(np.round(z, 2))
```

標準化された確率変数を表示

```
print('確率分布　：',end='')
print(np.round(ptable,3))
```

標準化された確率変数の確率分布を表示。元の確率分布と同じ

```
#平均と標準偏差の算出
mz = np.dot(z, ptable)
sdz = np.sqrt(np.dot(z*z, ptable) - mz*mz)
print('平均値 =', end='')
print(np.round(mz, 3))
print('標準偏差=', end='')
print(np.round(sdz, 3),'¥n')
```

標準化された確率変数の平均値と分散を定義から算出し、それを表示。計算は前節(2-3節)から

```
#標準化された確率分布のグラフ
ax = fig.add_subplot(2, 2, 2)
ax.set_title('stadardized distribution')
ax.set_ylim(0, 0.5)
ax.bar(z, ptable,width=0.5)
```

標準化された確率変数について、確率分布を描く設定をする(1-2節)

```
#表示する
plt.show()
```
描画を実行

(注) 確率変数の平均値と標準偏差の算出については、本章2-3節を参照しましょう。また二項分布の公式を用いて求める方法は3-3節で解説します。

計算結果

プログラムの実行結果を示します。グラフから、標準化された確率変数の確率分布は平均値が0、分散が1(標準偏差も1)になることが、イメージ的に理解できます。

```
【確率変数の標準化】
元の確率変数とその分布
表の枚数X：0      1      2      3      4      5      6      7      8      9      10
確率分布：[0.001 0.01  0.044 0.117 0.205 0.246 0.205 0.117 0.044 0.01  0.001]
平均値   = 5.0
標準偏差= 1.581

標準化された確率変数とその分布
確率変数Z：[-3.16 -2.53 -1.9  -1.26 -0.63  0.    0.63  1.26  1.9   2.53  3.16]
確率分布 ：[0.001 0.01  0.044 0.117 0.205 0.246 0.205 0.117 0.044 0.01  0.001]
平均値   =-0.0
標準偏差=1.0
```

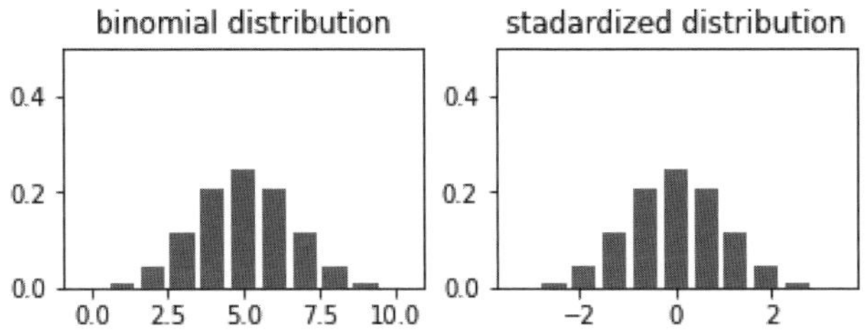

(注)「標準化された確率変数」の「平均値」に-(マイナス記号)が付加されています。これは数値を丸める前の値が(ごく小さい)負の値になったからです。コンピュータによる計算で問題になる欠点です。統計処理では「-0」を0と解釈して問題はありません。

Pythonレッスン　エスケープシーケンス

変数の中身を知るのに簡単に使えるprint関数ですが、いくつもの付加機能が使えます。例えば文字列の中に¥nという制御記号を挿入すると、その位置で強引に改行されます。このような制御記号を**エスケープシーケンス**と呼びます(コンピューターシステムによっては、¥はバックスラッシュ(\)で表示されます)。

```
print('apple¥norange')
```

```
apple
orange
```

print関数では様々な制御記号が使える

参考 12　Python・Excel 二刀流

本節のテーマを Excel で実行するには STANDARDIZE が便利です（下図）。平均値と標準偏差を与えれば、確率変数の標準化を実行してくれます。また、コインの表の出る枚数の確率を計算するには、関数 BINOM.DIST が便利です。X の確率分布を算出します（3-3、3-7 節）。

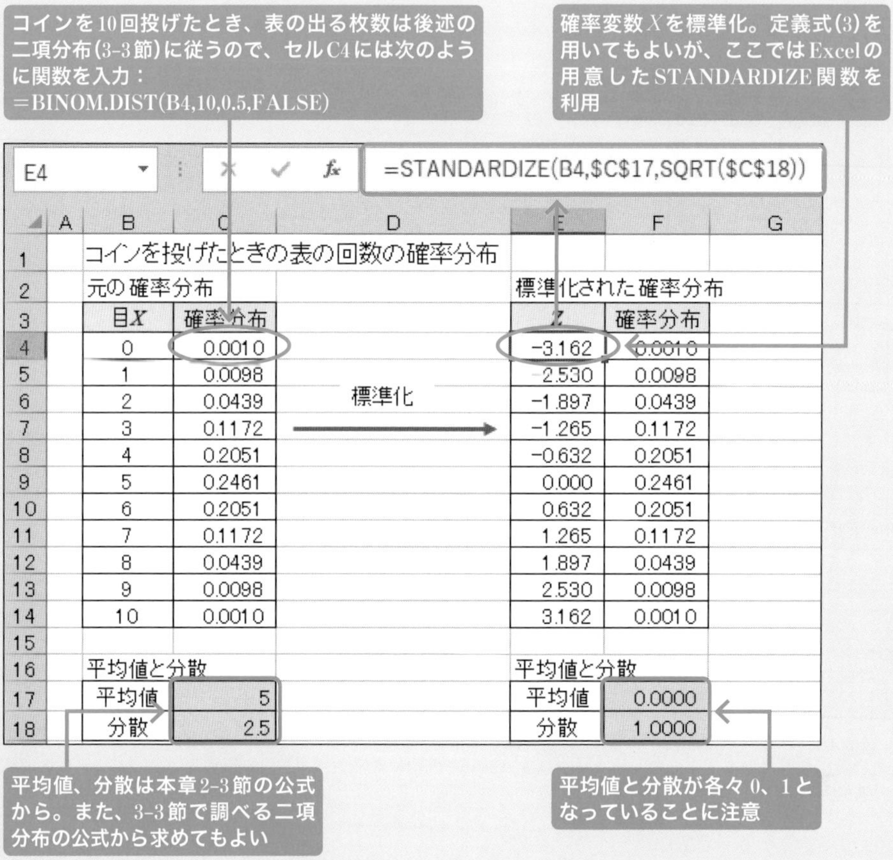

目X	確率分布	Z	確率分布
0	0.0010	-3.162	0.0010
1	0.0098	-2.530	0.0098
2	0.0439	-1.897	0.0439
3	0.1172	-1.265	0.1172
4	0.2051	-0.632	0.2051
5	0.2461	0.000	0.2461
6	0.2051	0.632	0.2051
7	0.1172	1.265	0.1172
8	0.0439	1.897	0.0439
9	0.0098	2.530	0.0098
10	0.0010	3.162	0.0010

平均値と分散		平均値と分散	
平均値	5	平均値	0.0000
分散	2.5	分散	1.0000

Excel で標準化前後の分布をグラフに示してみます（1-2 節）。標準化により「平均値、分散が 0 と 1 に変換される」という意味が視覚的にわかります。

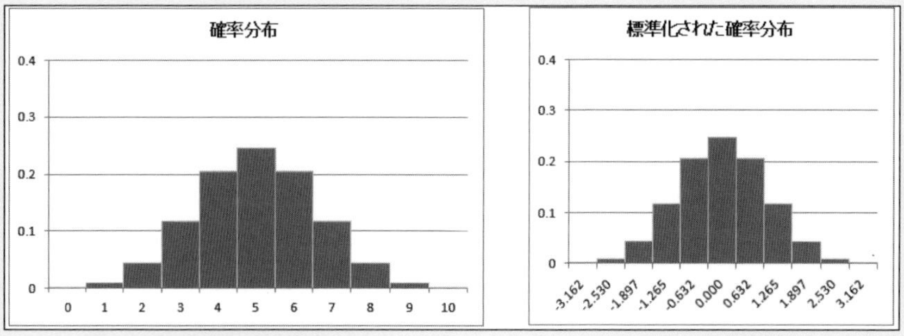

第 3 章

統計学のための有名な確率分布

後に調べる推定や検定には、本章で調べる確率分布の理解が不可欠です。特に、正規分布は度々統計の理論の中で登場することになります。

3-1 見てわかる一様分布 ～様々な確率分布の基本

どれが起こることも同様に確からしい確率現象を扱う上で重要なのが一様分布です。

一様分布

確率密度関数が次の形を持つとき、その分布を**一様分布**、または、**長方形分布**といいます。ここで、k は定数です。

$$f(x)=\begin{cases} k\ (\text{一定}) & (a \leqq x \leqq b) \\ 0 & (x<a\ \text{または}\ b<x) \end{cases}$$

つまり、確率変数 X が a 以上 b 以下のどの値をとる確率も同じ（一様）になっています。グラフは下図のように横軸に平行な線分で表されます。

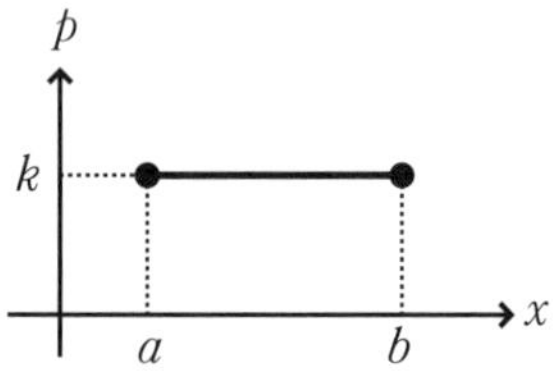

（注）$k=\dfrac{1}{b-a}$

この分布に従う確率変数 X の平均値 $E(X)$ と分散 $V(X)$ は次のように与えられます。

$$E(X)=\frac{a+b}{2}、V(X)=\frac{(b-a)^2}{12} \quad \cdots (1)$$

離散一様分布

一様分布は連続分布を想定していますが、サイコロを振ったときに出る目の分布も一様分布と見なすことができます。確率変数に対する確率値はトビトビですが、値は一定の分布になるからです。このような離散分布も一様分布の一種と考え、**離散一様分布**といいます。

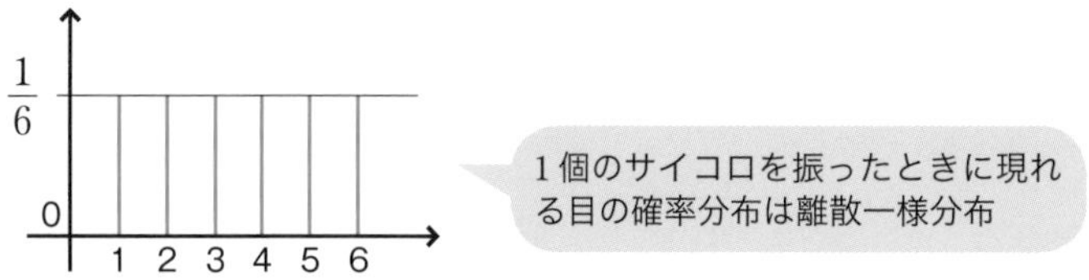

例で考えてみる

下図に示すように、周の長さが10の円上に、中心Cを支点として自由に回転できる針CPを備えた円盤装置があるとしましょう。この針CPを円の真上の点Oから回す試行を考えます。

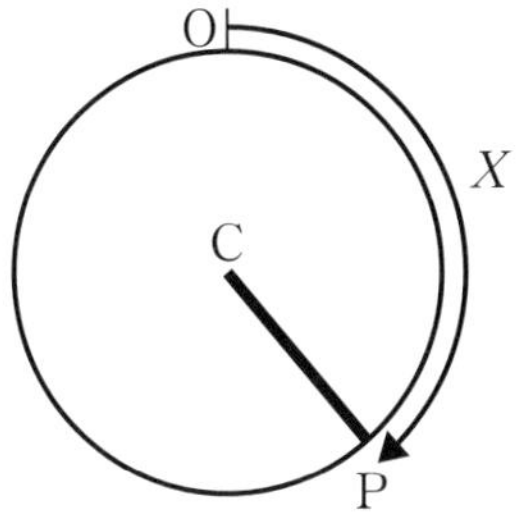

Oを図のように円の最上部にとる。OPの長さをXとすると、回した針が停止する位置Xは一様分布に従う確率変数となる

針が停止したとき、弧OPの長さをXとすると、Xは0から10までの任意の実数値をとる連続的な確率変数となり、確率分布は下図のような一様分布になります。

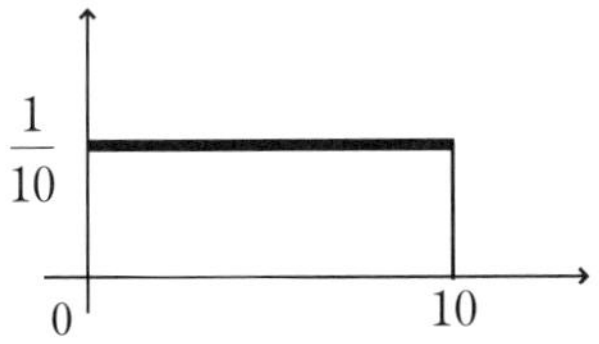

周の長さ10の上の円盤装置における確率変数Xの分布

確率変数Xの平均値$E(X)$と分散$V(X)$は、先の式(1)から次のようになります。

$$E(X)=\frac{0+10}{2}=5、V(X)=\frac{(10-0)^2}{12}=\frac{100}{12}\fallingdotseq 8.33$$

実習 13 Pythonによる統計分析

上記の例で示した周の長さ10の円盤装置に対する確率変数Xを考える。そのXの分布が一様分布で理想化されることをPythonで調べてみよう。

周の長さ10の円盤装置で針を回す試行によって得られる針先の位置Xのデータを、10000回の試行で得てみましょう。結果を相対度数分布表にまとめ、折れ線グラフで図示してみます。ほぼ一直線のグラフが得られるはずです。なお、この針を回すシミュレーションには、SciPyのuniform.rvsを利用します。

Pythonプログラム 13

```
#一様分布のシミュレーション(針の回転)
print('【一様分布のシミュレーション】')
#準備
import numpy as np
import matplotlib.pyplot as plt
from scipy.stats import uniform
```

NumPy、SciPy、Matplotlibを使えるように準備。特に、SciPyのimport文に注意が必要(序-4節)

```
#試行の準備
(x1, x2) = (0, 10)
ne=1000
```

x1、x2に確率変数のとりうる範囲を、neに試行回数を設定

```
#試行のシミュレーション
trials = uniform.rvs(loc=x1, scale=x2, size=ne)
print('試行結果')
print(np.round(trials, 3))
```

針先の位置を関数uniform.rvsで得る（後述）

```
#針先の位置の度数分布表作成
print('相対度数分布表')
nbin=25
hist,edges = np.histogram(trials,range=(x1,x2),bins=nbin, density=True)
print('階級の区切り')
print(np.round(edges, 2))            #階級の表示
print('相対度数')
print(np.round(hist, 2))             #相対度数分布の表示
```

np.histogramの基本的な利用法については、1-1節を参照のこと。densityパラメータについては解説を参照

```
#描画の準備
fig = plt.figure()
ax = fig.add_subplot(1, 1, 1)
```

matplotlib利用の定型準備

```
#折れ線グラフの設定
ax.set_title('histogram')
ax.set_ylim(0, 0.4)
wbin=(x2-x1)/nbin
ax.plot(edges[:-1]+wbin/2,hist)
```

折れ線グラフを描く設定。関数plotの基本的な利用法については、1-2節を参照のこと。横軸を表す配列edgesにwbin/2を加えたのは、階級の中央値に折れ線グラフの折れ目が来るようにするため

```
#描画実行
plt.show()
```

描画の実行

memo

2つの命令文を1行で表示するには

2つの命令コードを1行結合するには;（セミコロン）を用います。

例 a +=1 ; b+=2

ちなみに、リストや配列では、括弧の中でも改行することが許されます。長い配列では、適当に改行して、見やすくすると良いでしょう。

計算結果

プログラムの実行結果を示します。得られる相対度数分布を表すグラフはほぼ直線になります。一様分布が、この針の実験のような現象を数学的に表現していることがわかります。

```
【一様分布のシミュレーション】
試行結果
[9.0300 4.8710 4.9020 ... 9.3020 4.4450 5.6990]
相対度数分布表
階級の区切り
[ 0.0000  0.4000  0.8000  1.2000  1.6000  2.0000  2.4000  2.8000  3.2000
  3.6000  4.0000  4.4000  4.8000  5.2000  5.6000  6.0000  6.4000  6.8000
  7.2000  7.6000  8.0000  8.4000  8.8000  9.2000  9.6000 10.0000]
相対度数
[0.1100 0.1000 0.0900 0.1000 0.1000 0.1000 0.1000 0.1100 0.1000 0.1000
 0.1000 0.1000 0.0900 0.1000 0.0900 0.1000 0.1000 0.1000 0.1000 0.1000
 0.1000 0.1000 0.1000 0.1000 0.1000]
```

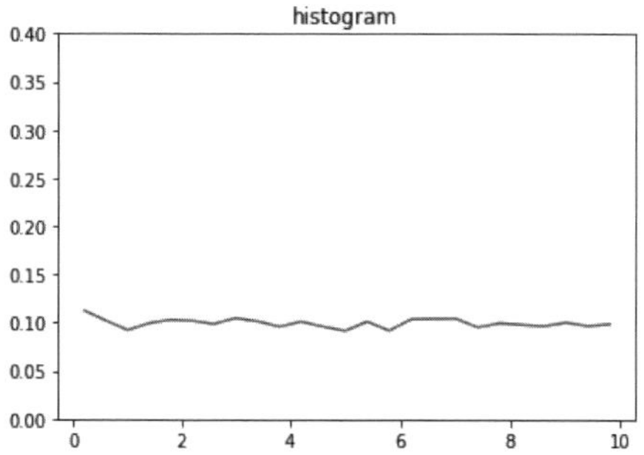

Python レッスン　scipy.stats.uniform.rvs 関数

一様分布を表現するのが SciPy の uniform.rvs 関数です。次のように利用しています。

```
trials = uniform.rvs(loc=x1, scale=x2, size=ne)
```

（注）loc、scale、size のキーの表記は、この順序を守れば不要です。

使用例からわかるように、x1 以上 x1＋x2 未満の値を ne 個ランダムに生成し、左辺の配列にセットします。

SciPy 以外にも一様分布を与える関数が用意されています。有名なものをまとめてみます。

ライブラリ名	関数名	使用例
標準	random.uniform	`random.uniform(x1, x2)`
NumPy	numpy.random.uniform	`np.random.rand(low= x1, high= x1+x2, ne)`
SciPy	scipy.stats.uniform.rvs	`uniform.rvs(loc=x1, scale=x2, size=100)`

Python レッスン　np.histogram の「density = True」指定

相対度数分布をグラフに示すとき、確率密度関数的に解釈できると便利です。すなわち、相対度数を表すグラフと x 軸とで囲まれた部分の面積が「その区間の相対度数」を表すと、グラフは確率的に解釈しやすくなります（2 章 §2）。それを簡単に実現してくれるのが NumPy 提供 histogram 関数の density パラメータです。このパラメータに True を設定すれば、例えば出力値を棒グラフで表現するとき、その棒の面積がその区間の相対度数の値になります。

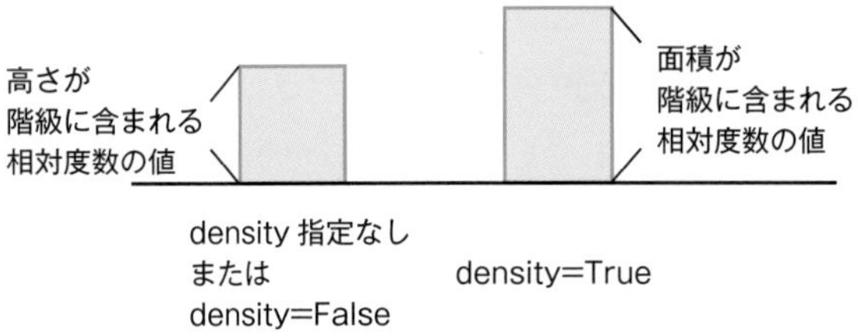

この指定は、確率のシミュレーションを図示する際に、大変便利です。この指定をしなければ、本節のプログラムは次のように記述しなければなりません。度数を表す変数 hist に調整を加える必要があるのです。

```
hist,edges = np.histogram(trials,range=(x1,x2),bins=nbin)
hist=hist/ne/((x2-x1)/nbin)
```

memo

一様分布の見方

一様分布は、様々な分布の特別な場合と考えることができます。例えば、後に調べる正規分布の特別な場合と考えられます。正規分布の山すそ野の広い場合（すなわち分散が大きい場合）の極限と捉えることができるのです。

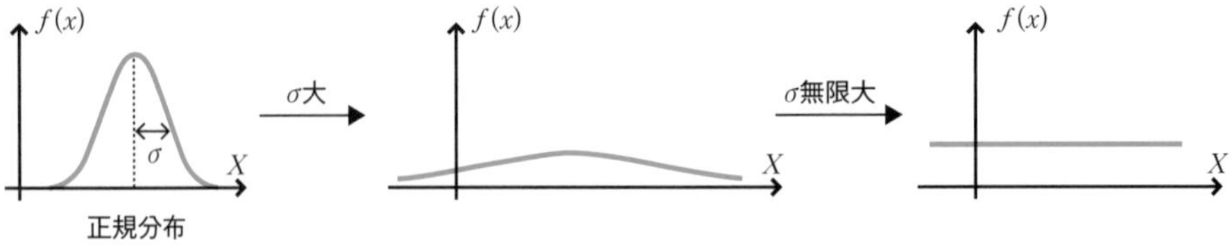

また、ガンマ分布の特殊な場合とも考えられます。本書では触れませんが、ガンマ分布は近年盛んに活用されるようになったベイズ統計学で利用されます。このように、一様分布は様々な分布のプロトタイプとみなされ、統計の研究に役立っています。

参考 13　Python・Excel 二刀流

本節のテーマを Excel で実行するには、関数 RAND が便利です。周の長さ 10 の円盤装置で針を回す試行のシミュレーションは、この関数を用いて、次のように実現できます。

```
=10*RAND()
```

この関数式を 1000 個の連続するセルに埋めれば、1000 回の試行を表現します。

	A	B	C	D	E	F	G	H	I	J	K
5		2.371	2.930	5.626	3.124	1.136	2.522	1.474	5.646	7.130	5.092
6		6.600	9.222	5.320	1.482	6.490	0.288	3.869	2.620	4.353	6.392
7		4.548	5.734	1.646	5.072	7.154	2.323	5.973	3.485	9.851	3.793
8		6.870	2.155	5.727	5.371	1.773	0.358	1.445	5.500	6.995	9.786
9		2.560	1.315	7.346	9.195	8.956	1.809	6.358	3.155	1.161	1.350
10		5.007	5.186	1.508	6.227	1.249	8.611	8.967	5.438	0.254	2.036
11		7.429	7.975	6.596	6.287	0.024	8.605	2.723	5.606	1.222	2.624
102		7.929	8.412	9.207	2.888	9.866	8.697	2.725	1.645	2.382	5.775
103		2.447	3.587	6.405	9.962	0.212	4.155	9.360	7.778	2.360	9.943
104		0.566	3.240	2.544	7.921	4.534	1.085	3.103	5.566	5.418	2.659

こうして得られた値を度数分布表にまとめ、グラフ化します。その方法は 1-1 節、1-2 節と同じです。結果のみを示しましょう。

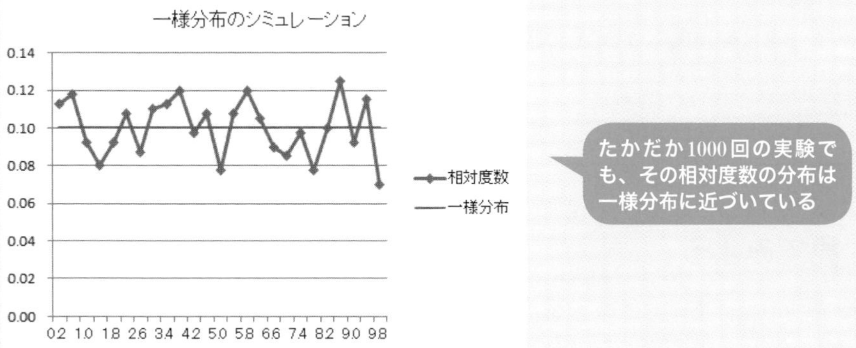

3-2 見てわかるベルヌーイ分布 ～比率を考えるときの基本となる分布

ある事が起きるか起きないか、ある特性を持つか持たないか、のように２通りしかない事象を０と１で表す確率変数の分布がベルヌーイ分布です。

ベルヌーイ分布

確率変数 X のとる値が 0 と 1 の 2 通りで、それをとる確率 $f(x)$ が次のように定義されるとき、この分布を**ベルヌーイ分布**といいます。p を 0 と 1 の間の定数として、

$$f(x)=\begin{cases} p & (x=1) \\ 1-p & (x=0) \end{cases} \quad \cdots (1)$$

ベルヌーイ分布は離散分布であり、その分布の様子を表及びグラフで表すと次のようになります。

X のとる値	0	1
確率	$1-p$	p

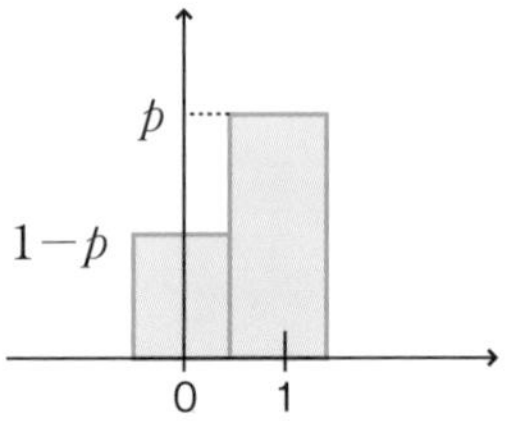

ベルヌーイ分布に従う確率変数 X の平均値 $E(X)$ と分散 $V(X)$ は次のように与えられます。

$$E(X)=p、V(X)=p(1-p) \quad \cdots (2)$$

例で見てみよう

サイコロを一つ投げます。このとき、1、2 のいずれかの目が出たら 0 とし、3、4、5、6 のいずれかの目が出たら 1 とする確率変数 X を考えます。

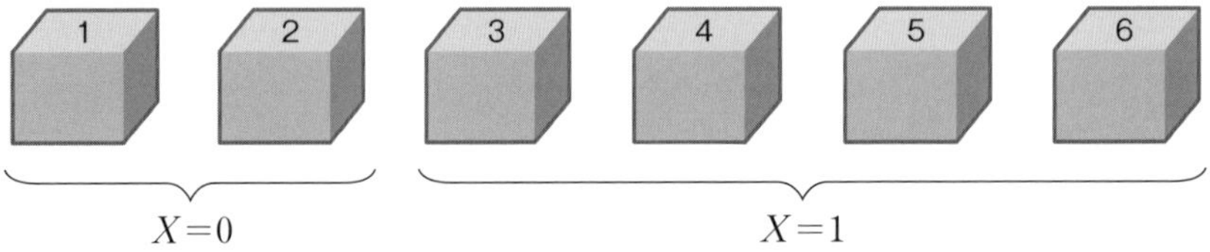

すると、この確率変数 X は次の確率分布をもつベルヌーイ分布となります。

Xのとる値	0	1
確率	$\frac{1}{3}$	$\frac{2}{3}$

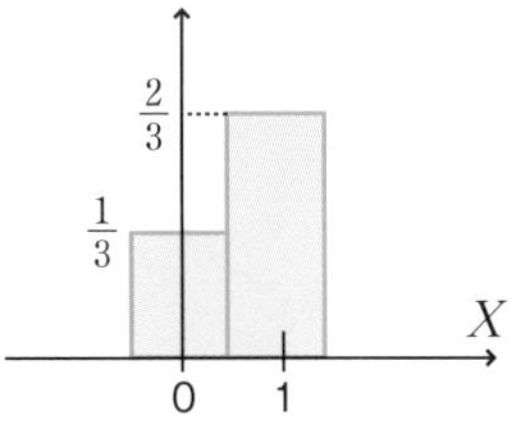

この確率変数 X の平均値 $E(X)$ と分散 $V(X)$ は、公式(2)から次のように与えられます。

$$E(X)=p=\frac{2}{3}、V(X)=\frac{2}{3}\left(1-\frac{2}{3}\right)=\frac{2}{9}$$

実習 14 Python による統計分析

上記の(例)の「サイコロを1つ投げ、1、2のいずれかの目が出たら0、3、4、5、6のいずれかの目が出たら1とする確率変数 X」が実際にベルヌーイ分布になることを、Python で確かめよう。

Python を利用して、サイコロを振るシミュレーションを行い、ベルヌーイ分布の意味を確認しましょう。サイコロの目は SciPy の関数 randint.rvs を利用して生成します(2-1 節)。

Pythonプログラム 14

```
#ベルヌーイ分布
print('【ベルヌーイ分布】')
#準備
import numpy as np
from scipy.stats import randint
import matplotlib.pyplot as plt

#試行回数のセット
ne= 1000

# サイコロをne回振り、3以上なら1、他は0を与える
trials=np.zeros(ne)
for i in range(ne):
  if randint.rvs(1, 7) >= 3:
     trials[i] = 1

#相対度数分布を作成
x = [1-np.sum(trials)/ne, np.sum(trials)/ne]
```

NumPy、SciPy、Matplotlibを使えるように準備。特に、SciPyのimport文に注意が必要

題意の試行をne回行い、結果を配列がtrialsに格納

trialsの要素で、0と1の個数をカウントし、その相対度数をリストxに格納

```
#描画の準備
fig = plt.figure()
ax1 = fig.add_subplot(1, 2, 1)

#相対度数分布を棒グラフで描画
ax1.set_title('relative frequency')
ax1.set_ylim(0, 1)
location = ['0', '1']
ax1.bar(location, x);    #棒グラフの描画

#ベルヌーイ分布を棒グラフで描画
ax2 = fig.add_subplot(1, 2, 2)
ax2.set_title('Bernoulli distribution')
ax2.set_ylim(0, 1)
pb = [1/3, 2/3]
ax2.bar(location, pb);    #棒グラフの描画

#描画する
plt.show()
```

matplotlib利用の定型準備

1つ目のフレームに相対度数を棒グラフで描画する設定。配列locationには横軸の値をセット

2つ目のフレームにベルヌーイ分布を棒グラフで描画する設定。配列locationは上記と同じ

描画の実行

計算結果

プログラムの実行結果を示します。相対度数の分布のグラフとベルヌーイ分布のグラフとがほぼ一致しています。ベルヌーイ分布が、このサイコロの試行のような現象を良く表現することがわかります。

【ベルヌーイ分布】

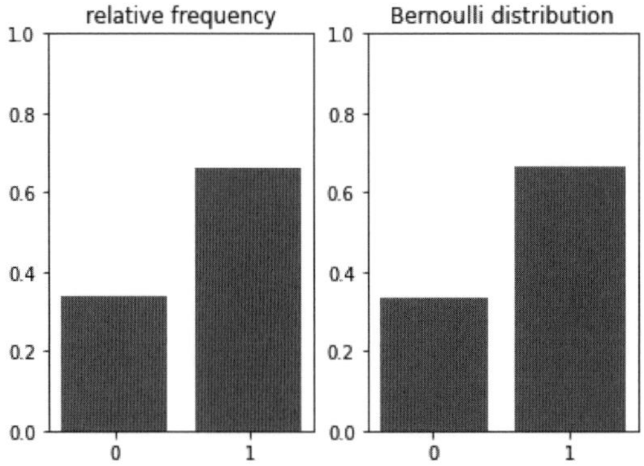

Pythonレッスン　reshape関数

NumPyが提供する配列変形のための関数です。本書では利用しませんが、覚えておくと便利です。

例 x.reshape(50,20)

1000 個の要素からなる 1 次元配列 x を 50 行 20 列の 2 次元配列に変形している。このように自由自在に形を変形できるのが、NumPy の配列の便利な所だ。

一般的なイメージでは、次のように表現できる。

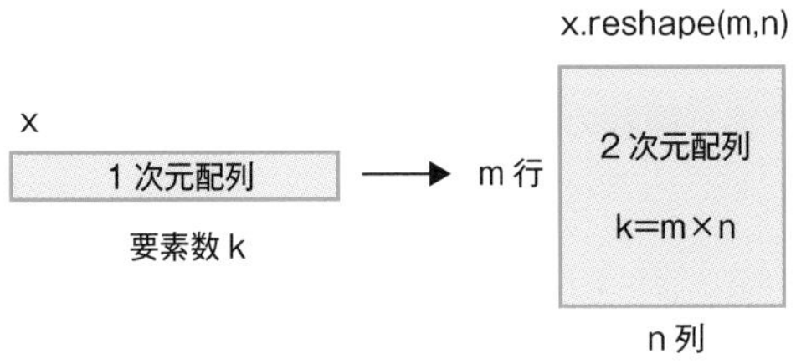

参考 14　Python・Excel 二刀流

本節のテーマを Excel で実行するには、関数 IF と RANDBETWEEN を組み合わせるとよいでしょう。サイコロを 1 回振り、目が 1、2 なら 0、目が 3 ～ 6 なら 1 を確率変数 X の値とする試行は次の関数で表現されます。

=IF(RANDBETWEEN(1,6)<3,0,1)

この関数を 1000 個セルに埋め込めば、題意の確率変数 X の値の相対度数分布表が作成できます。

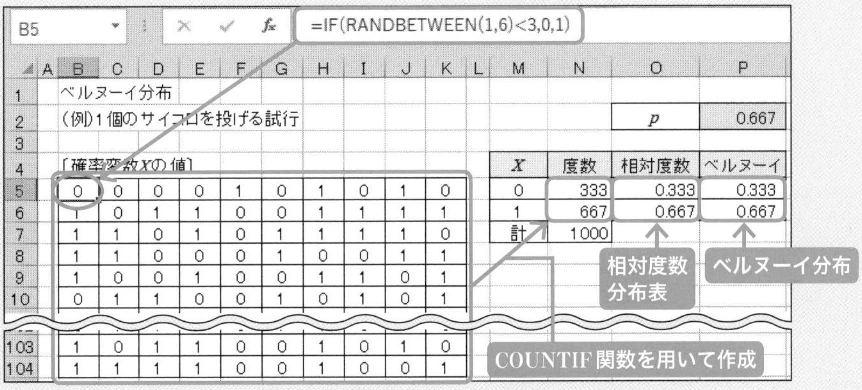

以上から、相対度数分布表とベルヌーイ分布を比較してみましょう。よく一致しています。また、グラフ化してみましょう (1-2 節)。Python で描いたグラフとほぼ同じグラフが得られます。

3-3 見てわかる二項分布 ～ベルヌーイ分布と融合して活躍

確率的な試行を何回も繰り返したとき、そのうち、ある事柄が何回起こるかを表す確率分布が二項分布です。例えば、コインを 10 回投げて表の出る回数の確率分布が二項分布です。

二項分布とは

確率変数 X が値 x を取る確率 $f(x)$ が次の式で表せる確率分布を**二項分布**といいます。

$$f(x) = {}_nC_x\, p^x (1-p)^{n-x} \qquad (x=0, 1, 2, 3, \cdots, n) \quad \cdots (1)$$

ここで、${}_nC_x$ は**二項係数**と呼ばれる値で、次のように求められます。

$${}_nC_x = \frac{n!}{x!(n-x)!} \quad \cdots (2)$$

（注）「!」記号は階乗（factorial）と呼び、次の意味を表します：$m! = 1\cdot2\cdot3\cdots m$

二項分布は n と p のみによって分布が決まります。そこで、二項分布（binomial distribution）の頭文字Bをとって $B(n, p)$ と表されます。

二項分布は離散分布であり、その分布のグラフは次のようになります。

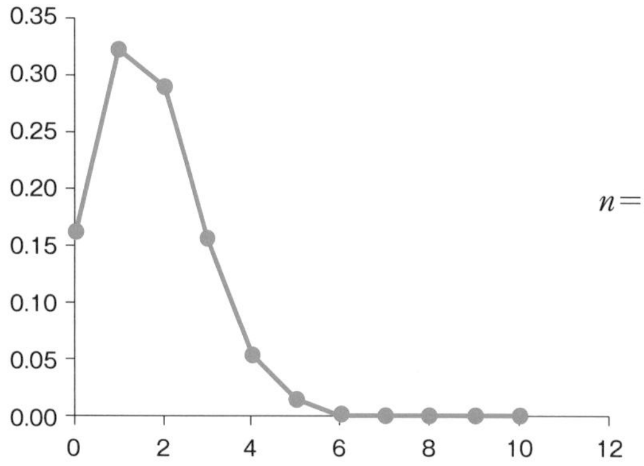

$n=10$、$p=\frac{1}{6}$ の場合

二項分布に従う確率変数 X の平均値 $E(X)$ と分散 $V(X)$ は次のように与えられます。

$$E(X)=np、V(X)=np(1-p) \quad \cdots (3)$$

例で見てみよう

1 個のサイコロを 10 回振ったとき、1 の目が出る回数を X とします。1 回の試行で 1 の目が出る確率は$\frac{1}{6}$なので、10回の試行で1の目がx回出る確率は次のようになります(2-1節)。

$$
{}_{10}C_x\left(\frac{1}{6}\right)^x\left(\frac{5}{6}\right)^{10-x}
$$

このグラフは前ページのグラフに示されたものです。このとき、公式(3)から平均値と分散は次のようになります。

$$
E(X)=10\times\frac{1}{6}=\frac{5}{3}、V(X)=10\times\frac{1}{6}\times\frac{5}{6}=\frac{25}{18}
$$

実習 15 Pythonによる統計分析

1個のサイコロを10回振る試行を考える。その試行で、1の目の出る回数をX回とする。回数Xの度数分布が二項分布$B\left(10,\ \frac{1}{6}\right)$と一致することを、この試行を1000回繰り返すことで確かめてみよう。

「10個のサイコロを振る」という試行(trial)を忠実にプログラムに反映させながら、1回の試行で何個「1の目」が出るかを調べます。その相対度数が二項分布で表現されることを確かめます。二項分布の確率分布の値はSciPyの関数binom.pmfで得られます。

Pythonプログラム 15

```
#サイコロによる二項分布のシミュレーション
print('【二項分布のシミュレーション】')
#準備
import numpy as np
from scipy.stats import randint,binom
import matplotlib.pyplot as plt

#シミュレーションの準備
ss=10      #サンプルの要素数(sample size)
ne=1000    #試行回数の設定

#サイコロをss回振る試行をne回行う
trials=randint.rvs(1, 7, size=(ne, ss))

#各試行で出た「目1」の個数を記録
n1 = np.array(
    [np.count_nonzero(trials[i] == 1) for i in range(ne)])
```

NumPy、SciPy、Matplotlibを使えるように準備。特に、SciPyのimport文に注意が必要

サイコロをss(=10)回振る実験を1000(=ne)回行う設定

シミュレーションの実行部分。結果は配列trialsに格納

配列n1の要素n1[i]は、i番目の実験で出た1の目の個数

```
#「目1」がx回出たときの試行数を集計
nfreq=np.array(
    [np.count_nonzero(n1==x) for x in range(0,ss + 1)])
nfreq[0] = ne - np.sum(nfreq[1:])  #目1が出ない試行数

#相対度数を計算
rnfreq=nfreq/ne

#描画の準備
fig = plt.figure()
ax = fig.add_subplot(1, 1, 1)

#相対度数分布を棒グラフで描画
ax.set_title('binomial distribution')
ax.set_ylim(0, 0.5)
location = np.arange(ss+1)
ax.bar(location,rnfreq, label='relative dist.')

#二項分布の確率の算出
pbinom=binom.pmf(range(ss+1),n=ss, p=1/6)

#二項分布を折れ線で描画
ax.plot(location, pbinom, label='binomial',color='r')

# 表示する
ax.legend()
plt.show()
```

配列nfreqのインデックスx(≠0)の要素に、「試行で出た目1の個数x」の試行回数が入る。インデックスx=0のときは別途計算

matplotlib利用の定型の準備

相対度数を棒グラフで描画する設定。配列locationには横軸の値(0〜10)をセット

二項分布の確率分布をSciPyの関数binom.pmfで算出

Matplotlibのplot関数で、二項分布を折れ線で描画する設定

グラフとラベルを表示

計算結果

　プログラムの実行結果を示します。サイコロ10個を振る試行を1000回繰り返すと、目1がx回出た試行の個数の相対度数分布は、二項分布(1)のグラフにほぼ一致しています。

【二項分布のシミュレーション】

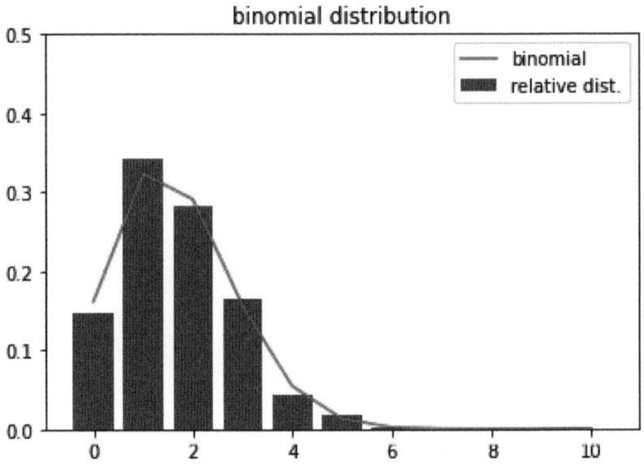

Pythonレッスン　binom.pmf関数

SciPyが提供する二項分布の値を得るための関数です。ここでは次のように利用しています。

```
pbinom = binom.pmf(range(ss+1), n=ss, p=1/6)
```

（注）pmfはprobability mass functionの略。

値1/6は「サイコロの1の目の出る確率」です。定数ss（= 10）は1回の試行でサイコロを振る回数で、range(ss+1)は0から10までの数を出力します。その各値について二項分布の値（式(1)）が算出され、配列pbinomにセットされます。

参考 15　Python・Excel二刀流

本節のテーマをExcelで実行するには、二項分布の値を求める関数BINOM.DIST関数が便利です。更に、「サイコロ1個を振る」にはRANDBETWEENを用いましょう（2-1節）。10回投げる試行を1000回繰り返し、1の目の出る回数の度数分布表を作成します（1-1節）。これをグラフ化し（1-2節）、二項分布のグラフと重ねれば、左記Pythonと同様のグラフが描けます。

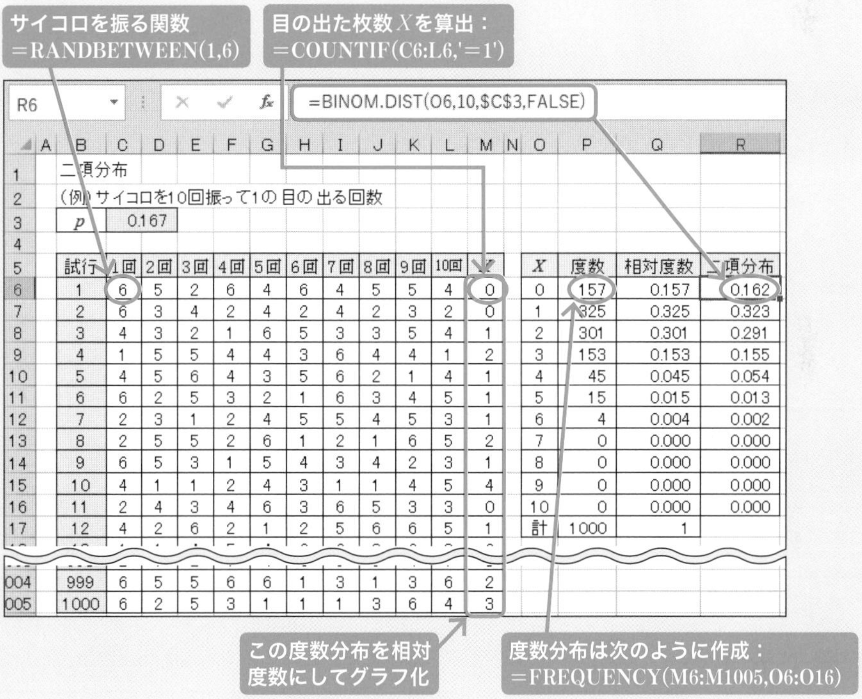

	B	C	D	E	F	G	H	I	J	K	L	M
3	p	0.167										
5	試行	1回	2回	3回	4回	5回	6回	7回	8回	9回	10回	X
6	1	6	5	2	6	4	6	4	5	5	4	0
7	2	6	3	4	2	4	2	4	2	3	2	0
8	3	4	3	2	1	6	5	3	3	5	4	1
9	4	1	5	5	4	4	3	6	4	4	1	2
10	5	4	5	6	4	3	5	6	2	1	4	1
11	6	6	2	5	3	2	1	6	3	4	5	1
12	7	2	3	1	2	4	5	5	4	5	3	1
13	8	2	5	5	2	6	1	2	1	6	5	2
14	9	6	5	3	1	5	4	3	4	2	3	1
15	10	4	1	1	2	4	3	1	1	4	5	4
16	11	2	4	3	4	6	3	6	5	3	3	0
17	12	4	2	6	2	1	2	5	6	6	5	1
004	999	6	5	5	6	6	1	3	1	3	6	2
005	1000	6	2	5	3	1	1	1	3	6	4	3

X	度数	相対度数	二項分布
0	157	0.157	0.162
1	325	0.325	0.323
2	301	0.301	0.291
3	153	0.153	0.155
4	45	0.045	0.054
5	15	0.015	0.013
6	4	0.004	0.002
7	0	0.000	0.000
8	0	0.000	0.000
9	0	0.000	0.000
10	0	0.000	0.000
計	1000	1	

3-4 見てわかる正規分布 ～ 統計学の王道となる分布

統計学で最もよく用いられる分布が正規分布です。ドイツの大数学者ガウス（1777 年～ 1855 年）が誤差の研究の際に発見した分布です。自然現象や社会現象の多くの確率現象を説明するのに役立っています。

正規分布

確率密度関数 $f(x)$ が次の式で与えられるとき、この分布を**正規分布**といいます。

$$f(x) = \frac{1}{\sqrt{2\pi}\,\sigma} e^{-\frac{(x-\mu)^2}{2\sigma^2}} \qquad (\mu\text{、}\sigma\text{は定数、}\sigma > 0) \quad \cdots (1)$$

（注）e は自然対数の底でネイピア数と呼ばれます（$e = 2.71828\cdots$）。また、π は円周率（$\pi = 3.14159\cdots$）。

正規分布は μ と σ^2 だけで決まる分布で、正規分布の英語名 normal distribution の頭文字を用いて $N(\mu, \sigma^2)$ と表されます。

正規分布のグラフは下図のような釣り鐘状の左右対称な美しいグラフになります。

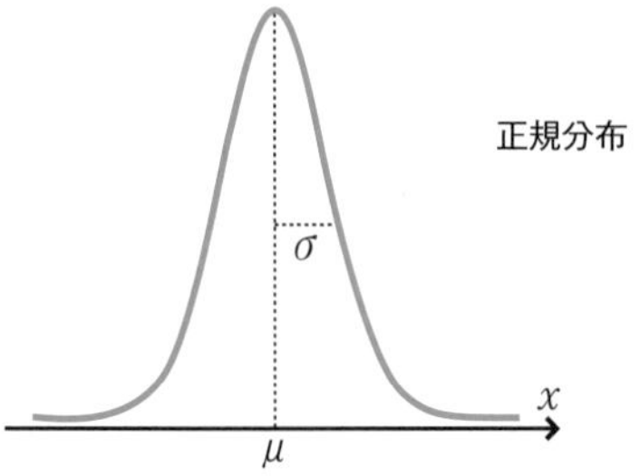

正規分布に従う確率変数 X の平均値 $E(X)$ と分散 $V(X)$ は次のようになります。

$$E(X) = \mu\text{、}V(X) = \sigma^2 \quad \cdots (2)$$

例で見てみよう

いま、1 個のサイコロを振ってみましょう。このサイコロの目 X_1 の平均値 $\overline{X}_1$ は、次の計算により、3.5 です（2-3 節）。

$$\text{平均値 } \overline{X}_1 = 1\times\frac{1}{6} + 2\times\frac{1}{6} + 3\times\frac{1}{6} + 4\times\frac{1}{6} + 5\times\frac{1}{6} + 6\times\frac{1}{6} = 3.5 \quad \cdots (3)$$

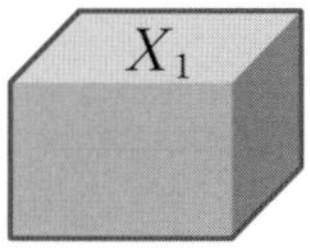

次に、10 個のサイコロを同時に振ってみましょう。

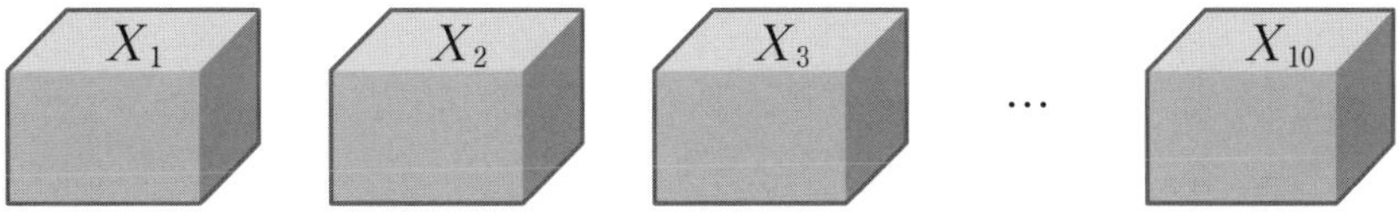

各々の目を順に $X_1, X_2, \cdots, X_{10}$ とすると、これら10個のサイコロの目の平均値は次の式で与えられます。

$$\overline{X} = \frac{X_1 + X_2 + X_3 + \cdots + X_{10}}{10} \quad \cdots (4)$$

さて、この「10個のサイコロの目の平均値」$\overline{X}$ の平均値を考えてみましょう。$\overline{X}$ は10個のサイコロを振るたびに値が変化するので、その変化の平均を調べるのです。

(3) 式より、各サイコロの目 $X_1, X_2, \cdots, X_{10}$ の平均値は3.5です。したがって、それらの和 $\overline{X}$ の平均値は (4) より次のように求められます。

$$\overline{X}\text{の平均値} = \frac{3.5 + 3.5 + 3.5 + \cdots + 3.5}{10} = 3.5 \quad \cdots (5)$$

ところで、(5) 式で調べたように、$\overline{X}$ の平均値は3.5ですが、これはあくまでも理論値です。実際に10個のサイコロを同時に振り、出た目の数の平均値 (4) をとると、ピッタリと3.5になることは稀です。そこで、10個のサイコロを同時に振り、実際に出た目の数の平均値 $\overline{X}$ の値と理論的な平均値 (5) のとの差（つまり、平均値との誤差）に着目しましょう。これを D と書き表すことにします。

$$D = \overline{X} - 3.5 = \frac{X_1 + X_2 + X_3 + \cdots + X_9 + X_{10}}{10} - 3.5$$

すると、この誤差 D の確率分布は正規分布で近似されることが知られています。

(注) 誤差 D の分布が正規分布で近似されることは、後に調べる中心極限定理から証明されます (4章)。

実習 16 Pythonによる統計分析

上記の「例で見てみよう」で調べたことを、Pythonで確認してみよう。すなわち、10個のサイコロを同時に振ったとき、10個のサイコロの目の和の平均値 $\overline{X}$ からその理論的な平均値3.5を引いた誤差の変数 D が正規分布 $N\left(0, \frac{7}{24}\right)$ で近似されることを調べよう。

(注) 正規分布 $N\left(0, \frac{7}{24}\right)$ が現れる理由は中心極限定理によります (4-3節)。ここでは、サイコロ10個を振ったとき、出た目の平均値が「正規分布」で近似されることだけを確認してください。

本節では、「10個のサイコロを振る」という試行を忠実にプログラムに反映しながら、10個のサイコロの目の和の平均値 $\overline{X}$ の分布が正規分布で近似されることを調べます。なおSciPyの2つの関数norm.pmf、radint.pdfを利用するので、2つの関数モジュールをimport文に宣言する必要があります。

```
from scipy.stats import norm, radint
```

(注) 4 章以降では「10 個のサイコロの目」を**標本**、その平均値を**標本平均**、3.5 を**母平均**と呼びます。

Pythonプログラム 16

```
#正規分布のシミュレーション
print('【正規分布のシミュレーション】')
#準備
import numpy as np
from scipy.stats import norm, randint
import matplotlib.pyplot as plt
```

NumPy、SciPy、Matplotlibを使えるように準備。特に、SciPyのimport文に注意が必要

```
#シミュレーションの準備
(ss, ne) = (10, 5000)
```

サイコロをss（=10）回降る実験を5000（=ne）回行う設定

```
#サイコロをss回振る試行をne回行う
trials=randint.rvs(1, 7, size=(ne, ss))
```

実験のシミュレーション実行。結果は配列trialsに格納

```
#1回の試行で得られる「目Xの平均値」を記録
m=np.array(
    [np.mean(trials[i]) for i in range(ne)])
```

各試行の平均値を求め、配列mに格納

```
#標本平均から母平均3.5を引く
d = m - 3.5
```

試行ごとの平均値から3.5を引き、配列dとする

```
#相対度数分布の表作成
#print('●相対度数')
(x1, x2) = ( -4, 4)
nbin = 25
wbin = (x2-x1) / nbin
hist, edges = np.histogram(d, range=(x1,x2),bins=nbin, density=True)
```

np.histogramを用いて配列dから度数分布を作成（1-1節）

```
#描画の準備
fig = plt.figure()
ax = fig.add_subplot(1, 1, 1)
```

matplotlib利用の定型の準備

```
#相対度数を描画
ax.set_ylim(0, 1)
ax.bar(edges[:-1]+wbin/2,hist,color='c', label='relative freq.')
```

度数分布を棒グラフで描画する設定

```
#正規分布のグラフ
```

```
x = np.linspace(x1, x2, 101)
y = norm.pdf(x, loc=0, scale=np.sqrt(7/24))
ax.plot(x, y, color='r', label='normal dist.')

# 表示する
ax.legend()
plt.show()
```

正規分布を折れ線グラフで描画する設定

グラフとラベルを表示

計算結果

プログラムの実行結果を示します。サイコロのシミュレーションで得られる D の値（$=\overline{X}-3.5$）の度数分布のグラフが、正規分布のグラフで近似されていることを確認してください。

【正規分布のシミュレーション】

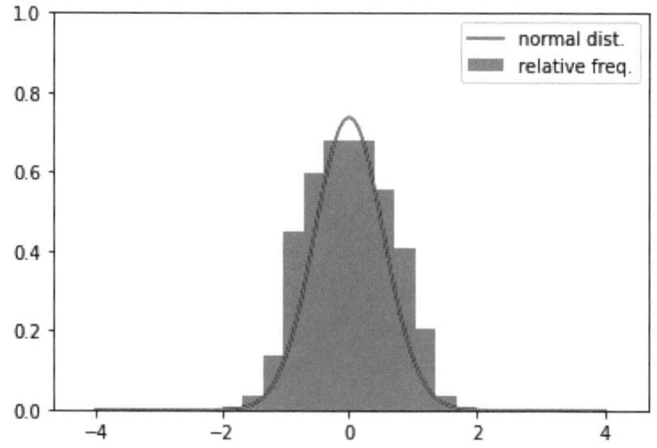

Pythonレッスン　scipy.stats.norm.pdf関数

正規分布の確率密度関数として、SciPy の norm.pdf を利用しました。プログラムでは次のように利用しています。

```
y = norm.pdf(x, loc=0, scale=np.sqrt(7/24))
```

x は x 軸の座標を与えた配列で、linspace 関数で作成しています（後述）。この配列 x の各要素（すなわち x 座標）に対する正規分布の値を y 座標とし、配列 y に収めています。

この norm.pdf 関数は本書の主役の一つです。パラメータ loc に平均値を、scale に標準偏差を設定します。次の例は平均値 0、標準偏差 1 の正規分布（次節で調べる標準正規分布）を表しています。

```
norm.pdf(x, loc=0, scale=1)
```

（注）pdf は probability density function の略。loc、scale は順序を守れば省略可で、今後その表記を多用します。

Pythonレッスン　scipy.stats.norm.cdf関数と累積分布関数

norm.pdf を紹介したついでに、SciPy の提供する累積分布関数 norm.cdf を紹介します。後に検定の際、p 値を求めるために利用されるからです。

確率密度関数 $f(x)$ において、x 以下の部分の確率を与える関数が考えられます。それが**累積分布関数**（cumulative distribution function）です。SciPy は norm.cdf という関数名で提供しています。

1-1 節で調べた累積度数分布の考えを確率密度関数に適用した関数です。

次々節（3-6 節）では norm.ppf という関数も登場します。話がややこしくなるので、ここで役割をまとめて図示しておきましょう。

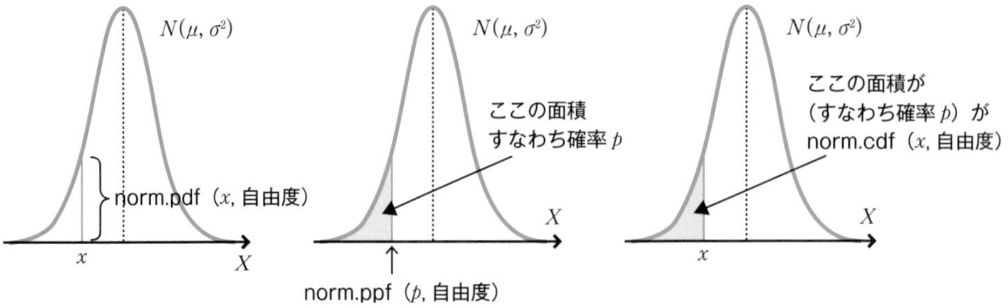

（注）pdf は確率密度関数（probability density function）、ppf はパーセント点関数（percent point function）、cdf は累積分布関数（cumulative distribution function）の略です。

Pythonレッスン　numpy.linspace関数

正規分布をグラフに描く際、その x 座標として次のように linspace 関数を利用しました。

```
x = np.linspace(x1, x2, 101)
```

「x1（＝ −4）と x2（＝ 4）の間に等間隔に 101 個の点を生成せよ」という意味です。結果的に、100 等分した点が生成されます。一般的に linspace は次の書式をとります。

```
np.linspace(a, b, n)
```

すなわち、「a と b の間に等間隔に n 個の点を生成せよ」という意味です。

これに似た関数として、NumPy の np.arange 関数があります。

```
x=np.arange(a, b, d)
```

「a から等間隔 d で b 未満の点を生成せよ」という意味です。違いを見るために、次の実行例を見てください。

```
import numpy as np
print(np.linspace(0, 10, 6))
print(np.arange(0, 10, 2))
```

```
[ 0.  2.  4.  6.  8. 10.]
[0 2 4 6 8]
```

np.linspace も np.arange も似たような配列を生成するが、末端処理が異なる。グラフを描くときには、linspace の方がイメージに合致

参考 16　Python・Excel 二刀流

本節のテーマを Excel で実行するには、NORM.DIST が便利です。SciPy の norm.pdf と対応します。次の書式で利用します。これを利用すると正規分布の確率密度関数の値が得られ、グラフを簡単に描くことができます。

=NORM.DIST(x, 平均値, 標準偏差, FALSE)

(注) FALSE を TRUE にしたときの意味は 6-9 節で調べます。

ワークシートでは関数 RANDBETWEEN (2-1 節) を利用して、サイコロを 1 回振るシミュレーションを行い、それを 10 個並べて 1 回の試行を表現しています。こうして得られた平均値 を 5000 個収集し、3.5 との差 D を相対度数分布表で表示します (1-1 節)。

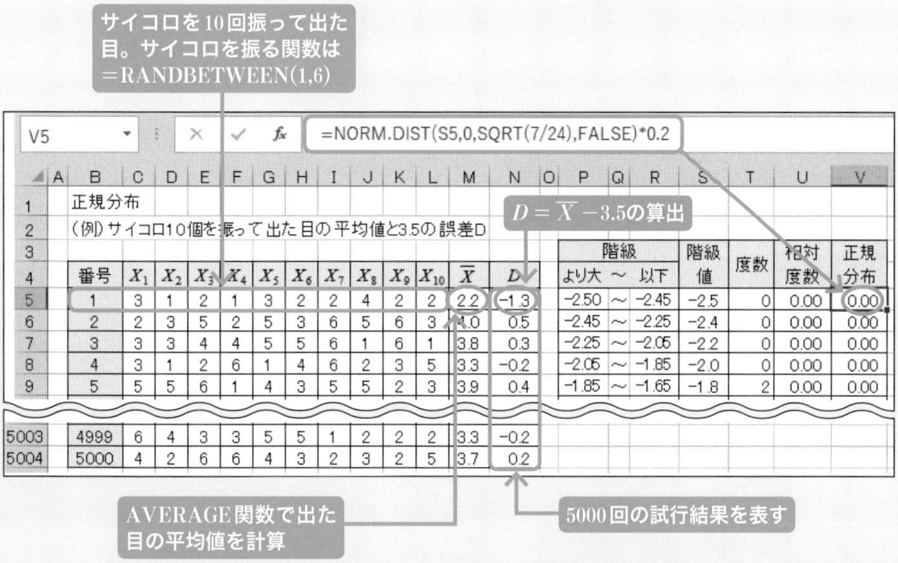

V5　=NORM.DIST(S5,0,SQRT(7/24),FALSE)*0.2

	A	B	C	D	E	F	G	H	I	J	K	L	M	N
1		正規分布												
2		(例) サイコロ10個を振って出た目の平均値と3.5の誤差D												
3														
4		番号	X_1	X_2	X_3	X_4	X_5	X_6	X_7	X_8	X_9	X_{10}	$\overline{X}$	D
5		1	3	1	2	1	3	2	2	4	2	2	2.2	−1.3
6		2	2	3	5	2	5	3	6	5	6	3	4.0	0.5
7		3	3	3	4	4	5	5	6	1	6	1	3.8	0.3
8		4	3	1	2	6	1	4	6	2	3	5	3.3	−0.2
9		5	5	5	6	1	4	3	5	5	2	3	3.9	0.4
5003		4999	6	4	3	3	5	5	1	2	2	2	3.3	−0.2
5004		5000	4	2	6	6	4	3	2	3	2	5	3.7	0.2

	P	Q	R	S	T	U	V
3	階級			階級値	度数	相対度数	正規分布
4	より大	～	以下				
5	−2.50	～	−2.45	−2.5	0	0.00	0.00
6	−2.45	～	−2.25	−2.4	0	0.00	0.00
7	−2.25	～	−2.05	−2.2	0	0.00	0.00
8	−2.05	～	−1.85	−2.0	0	0.00	0.00
9	−1.85	～	−1.65	−1.8	2	0.00	0.00

得られた相対度数分布表と正規分布 N(0, 7/24) の値の表をグラフに示します (1-2 節)。Python のときと同様、2 者がよく一致することが確かめられます。

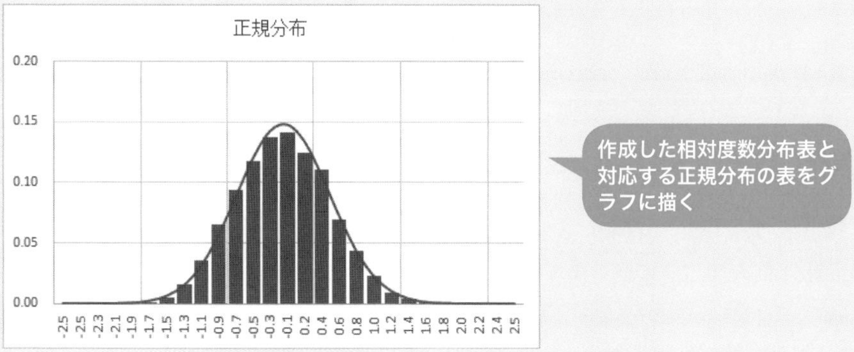

3-5 見てわかる標準正規分布 ～正規分布を標準化した分布

統計学で最もよく用いられる分布が正規分布ですが、その中でもよく利用されるのが標準正規分布です。多くの文献に記載されている正規分布表は、この標準正規分布の累積値です。このことについて調べてみましょう。

標準正規分布

確率密度関数$f(x)$が次の式で与えられるとき、その分布を**標準正規分布**といいます。

$$f(x) = \frac{1}{\sqrt{2\pi}} e^{-\frac{x^2}{2}}$$

前節(3-4)で調べた正規分布$N(\mu, \sigma^2)$において、平均値μが0、分散σ^2が1となる分布です。$N(0, 1^2)$と表されます。

このグラフを描いてみましょう。

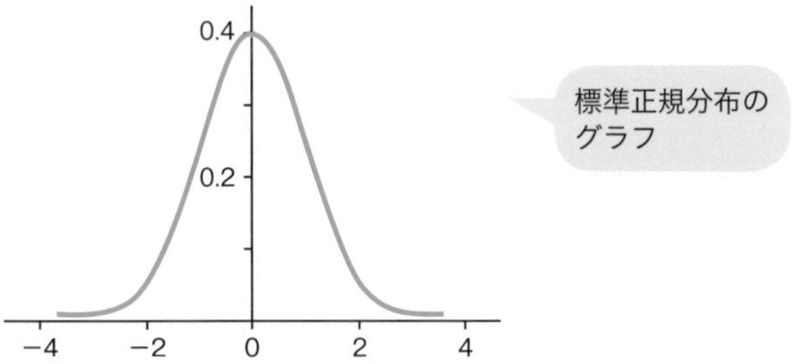

標準正規分布に従う確率変数Xの平均値$E(X)$と分散$V(X)$は次のよう与えられます。

$$E(X) = 0、V(X) = 1$$

標準化

確率変数Xが平均値μ、分散σ^2の正規分布$N(\mu, \sigma^2)$に従うとき、次の変換で得られる確率変数Zは標準正規分布$N(0, 1^2)$に従います。

$$Z = \frac{X - \mu}{\sigma}$$

この変換を**変数の標準化**と呼びます(2-4節)。この変換式を使えば、すべての正規分布は標準正規分布に移して考えることができます。

実習17 Pythonによる統計分析

Pythonで標準正規分布のグラフを描いてみよう。

SciPyは標準正規分布のために特別な関数を用意していません。一般的な正規分布の確率密度関数norm.pdfにおいて、平均値と標準偏差を各々0と1に設定して利用します。

Pythonプログラム 17

```
#標準正規分布のグラフの描画
print('【標準正規分布】')
#準備
import numpy as np
from scipy.stats import norm
import matplotlib.pyplot as plt

#描画範囲を設定
(x1, x2) = (-5, 5)

# matplotlibの利用準備
fig = plt.figure()
ax = fig.add_subplot(1, 1, 1)

#正規分布のグラフ
ax.set_ylim(0, 0.5)
x = np.linspace(x1, x2, 101)
ax.plot(x, norm.pdf(x, loc=0, scale=1))

# 表示する
plt.show()
```

- import numpy as np ～ import matplotlib.pyplot as plt：NumPy、SciPy、Matplotlibの関数を使えるように準備
- fig = plt.figure() ～ ax = fig.add_subplot(1, 1, 1)：matplotlib利用のための定型の準備
- ax.set_ylim(0, 0.5) ～ ax.plot(x, norm.pdf(x, loc=0, scale=1))：配列xにx1, x2で与えられた区間を100等分した値を入れる。そのxに対する標準正規分布の値を算出し、折れ線で結ぶ設定
- plt.show()：グラフを描画

計算結果

プログラムの実行結果を示します。デフォルトで描く限り、描画は大変容易です。

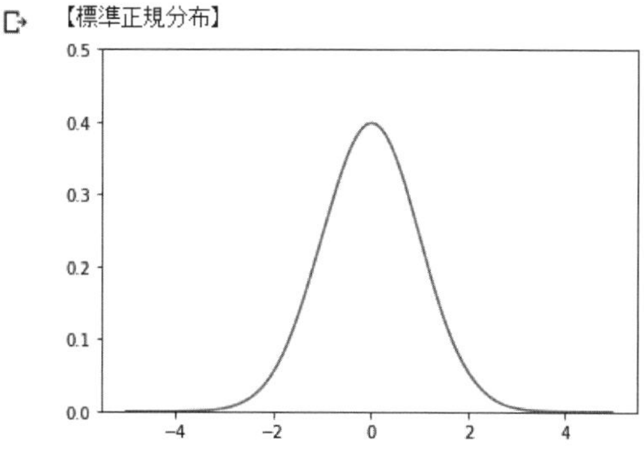

Pythonレッスン　NumPyで正規分布のグラフ描画

NumPyによる正規分布の扱いを調べます。SciPyは正規分布の確率密度関数として関数がnorm.pdfを用意しています（3-4節）。それに対してNumPyは正規分布の関数を用意していません。そこで、正規分布の式（3-4節式（1））を用いて、次のように記述しなければなりません。

```
1/(sigma * np.sqrt(2 * np.pi)) * np.exp( -(x - mu)**2 /(2 * sigma**2)
```

ここでmuには平均値が、sigmaには標準偏差が入ります。また、np.piは円周率πです。更に、np.expは指数関数e^xです（eはネイピア数（= 271828…））。

本節で調べている標準正規分布は、mu = 0、sigma = 1なので、次のように表せます。

```
1/(np.sqrt(2 * np.pi)) * np.exp( - x**2 / 2)
```

以上の煩わしさを考えると、SciPyの便利さがよくわかります。

参考17　Python・Excel二刀流

本節のテーマをExcelで実行するには、関数NORM.S.DISTが便利です。標準正規分布の値が得られます。この関数で得た表を折れ線グラフとして描けば完成です（1-2節）。間隔が細かいので、折れ線グラフはきれいな曲線に見えます。

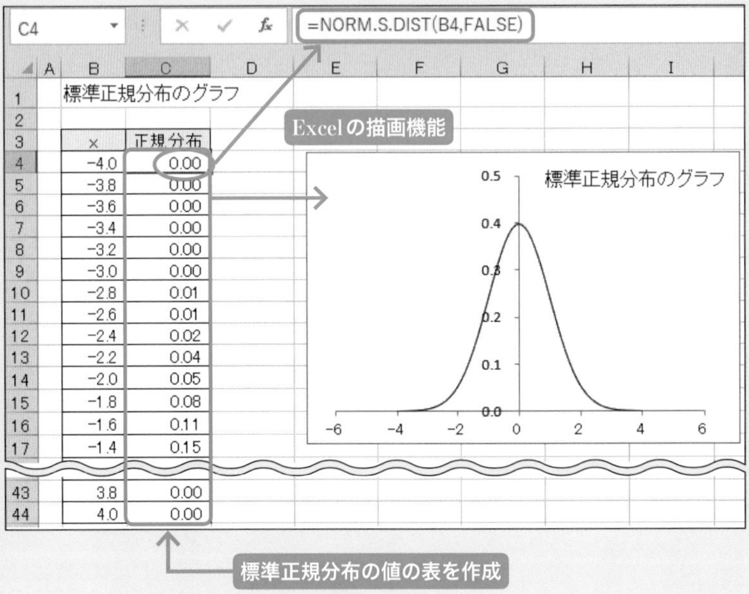

	A	B	C
1		標準正規分布のグラフ	
2			
3		x	正規分布
4		−4.0	0.00
5		−3.8	0.00
6		−3.6	0.00
7		−3.4	0.00
8		−3.2	0.00
9		−3.0	0.00
10		−2.8	0.01
11		−2.6	0.01
12		−2.4	0.02
13		−2.2	0.04
14		−2.0	0.05
15		−1.8	0.08
16		−1.6	0.11
17		−1.4	0.15
43		3.8	0.00
44		4.0	0.00

3-6 正規分布の 100p%点の求め方 ～統計学で最も利用される数値

統計学で最もよく用いられる分布が正規分布ですが、応用上大切なことは 100p% 点の求め方です。特に p が 0.05 と 0.01 の場合の 5% 点と 1%点は統計学の常識として頻繁に利用されます。

パーセント点の復習

2-2 節で調べましたが、推定や検定で多用される言葉である**パーセント点**の意味を「おさらい」しておきましょう。

下側 100p%点、**上側 100p%点**、**両側 100p%点**とは、確率密度関数の下側、上側また両側の確率が p になるときの確率変数 X の値 x のことです。この下側、上側そして両側 100p%点は、まとめて、**パーセント点**（略して%点）と呼ばれます。正規分布の場合に図示すると、下図のようになります。

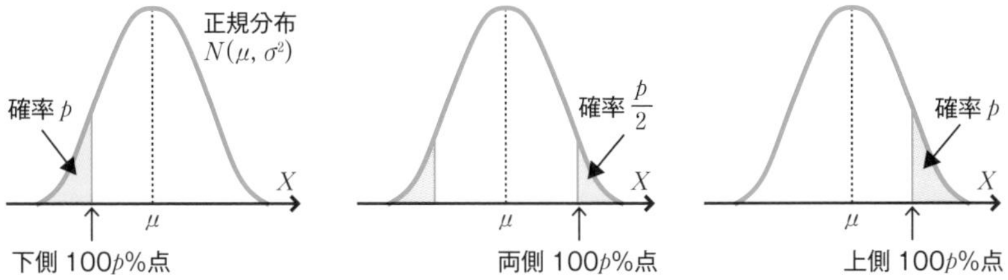

Python で正規分布の 100p%点を求めるには

Python で正規分布のパーセント点を求める方法として有名なのは、SciPy の提供する scipy.stats.norm.ppf 関数を利用する方法です。書式は次の通りです。

norm.ppf(p, loc= μ, scale= σ)

（注）パラメータのキー loc（平均値）, scale（標準偏差）は、順序を変えなければ不要です。

この norm.ppf を利用して、具体的にパーセント点を求めましょう。

実習 18 Python による統計分析

Python で、標準正規分布の下側 5%点、上側 5%点、及び両側 5%点を求めよう。

SciPy の提供する関数 norm.ppf を利用するには、次の import 文が必要です。

```
from scipy.stats import norm
```

先に調べたSciPyの正規分布の関数norm.pdfを利用するためのimport文と同じです（3-4、3-5節）。

Pythonプログラム 18

```
#正規分布のパーセント点
print('【正規分布の100p%点】')
#準備
import numpy as np
from scipy.stats import norm

#平均値muと標準偏差sigmaを設定
(mu, sigma ) = (0, 1)

#確率pを与える
p = 0.05

#確率pに対する%点を算出
x1 = norm.ppf(p, mu, sigma)
x2 = norm.ppf(1 - p, mu, sigma)
x3 = norm.ppf(1 - p/2, mu, sigma)
#%点の表示
print('下側', int(100*p),'%点=', np.round(x1, 3))
print('上側', int(100*p),'%点=', np.round(x2, 3))
print('両側', int(100*p),'%点=', np.round(x3, 3))
```

NumPy、SciPyを使えるように準備（序-4節）

標準正規分布の平均値と標準偏差を設定

調べたい確率pの値を設定

設定した確率pに対する%点を算出

int関数は小数をパーセント表示するために使用（5-4節）

計算結果

プログラムの実行結果を示します。パーセント点を算出するための確率を変えるには、このプログラムの中の変数pの値を変更します。

```
【正規分布の100p%点】
下側 5 %点= -1.645
上側 5 %点= 1.645
両側 5 %点= 1.96
```

Pythonレッスン norm.ppf関数

正規分布の「確率pのパーセント点」を求めるにはSciPyの関数norm.ppfを用いるのが便利です。本プログラムでは、muを平均値μ、sigmaを標準偏差σとして、次のように利用しています。

下側100p%点：x1 ＝ norm.ppf(p, loc＝mu, scale＝sigma)

上側100p%点：x2 ＝ norm.ppf(1 － p, loc＝mu, scale＝sigma)

両側100p%点：x3 ＝ norm.ppf(1 － p/2, loc＝mu, scale＝sigma)

（注）パラメータを指定するloc, scaleは順序を守れば省略可です。ppfはpercent point functionの略。

これからわかるように、この関数norm.ppfは下側パーセント点を求める関数です。

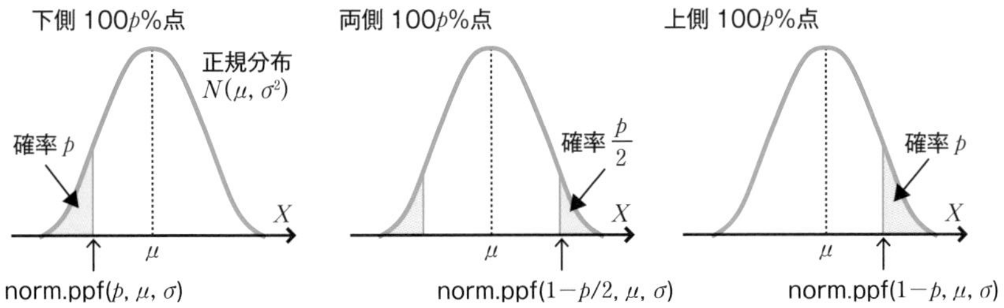

参考 18 Python・Excel 二刀流

本節のテーマを Excel で実行するには、関数 NORM.INV が便利です。この関数は次の図の意味を持ちます。上記 SciPy の関数 norm.ppf と同様の働きをします。

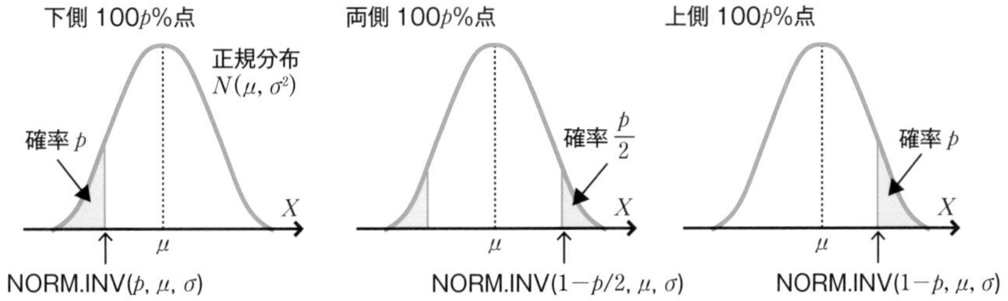

以下の例は p に 0.05 を代入し、平均値 1、標準偏差 2 の場合の下側、両側、上側の 100p%点を求めています。

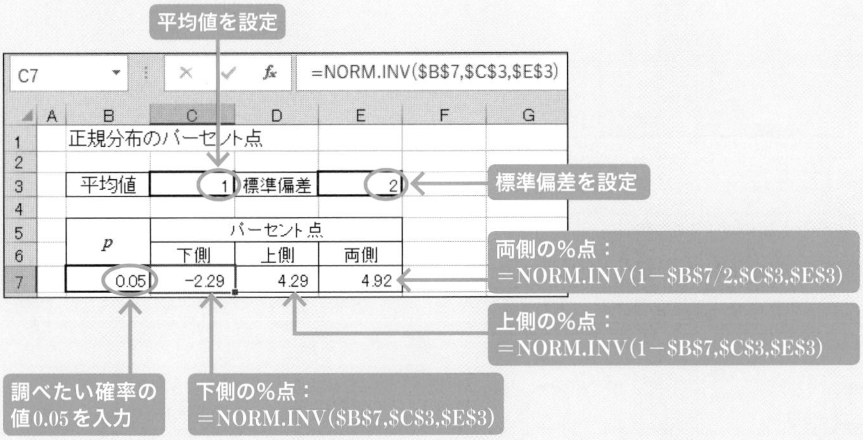

3-7 二項分布の正規分布近似 ～扱いにくい二項分布が優等生に

確率変数が値 x を取る確率 $f(x)$ が次の式で表せる確率分布を二項分布といいます（3-3 節）。

$$f(x) = {}_nC_x\, p^x (1-p)^{n-x} \qquad (x=0,\ 1,\ 2,\ 3,\ \cdots,\ n) \quad \cdots\ (1)$$

記号として $B(n, p)$ と書かれます。

さて、この二項分布 $B(n, p)$ の長所は、n が大きくなると、正規分布で近似できるという点です。すでに見てきたように、正規分布は性質がよく研究され大変扱いやすい分布です。その正規分布で近似されるということは、非常にありがたい性質です。

二項分布の正規分布近似

二項分布の正規分布近似とは次の定理をいいます。

> 二項分布 $B(n, p)$ は、n が大きいとき、近似的に正規分布 $N(np, np(1-p))$ に一致する。

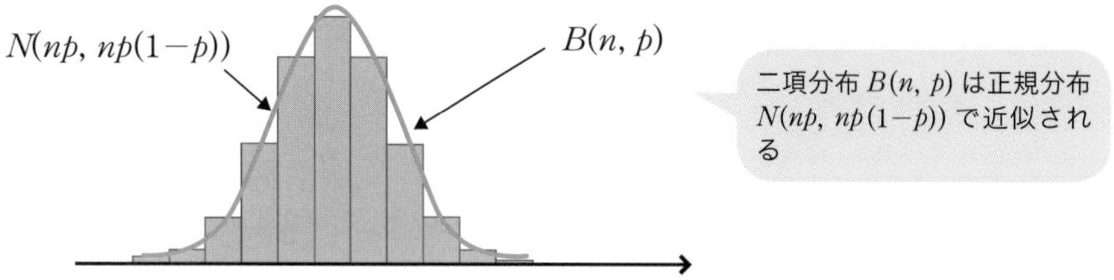

分布関数 (1) を持つ二項分布 $B(n, p)$ の平均値と分散は次のように与えられます（3-3 節）。

平均値 np、分散 $np(1-p)$

したがって、「二項分布の正規分布近似」とは、平均値と分散をそのまま正規分布の平均値と分散に置き換えることを意味します。

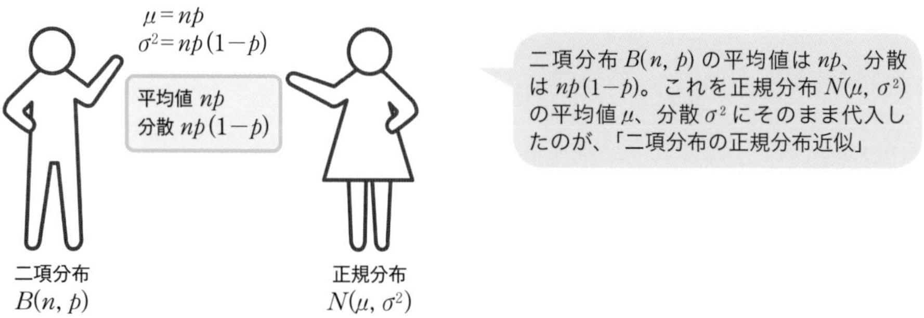

二項分布が正規分布とみなせる条件として、n は次の条件を満たす必要があります。

$p \leqq \frac{1}{2}$であれば$np > 5$、$p > \frac{1}{2}$であれば$n(1-p) > 5$　… (2)

実習 19　Pythonによる統計分析

上記の式 (2) の条件のもとで、二項分布 $B(n,\ p)$ が正規分布 $N(np,\ np(1-p))$ で近似されることを、Python で確認しよう。

二項分布と正規分布を表すSciPyの関数binom.pmf、norm.pdfを利用するので、次のように2つの分布をimport文で宣言する必要があります。

```
from scipy.stats import norm, binom
```

Pythonプログラム 19

```
#二項分布と正規分布のグラフ
print('【二項分布の正規分布近似】')
#準備
import numpy as np
from scipy.stats import norm, binom
import matplotlib.pyplot as plt

#二項分布のパラメータ設定
(n, p) = (20, 0.3)
mu, var = binom.stats(n, p, moments='mv')
sigma=np.sqrt(var)

#Matplotlibの準備
fig = plt.figure()
ax = fig.add_subplot(1, 1, 1)

#二項分布のグラフ
ax.set_ylim(0, 0.3)
k = np.arange(0, n+1)
ax.plot(k, binom.pmf(k, n, p),label=' binomial')

#正規分布のグラフ
x = np.linspace(0, n, 101)
ax.plot(x, norm.pdf(x, mu, sigma),label='normal')
```

- NumPy、SciPy、Matplotlibを使えるように準備。特に、SciPyのimport文に注意が必要
- SciPyの関数binom.statsを用いて、二項分布の平均値と分散を算出
- matplotlib利用の準備
- 二項分布の描画の設定
- 正規分布のグラフを描画する設定

```
# 表示する
ax.legend()
plt.show()
```

グラフとラベルを表示

計算結果

プログラムの実行結果を示します。この図の例は、n、p に各々 20、0.3 をセットしました。条件 (2) をギリギリにクリアする値です。それでも二項分布 $B(n,\ p)$ が正規分布 $N(np,\ np(1-p))$ で近似されることが視覚的に確かめられます。

【二項分布の正規分布近似】

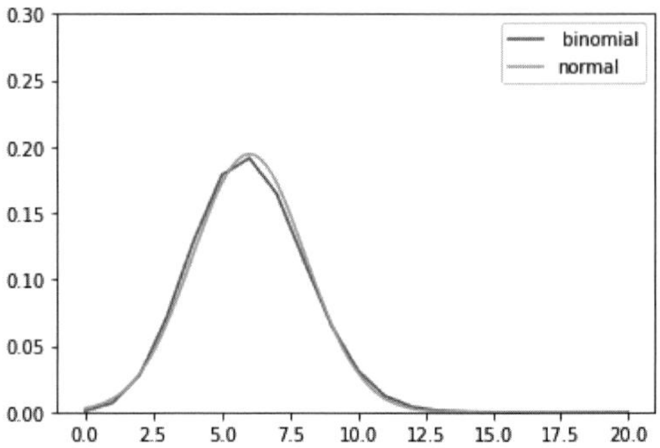

Pythonレッスン　binom.stats関数

SciPy の関数 binom.stats について調べましょう。プログラムでは次のように利用しました。

```
mu, var = binom.stats(n, p, moments='mv')
```

二項分布 $B(n,\ p)$ の n、p の値をパラメータに設定すると、平均値 mu と分散 var を算出してくれます。

ちなみに、これらは 3-3 節の公式 (3) を利用しても簡単に得られます。

$E(X)=np$、$V(X)=np(1-p)$

これらを失念しても、関数 binom.stats を利用すれば問題は起こりません。

memo

二項分布の正規分布近似の大切さ

二項分布は大変役立つ分布です。しかし、分布関数が計算しにくいという欠点を持っています。実際、二項分布には二項係数 ${}_nC_x=\dfrac{n!}{x!(n-x)!}$ が含まれていますが (3-3 節)、これがクセモノです。階乗 (!) を含んでいるからです。例えば、次の値を求めてみます。

$10!=1\cdot2\cdot3\cdot4\cdot5\cdot6\cdot7\cdot8\cdot9\cdot10=3{,}628{,}800$ (約 360 万)

これだけでも、計算の大変さが推定できます。すぐにオーバーフローしてしまうのです。

これに対して、正規分布は優等生です。計算がしやすいからです。二項分布を正規分布で近似するということは、ヒネクレ者を優等生に置き換える操作なのです。

参考 19 Python・Excel二刀流

本節のテーマをExcelで実行するには、関数BINOM.DIST(3-3節)とNORM.DIST(3-4節)が便利です。式(1)に示したn、pを与え、二項分布と正規分布の値を、これらの関数で算出します。

	A	B	C	D	E	F	G	H	I
1		二項分布の正規分布近似							
2									
3		n	20		x	二項分布	正規分布		
4		p	0.3		0	0.0008	0.0027		
5					1	0.0068	0.0099		
6		平均値	6		2	0.0278	0.0290		
7		分散	4.2		3	0.0716	0.0667		
8					4	0.1304	0.1209		
9					5	0.1789	0.1728		
10					6	0.1916	0.1947		
11					7	0.1643	0.1728		
12					8	0.1144	0.1209		
13					9	0.0654	0.0667		
14					10	0.0308	0.0290		
15					11	0.0120	0.0099		
16					12	0.0039	0.0027		
17					13	0.0010	0.0006		
18					14	0.0002	0.0001		
19					15	0.0000	0.0000		
20					16	0.0000	0.0000		
21					17	0.0000	0.0000		
22					18	0.0000	0.0000		
23					19	0.0000	0.0000		
24					20	0.0000	0.0000		

こうして作成した二項分布、正規分布の表をグラフ化してみましょう(1-2節)。Pythonでも確かめたように、二者はよく一致しています。

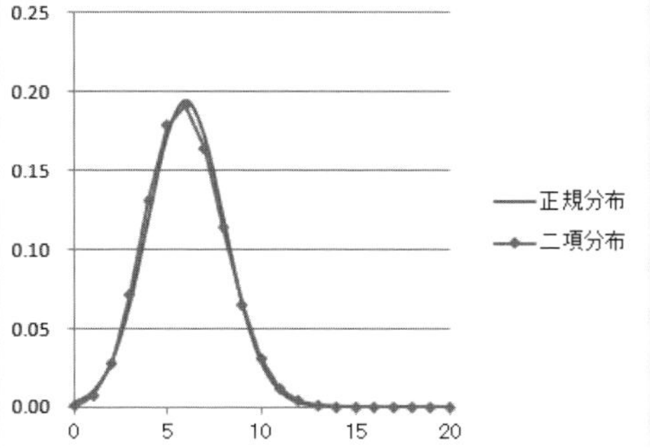

n、pに各々20、0.3をセットしたときの、二項分布と正規分布のグラフ。(2)の条件をきわどくクリアしている程度だが、良く合致している。様々なn、pについて、近似の良さを確認しよう

3-8 見てわかる t 分布
～ 分散が不明な場合の推定・検定に活躍

後に調べるように（5、6 章）、小さな標本をもとに平均値を議論する際に利用されるのが t 分布です。これまでの分布と異なり、「自由度」という概念が入ります。

t 分布とは

確率密度関数が次の形を持つとき、その分布を自由度 ν の **t 分布**といいます。また、**ステューデント分布**ともいいます。

$$f_\nu(x) = k\left(1+\frac{x^2}{\nu}\right)^{-\frac{\nu+1}{2}} \quad (k\text{は定数}) \quad \cdots (1)$$

（注 1）定数 k は、$k = \dfrac{1}{\sqrt{\nu\pi}}\dfrac{\Gamma\left(\frac{\nu+1}{2}\right)}{\Gamma\left(\frac{\nu}{2}\right)}$。ここで $\Gamma(x)$ は**ガンマ関数**（3-12 節〈memo〉）。

（注 2）ν はギリシャ文字で「ニュー」と読まれます。

t 分布のグラフは下図のような正規分布と似たグラフになります。

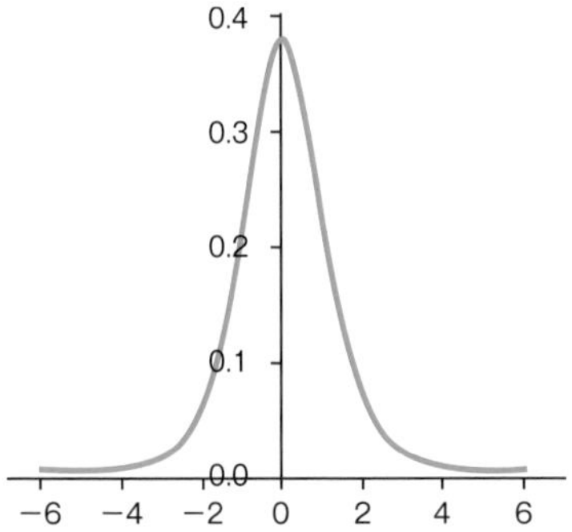

自由度 5 の t 分布のグラフ。正規分布に似る。実際、自由度が大きいと正規分布で近似できる

t 分布に従う確率変数 X の平均値 $E(X)$ と分散 $V(X)$ は次のように与えられます。

$$E(X) = 0、V(X) = \frac{\nu}{\nu-2}$$

例で見てみよう

ある試行で得られる確率変数 X が正規分布 $N(\mu, \sigma^2)$ に従うとします。この試行を n 回繰り返し、得られた値を順に $X_1, X_2, \cdots, X_n$ とします。このとき、次の値を求めてみましょう。

$$\overline{X}=\frac{X_1+X_2+\cdots+X_n}{n}、s^2=\frac{(X_1-\overline{X})^2+(X_2-\overline{X})^2+\cdots+(X_n-\overline{X})^2}{n-1}$$

すると、次の統計量 T は自由度 $\nu=n-1$ の t 分布に従うことが知られています。

$$T=\frac{\overline{X}-\mu}{\frac{s}{\sqrt{n}}} \quad \cdots (2)$$

(注 1) (2) 式で与えられる確率変数の分布の性質については、6-3 節で確認します。

(注 2) この $X_1, X_2, \cdots, X_n$ の組は、後に調べる「母集団から抽出された大きさ n の標本」になります。$\overline{X}$ は「標本平均」、s^2 は「不偏分散」と呼ばれます (4-1、4-2 節)。関係は次の図のように示されます。

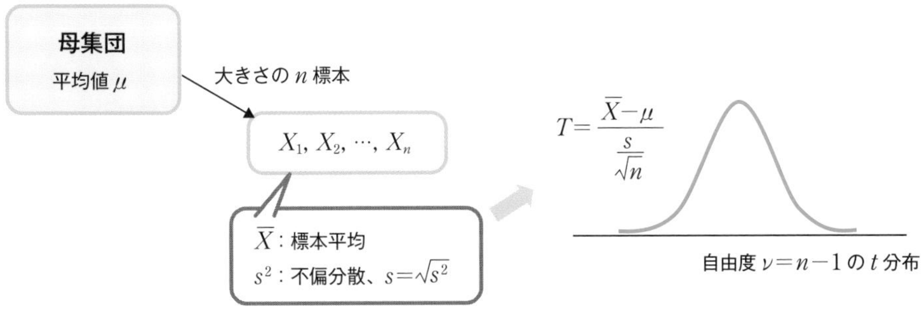

実習 20 Pythonによる統計分析

自由度 5 の t 分布のグラフを描いてみよう。また、この分布の平均値と分散を求めよう。

t 分布の確率密度関数として、SciPy が提供する関数 t.pdf を利用します。これを利用するには次の import 文が必要になります。

```
from scipy.stats import t
```

Pythonプログラム 20

```
#t分布とそのグラフ
print('【t分布】')
#準備
import numpy as np
from scipy.stats import t
import matplotlib.pyplot as plt

#描画の準備
fig = plt.figure()
ax = fig.add_subplot(1, 1, 1)
```

NumPy、SciPy、Matplotlibを使えるように準備。特に、SciPyのimport文に注意が必要

matplotlib利用の定型の準備

```
# t分布のグラフ
ax.set_title('t distribution')
ax.set_ylim(0, 0.5)
(x1, x2) = (-6, 6)
df = 5
x = np.linspace(x1, x2, 101)
ax.plot(x, t.pdf(x, df))

# 表示する
plt.show()

#平均値と分散の算出
m, var = t.stats(df, moments='mv')
print('平均値＝', np.round(m, 3))
print('分散　＝', np.round(var, 3))
```

t 分布のグラフを描画設定。配列xには横軸の値（x1 ～ x2）を100等分刻みでセット。*t* 分布の自由度はdfで与える

平均値と分散の算出。公式からも求められるが、ここでは関数t.statsを利用

計算結果

自由度が5の場合について、プログラムの実行結果を示します。正規分布と似た釣り鐘状のグラフになっています。実際、自由度（プログラムの中の変数dfの値）を大きくしてみてください。正規分布とほとんど見分けがつかなくなります。

【t分布】

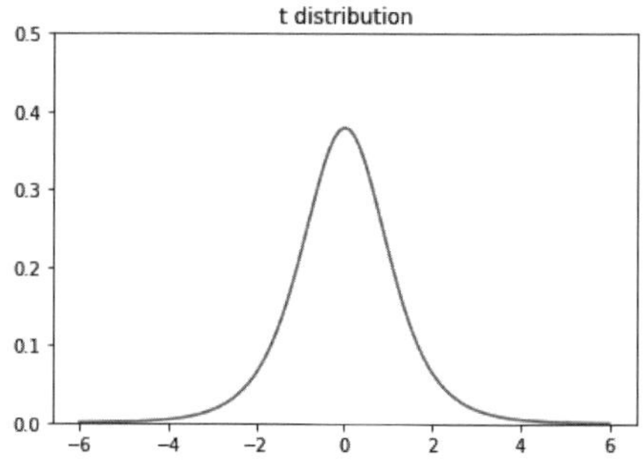

平均値= 0.0
分散　= 1.667

Pythonレッスン　t.pdf関数

Python で *t* 分布のグラフを描くには関数 **t.pdf** を利用すると便利です。これは SciPy が提供する関数で、次のように確率密度関数の値を算出します。

```
t.pdf(x, df= 自由度 )
```

ここで、配列 x には関数の定義域の値を、パラメータ df には自由度を与えます。

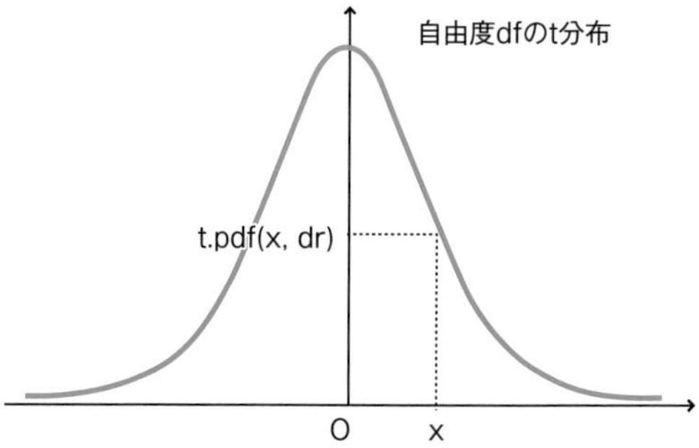

（注）pdf は probability density function の略。

Pythonレッスン **t.stats関数**

t 分布の平均値と分散は、先に示した公式からも簡単に得られます。ここではSciPyの用意している関数t.statsを利用しています。平均値をm、分散をvとすると、次のように求められます。

```
m, v = t.stats(df, moments='mv')
```

（注）t 分布に限らず、確率分布の名称の次に「.stats」を付加すると、平均値や分散等の情報が得られます（3-7節）。

参考 20 Python・Excel 二刀流

本節のテーマをExcelで実行するには、関数T.DISTが便利です。この関数を利用して、t 分布の表を作成します。

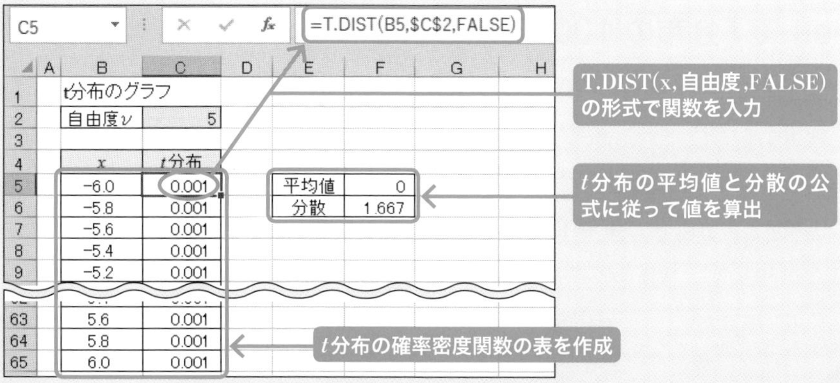

作成したこの表をもとに、Excelのグラフ描画機能を利用し、グラフを描きます（1-2節）。

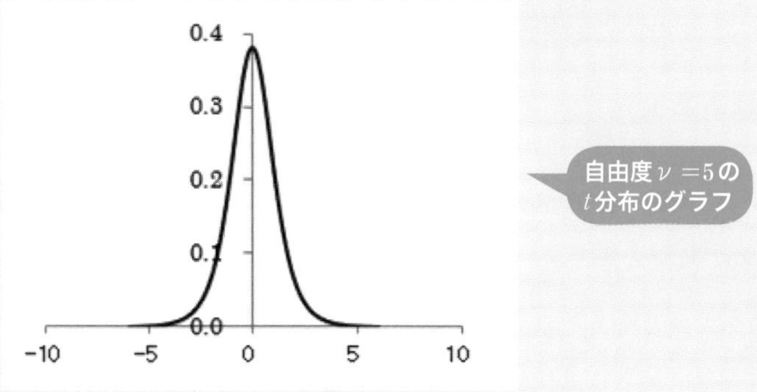

3-9 t 分布の 100p%点の求め方 ～ t.ppf 関数が活躍

t 分布は推定や検定でよく利用されますが、実際の応用では 100p%点が重要になります。特に、p の値が 0.05 と 0.01 の場合の 5% 点と 1%点はよく利用されます。正規分布とは異なり、この 5% 点と 1%点は自由度によって値が異なることに注意しましょう。

(注) 100p%点については、2-2 節を参照。

Python で t 分布の 100p%点を求める

Python で t 分布のパーセント点を求める方法として有名なのは、SciPy の提供する scipy.stats.t.ppf 関数を利用する方法です。書式は次の通りです。

```
t.ppf(p, df)
```

p は調べたい 100p%の p の値、df は自由度です。

このt.ppf を利用して、具体的にパーセント点を求めましょう。

実習 21 Python による統計分析

与えられた自由度に対する t 分布の下側 5%点、上側 5%点、及び両側 5%点を、Python で求めよう。

SciPy の提供する関数 t.ppf は、検定や推定で大切な役割を果たします。この関数を利用するには、前節（3-8 節）同様、次の import 文が必要です。

```
from scipy.stats import t
```

Python プログラム 21

```
# t分布のパーセント点
print('【t分布の100p%点】')
#準備
import numpy as np
from scipy.stats import t

#自由度の設定
df = 10
```

NumPy、SciPy を使えるように準備

t 分布の自由度を設定。ここでは 10 と設定

```
#パーセント点の算出
p = 0.05
x1 = t.ppf(p, df)          #下側5%点
x2 = t.ppf(1 - p, df)      #上側5%点
x3 = t.ppf(1 - p/2, df)    #両側5%点

#パーセント点の表示
print('自由度=', df,'確率p=', p)
print('下側', int(100*p), '%点=', np.round(x1, 2))
print('上側', int(100*p), '%点=', np.round(x2, 2))
print('両側', int(100*p), '%点=', np.round(x3, 2))
```

%点を調べたい確率pを設定し、そのpに対する%点を算出

算出した%点を、小数第3位以下を四捨五入して表示

(注) グラフの対称性から、x2 は「-x1」として求めても可です。

計算結果

プログラムの実行結果を示します。t 分布の自由度を変えるには、このプログラムの中の変数 df の値を変更します。パーセント点を算出するための確率 p を変えるには、このプログラムの中の変数 p の値を変更します。

```
【t分布の100p%点】
自由度= 10 確率p= 0.05
下側 5 %点= -1.81
上側 5 %点= 1.81
両側 5 %点= 2.23
```

Pythonレッスン　t.ppf関数

Python で t 分布のパーセント点を求めるには SciPy の関数 t.ppf を利用するのが便利です。df を自由度として次のように利用できます。

下側 p%点：t.ppf(p, df)

上側 p%点：t.ppf(1 - p, df)

両側 p%点：t.ppf(1 - p/2, df)

これからわかるように、関数 t.ppf は下側パーセント点を求める関数です。

関数の使い方を図示しましょう。

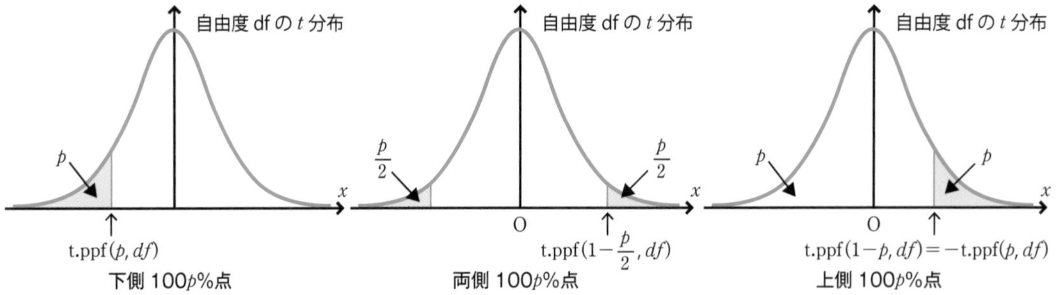

参考 21　Python・Excel 二刀流

本節のテーマを Excel で実行するには、関数 T.INV、T.INV.2T が利用できます。これらの関数は次の図の意味を持ちます。

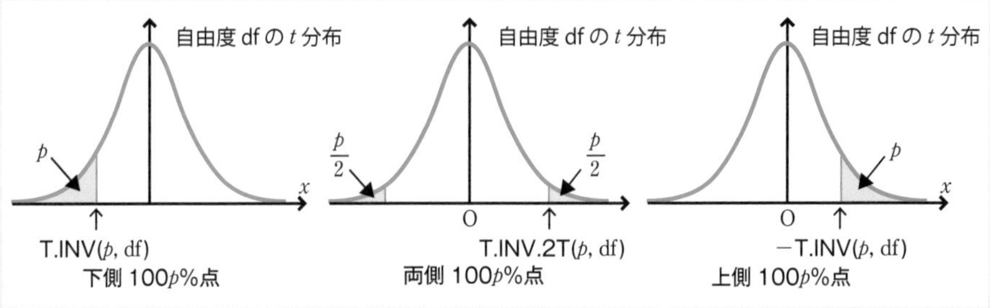

以下の例は p に 0.05 を代入し、自由度 10 の t 分布の下側 100p%点、両側 100p%点、上側 100p%点を求めています。

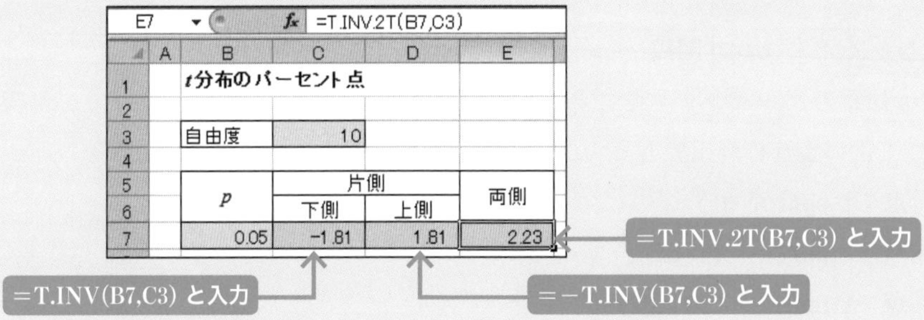

	A	B	C	D	E
1		t分布のパーセント点			
2					
3		自由度	10		
4					
5		p	片側		両側
6			下側	上側	
7		0.05	−1.81	1.81	2.23

自由度やパーセント点を算出する基準となる確率 p の変更には、図の該当セルの値を変更します。例えば、セル B7 に 0.01 を代入すると、1%点が求められます。

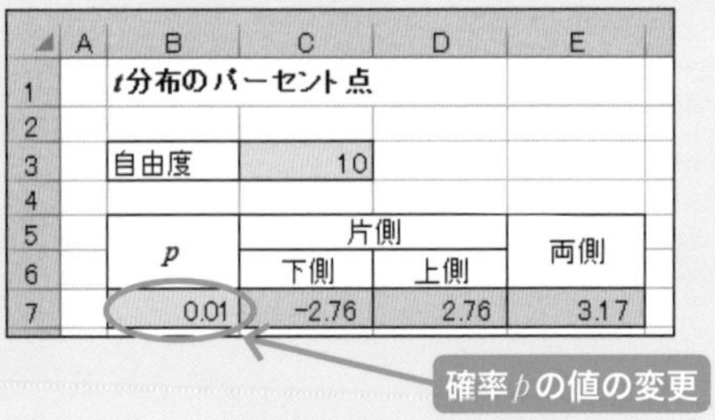

	A	B	C	D	E
1		t分布のパーセント点			
2					
3		自由度	10		
4					
5		p	片側		両側
6			下側	上側	
7		0.01	−2.76	2.76	3.17

3-10 見てわかる χ^2 分布 ～分散の推定・検定に活躍

後に述べることですが(4～6章)、標本から求めた不偏分散の分布が χ^2(カイ二乗)分布になります。本節では、この χ^2 分布について調べることにします。

(注)χ はギリシャ文字で「カイ」と読まれます。

χ^2 分布とは

確率密度関数が次の形を持つとき、その分布を自由度 ν の **χ^2 分布**といいます。

$$f_\nu(x) = kx^{\frac{\nu}{2}-1}e^{-\frac{x}{2}} \quad (k\text{は定数、}x>0) \quad \cdots (1)$$

ここで定数 k の値は次のように与えられます。分母の Γ はガンマ関数を表します。

$$k = \frac{1}{2^{\frac{\nu}{2}}\Gamma\left(\frac{\nu}{2}\right)}$$

(注)ν は「ニュー」と読まれるギリシャ文字です。ガンマ関数については、3-12節〈memo〉。

自由度 ν の χ^2 分布のグラフは次のようになります。このグラフは自由度 ν の値によっていろいろと変化します。

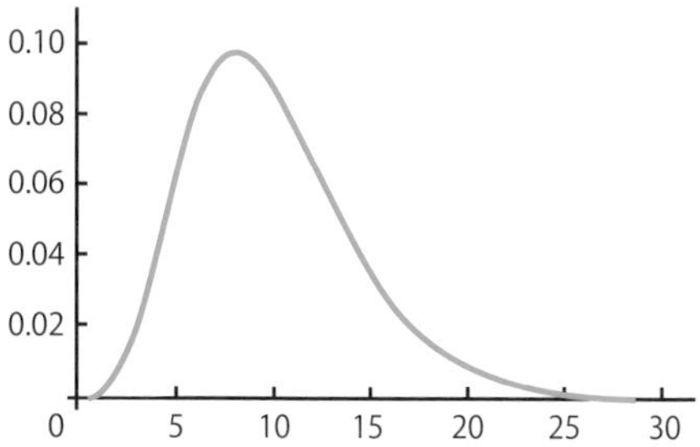

自由度10の χ^2 分布のグラフ。グラフの形は自由度だけで決定される

χ^2 分布に従う確率変数 X の平均値 $E(X)$ と分散 $V(X)$ は次のように与えられます。

$$E(X)=\nu\text{、}V(X)=2\nu$$

例で見てみよう

ある試行で得られる確率変数 X が正規分布 $N(\mu, \sigma^2)$ に従うとします。この試行を n 回繰り返し、得られた値を順に $X_1, X_2, \cdots, X_n$ とします。

(注)この $X_1, X_2, \cdots, X_n$ の組は、4章以降で調べる「大きさ n の標本」になり、σ^2 は母分散になります。

このとき、偏差の2乗和を分散で割った次の値χ^2は自由度$\nu=n-1$のχ^2分布に従うことが知られています。

$$\chi^2=\frac{(X_1-\overline{X})^2+(X_2-\overline{X})^2+\cdots+(X_n-\overline{X})^2}{\sigma^2} \quad \cdots (2)$$

（注1）(2)が自由度$\nu=n-1$のχ^2分布に従うことは6-6節で確認します。
（注2）後に（4章～6章）、次の不偏分散s^2を導入します。

$$s^2=\frac{(X_1-\overline{X})^2+(X_2-\overline{X})^2+\cdots+(X_n-\overline{X})^2}{n-1}$$

この不偏分散s^2を用いると、χ^2は$\dfrac{(n-1)s^2}{\sigma^2}$と表せます。したがって、$\chi^2$分布は不偏分散の分布を定めるのです。

実習 22 Pythonによる統計分析

自由度10のχ^2分布のグラフをPythonで見てみよう。この分布の平均値と分散を求めよう。

χ^2分布の確率密度関数の値を求める関数として、SciPyが提供する関数chi2.pdfを利用します。これを利用するには次のimport文が必要になります。

```
from scipy.stats import chi2
```

Pythonプログラム 22

```
#chi_square分布のグラフ
print('【χ2分布】')
#準備
import numpy as np
from scipy.stats import chi2
import matplotlib.pyplot as plt

#自由度の設定
df = 10

#描画の準備
fig = plt.figure()
ax = fig.add_subplot(1, 1, 1)

#χ2分布のグラフ
ax.set_ylim(0, 0.5)
(x1, x2) = (0, 30)
x = np.linspace(x1, x2, 101)
ax.plot(x, chi2.pdf(x, df),label='df='+str(df))
```

NumPy、SciPy、Matplotlibを使えるように準備（序-4節）

自由度をを変数名dfで表現

matplotlib利用の準備

χ^2分布のグラフ描画の設定。配列xには横軸の値(x1～x2)を100等分刻みでセット。分布の自由度はdfで与える

```
# 表示する
ax.legend()
plt.show()

#平均値と分散の算出
m, v = chi2.stats(df, moments='mv')
print('自由度＝', df)
print('平均値＝', np.round(m))
print('分散　＝', np.round(v))
```

グラフにラベルを付け、描画を実行

関数chi2.statsを用いて、平均値と分散の算出し、表示。公式からも求められる

計算結果

プログラムの実行結果を示します。正規分布のような左右対称のグラフにはなりません。また、自由度によって、形が大きく変わります。（プログラムで自由度を変更するには、変数dfの値を変えます。）

【χ2分布】

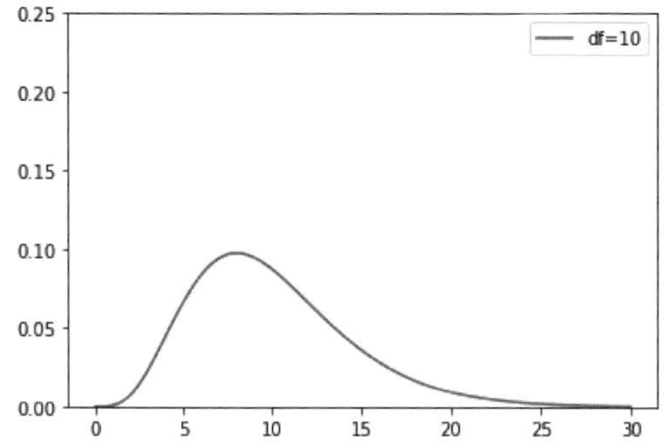


```
自由度＝ 10
平均値＝ 10.0
分散　＝ 20.0
```

【χ2分布】

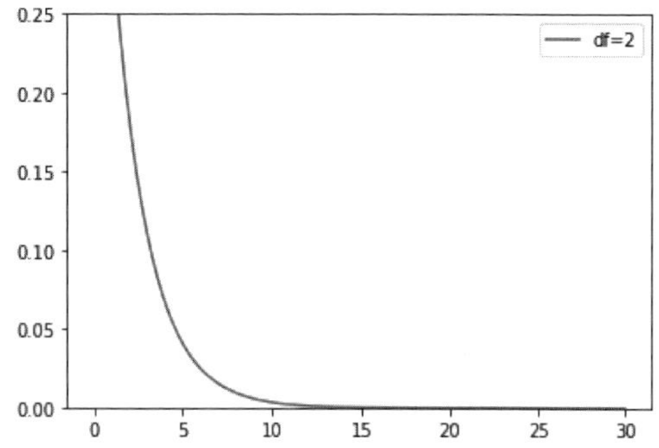


```
自由度＝ 2
平均値＝ 2.0
分散　＝ 4.0
```

Pythonレッスン　chi2.pdf関数

Pythonでχ^2分布のグラフを描くには、SciPyが提供する関数scipy.stats.chi2.pdfを利用するとよいでしょう。

この関数の書式は次の通りです。χ^2分布の確率密度関数の値を算出します。

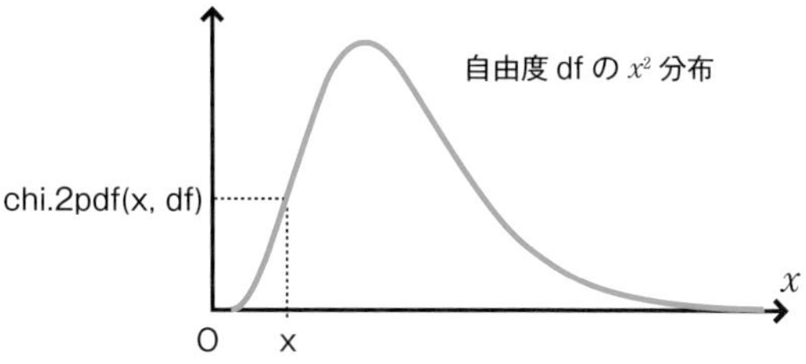


```
chi2.pdf(x, df)
```

xは数値または配列で、関数の定義域の値をセットします。パラメータdfはχ^2分布の自由度です。

参考 22　Python・Excel 二刀流

本節のテーマを Excel で実行するには、関数 CHI.DIST が便利です。χ^2 分布の確率密度関数の値を算出する関数です。下図のように利用できます。

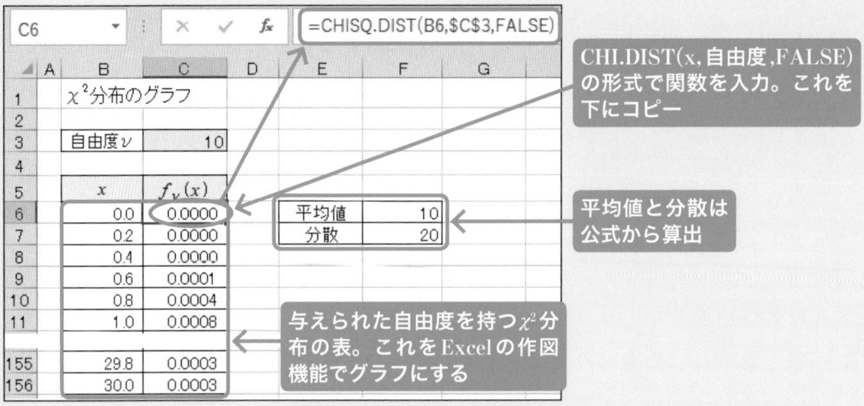

このワークシートからグラフを描きます (1-2 節) (下図左)。

χ^2 分布の形は自由度 ν の値だけで決まります。自由度 ν の値をいろいろ変え、グラフの変化を見てみましょう。

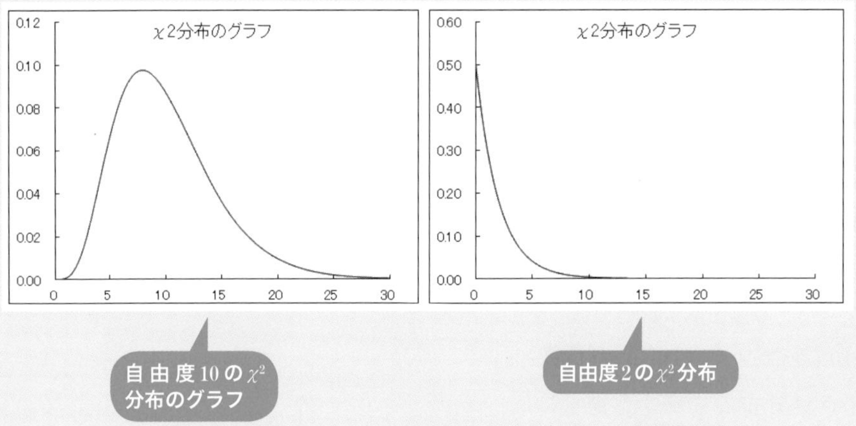

3-11 χ^2分布の 100p% の求め方 〜 chi2.ppf 関数が活躍

前節（3-10）で調べたように、χ^2 分布は分散を議論するときには不可欠な分布関数です。実際の応用ではその 100p%点が重要になります。特に、5% 点（$p = 0.05$ のとき）と 1%点（$p = 0.01$ のとき）はよく利用されます。3-8、3-9 節で調べた t 分布のときと同様、これら 5% 点と 1%点は自由度によって異なる値になることに注意しましょう。

（注）100p%点については、2-2 節を参照。

Python で χ^2 分布の 100p%点を求める

Python で χ^2 分布のパーセント点を求める方法として有名なのは、SciPy の提供する関数 scipy.stats.chi2.ppf を利用する方法です。書式は次の通りです。自由度を df として、

```
chi2.ppf(p, df)
```

この chi2.ppf を利用して、具体的にパーセント点を求めましょう。

実習 23　Python による統計分析

与えられた自由度に対する χ^2 分布の上側 5%点と下側 5%点を Python で求めてみよう。

SciPy の提供する関数 chi2.ppf を利用するには、次の import 文が必要です。

```
from scipy.stats import chi2
```

Python プログラム 23

```
#χ2分布のパーセント点を求める
print('【χ2分布の％点】')
#準備
import numpy as np
from scipy.stats import chi2

#パラメータの設定
df=10

#パーセント点の算出
```

（import numpy as np ／ from scipy.stats import chi2）NumPy、SciPy を使えるように準備（序-4節）

（df=10）χ^2 分布の自由度を設定

```
p = 0.05
x1 = chi2.ppf(p, df)
x2 = chi2.ppf(1 - p, df)

#パーセント点の表示
print('下側', int(100*p), '%点=', np.round(x1,3))
print('上側', int(100*p), '%点=', np.round(x2,3))
```

確率pを設定し、そのpに対する%点を算出

算出した%点を表示

計算結果

自由度 df = 10 について、プログラムの実行結果を示します。χ^2 分布の自由度を変えるには、プログラムの中の変数 df の値を変更します。パーセント点を算出するための確率を変えるには、このプログラムの中の変数 p の値を変更します。

```
【χ2分布の%点】
下側 5 %点= 3.94
上側 5 %点= 18.307
```

Pythonレッスン　chi2.ppf関数

Python で χ^2 分布のパーセント点を求めるのに、有名な SciPy の関数 chi2.ppf を利用することにします。プログラムでは次のように利用しています。

下側 p パーセント点：`x1 = chi2.ppf(p, df)`

上側 p パーセント点：`x2 = chi2.ppf(1 - p, df)`

この例からわかるように、この関数 chi2.ppf は下側パーセント点を求める関数です。

関数の使い方の意味を図示しましょう。

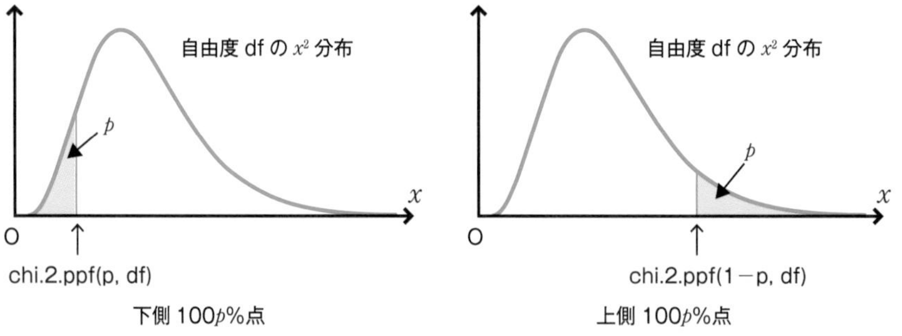

Pythonレッスン　roundとnp.round

四捨五入の関数の関数として、Python 標準関数の round と NumPy の提供する numpy.round が有名です。数値に対しては働きに大きな違いはなく、本書では混用しています。ただ、numpy.round は配列を引数に取れるので、数値列を一度に四捨五入する際には便利な関数です。

ライブラリ名	関数	機能
標準	round(x, n)	指定した位置以下を四捨五入。x は数値のみ
NumPy	numpy.round(x, n)	指定した位置以下を四捨五入。x に配列可

参考 23　Python・Excel 二刀流

本節のテーマを Excel で実行するには、関数 CHISQ.INV、CHISQ.INV.RT が便利です。これらの関数の意味を図に示しましょう。

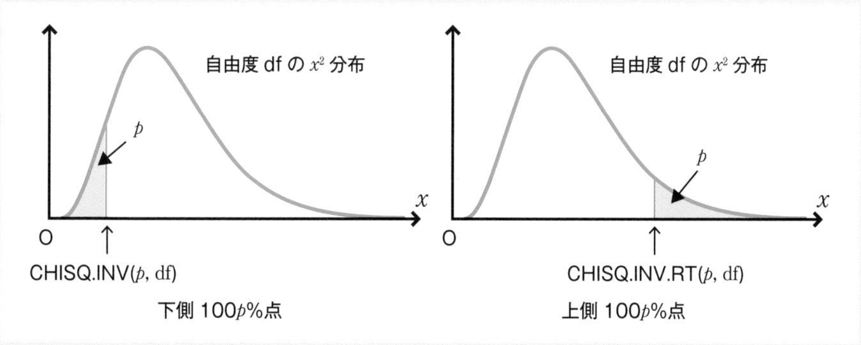

次の例は p に 0.05 を代入し、自由度 10 の χ^2 分布の下側 100p%点、上側 100p%点を求めています。

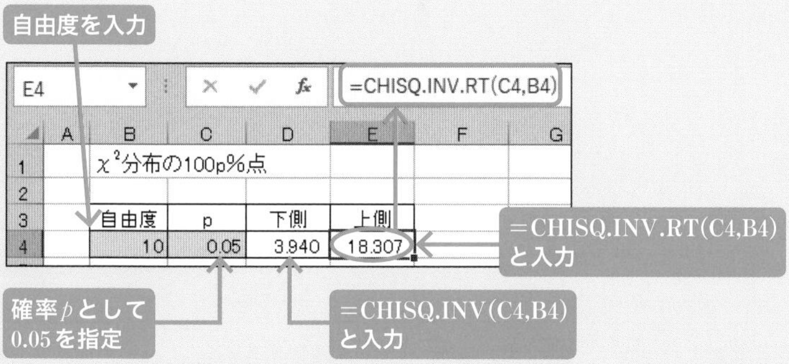

memo

χ^2 分布の命名者

χ^2 分布とは奇妙な名です。これは現代の統計学理論を築いた一人カール・ピアソン（1857～1936年）によって命名されました。他の分布と異なる命名をしたいために創作された記号と言われます。χ や 2 乗に数学的な意味はありません。

3-12 見てわかる F 分布 ～ 分散を分析するときの基本となる分布

後に調べる分散に関する推定や検定にしばしば登場するのが F 分布です。本節では、この分布について調べることにします。

F 分布

確率密度関数が次の形を持つとき、その分布を自由度 m、n の **F 分布**といいます。

$$f(x)=\frac{kx^{\frac{m}{2}-1}}{\left\{1+\left(\frac{m}{n}\right)x\right\}^{\frac{m+n}{2}}} \quad (m、nは自然数、kは定数、x>0) \quad \cdots (1)$$

(注) 定数 k の値は $k=\dfrac{\Gamma\left(\frac{m+n}{2}\right)\left(\frac{m}{n}\right)^{\frac{m}{2}}}{\Gamma\left(\frac{m}{2}\right)\Gamma\left(\frac{n}{2}\right)}$ 。ただし、Γ はガンマ関数を表します (次ページ〈memo〉参照)。

自由度 m、n の F 分布のグラフは次のようになります。

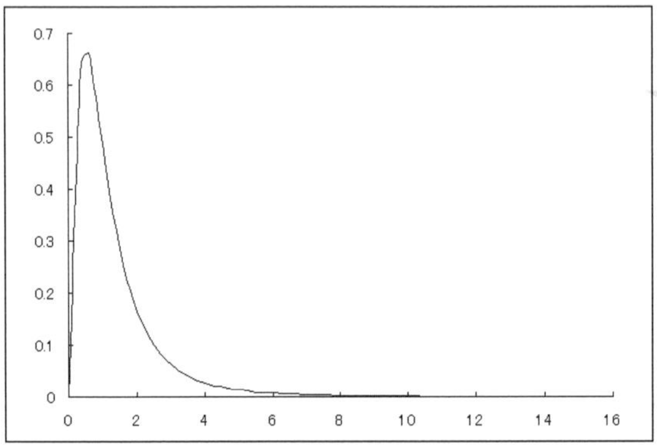

自由度 6, 7 の F 分布のグラフ

F 分布に従う確率変数 X の平均値 $E(X)$ と分散 $V(X)$ は次のように与えられます。

$$E(X)=\frac{n}{n-2}、V(X)=\frac{2n^2(m+n-2)}{m(n-2)^2(n-4)} \quad (n>4) \quad \cdots (2)$$

例で見てみよう

ある試行で得られる確率変数 X が正規分布 $N(\mu_1, \sigma_1{}^2)$ に従うとします。この試行を m 回繰り返し、得られた値を順に $X_1, X_2, \cdots, X_m$ とします。

これから次の値 $s_1{}^2$ を算出します (4 章で調べるように、「不偏分散」といいます)。

$$s_1{}^2 = \frac{(X_1-\overline{X})^2+(X_2-\overline{X})^2+\cdots+(X_m-\overline{X})^2}{m-1}$$

同様にして、正規分布 $N(\mu_2, \sigma_2{}^2)$ に従う確率変数 Y について、n 回の試行の結果、順に $Y_1, Y_2, \cdots, Y_n$ の値が得られたとします。これから次の値（すなわち「不偏分散」）$s_2{}^2$ を算出します。

$$s_2{}^2 = \frac{(Y_1-\overline{Y})^2+(Y_2-\overline{Y})^2+\cdots+(Y_n-\overline{Y})^2}{n-1}$$

このとき、次の比 F は自由度 $m-1$、$n-1$ の F 分布に従うことが知られています。

$$F = \frac{\dfrac{s_1{}^2}{\sigma_1{}^2}}{\dfrac{s_2{}^2}{\sigma_2{}^2}} = \frac{s_1{}^2\sigma_2{}^2}{s_2{}^2\sigma_1{}^2} \quad \cdots (3)$$

（注 1）(3) が F 分布に従うことは、6-8 節で確かめます。

（注 2）この $X_1, X_2, \cdots, X_m$ の組は、4 章以降で調べる「大きさ m の標本」になり、$\sigma_1{}^2$ は母分散になります。関係は下図のようにあらわされます。なお、図の中の言葉については、4 章で解説します。

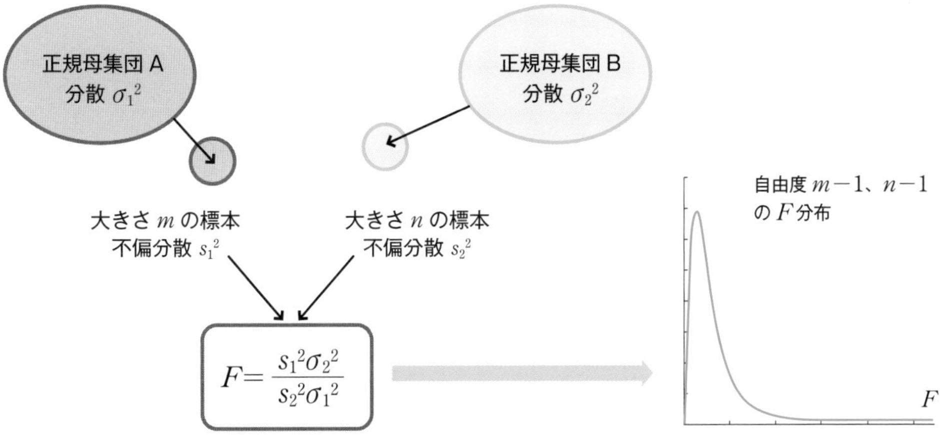

memo

ガンマ関数

(1) 式に含まれるガンマ関数 $\Gamma(x)$ は t 分布や χ^2 分布にも表れた関数です。これは x の階乗 $(x!)$ を一般化した関数で、次のように定義されます。

$$\Gamma(x) = \int_0^\infty e^{-t}t^{x-1}dt$$

数学的には大変興味深い関数ですが、統計学で実際にこの関数の知識が要求されることはまれです。「そんなもの」と認識していれば支障はありません。

実習 24 Pythonによる統計分析

自由度 m、n の F 分布のグラフを Python で描いてみよう。

F 分布の確率密度関数の値を求める関数として、SciPy が提供する関数 f.pdf を利用します。この関数を利用するには次の import 文が必要になります。

```
from scipy.stats import f
```

Pythonプログラム 24

```
#F分布のグラフ
print('【F分布】', end='')
#準備
import numpy as np
from scipy.stats import f
import matplotlib.pyplot as plt

#自由度の設定
(dfn, dfd) = (10, 7)
print('自由度=',dfn, ',', dfd)

#描画の準備
fig = plt.figure()
ax = fig.add_subplot(1, 1, 1)

# F分布のグラフ
ax.set_ylim(0, 1)
(x1, x2) = (0.001, 6)
x = np.linspace(x1, x2, 101)
ax.plot(x, f.pdf(x, dfn, dfd))

# 表示する
plt.show()
```

- 準備：NumPy、SciPy、Matplotlibを使えるように準備
- 自由度の設定：分布の自由度をdfn、dfdで与える。ここでは10と7を設定
- 描画の準備：matplotlib利用の準備の定型
- F分布のグラフ：F 分布のグラフ描画の設定。配列xには横軸の値(x1〜x2)を100等分刻みでセット
- 表示する：グラフ描画の実際

計算結果

プログラムの実行結果を示します。χ^2 分布のときと同様、左右対称にはなりません。

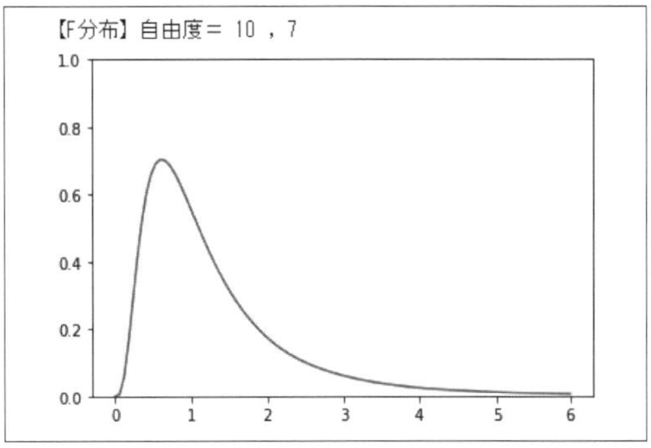

Pythonレッスン　f.pdf関数

Python で F 分布のグラフを描くには関数 f.pdf を利用するとよいでしょう。SciPy が提供する関数で、本プログラムでは次のように利用しています。

```
ax.plot(x, f.pdf(x, dfn=10, dfd=7))
```

関数 f.pdf の代表的な仕様は次の通りです。

```
f.pdf(x, dfn, dfd)
```

配列 x には関数の定義域の値を、パラメータ dfn、dfd には、先に調べた自由度 m、n を与えます。

(注) dfn、dfd というキーワードは、順序を間違えなければ不要です。pdf は probability density function の略です。

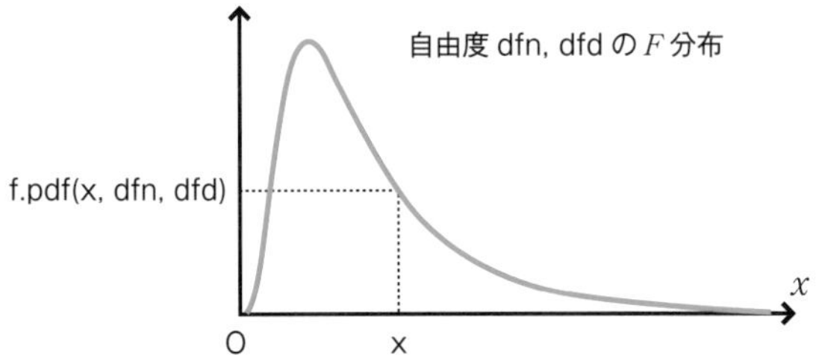

参考 24　Python・Excel 二刀流

本節のテーマを Excel で実行するには、関数 F.DIST が便利です。この関数を利用して関数の数表を作り、描画します（1-2 節）。Python のときと同様のグラフが描かれます。

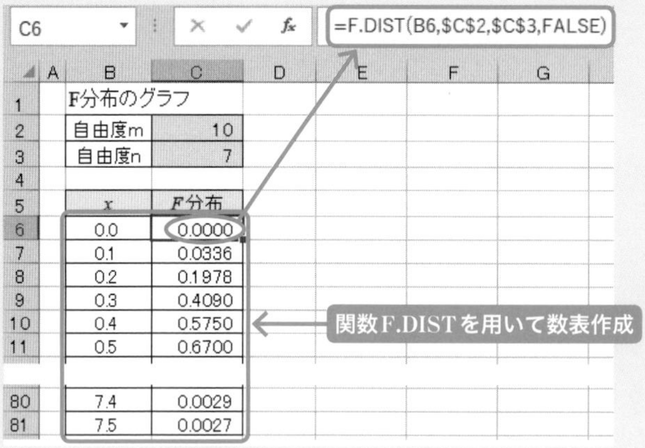

3-13 F 分布の 100p%点の求め方 ～ f.ppf 関数が活躍

分散を議論するときには不可欠な分布関数が F 分布ですが、実際の応用では 100p%点が重要になります。特に、5% 点 (p = 0.05 のとき) と 1%点 (p = 0.01 のとき) はよく利用されます。これらは自由度によって異なる値になることに注意しましょう。

(注) 100p%点については、2-2 節を参照。

Python で F 分布の 100p パーセント点を求める

Python で F 分布のパーセント点を求める方法として有名なのは、SciPy の提供する関数 scipy.stats.f.ppf を利用する方法です。書式は次の通りです。

`f.ppf(p, dfn, dfd)` (dfn、dfd は F 分布の自由度)

この `f.ppf` を利用して、具体的にパーセント点を求めましょう。

実習 25 Python による統計分析

与えられた自由度に対する F 分布の上側 5%点と下側 5%点を Python で求めてみよう。

SciPy の提供する関数 f.ppf を利用するには、次の import 文が必要です。

```
from scipy.stats import f
```

この import 文は F 分布の確率密度関数 f.pdf を利用するときと同じです (3-12 節)。

Pythonプログラム 25

```
#F分布のパーセント点
print('【F分布の100p%点】')
#準備
import numpy as np
from scipy.stats import f

#パラメータの設定
(dfn, dfd) = (10, 5)
print('自由度=', dfn, ',', dfd)
```

(import numpy as np / from scipy.stats import f：NumPy、SciPy を使えるように準備 (序-4 節))

((dfn, dfd) = (10, 5)：F 分布の自由度を設定)

```
#パーセント点の算出
p = 5/100
x1 = f.ppf(p, dfn, dfd)
x2 = f.ppf(1 - p,dfn, dfd)

#パーセント点の表示
print('下側', int(100*p), '%点=', np.round(x1,4))
print('上側', int(100*p), '%点=', np.round(x2,4))
```

確率pを設定し、そのpに対するパーセント点をf.ppf関数で算出

算出した%点を表示

計算結果

プログラムの実行結果を示します。*F* 分布の自由度を変えるには、プログラムの中の変数 dfn、dfd の値を変更します。パーセント点を算出するための確率を変えるには、このプログラムの中の変数 *p* の値を変更します。

```
【F分布の100p%点】
自由度= 10 , 5
下側 5 %点= 0.3007
上側 5 %点= 4.7351
```

Pythonレッスン **f.ppf関数**

Python で *F* 分布のパーセント点を求めるには SciPy の関数 f.ppf を利用すると便利です。本プログラムでは次のように利用しています。

自由度 dfn，dfd の *F* 分布の下側 *p* パーセント点：x1 = f.ppf(p, dfn, dfd)

自由度 dfn，dfd の *F* 分布の上側 *p* パーセント点：x2 = f.ppf(1 − p,dfn, dfd)

この例からわかるように、関数 f.ppf は下側のパーセント点を求める関数です。

関数の使い方を図示しましょう。

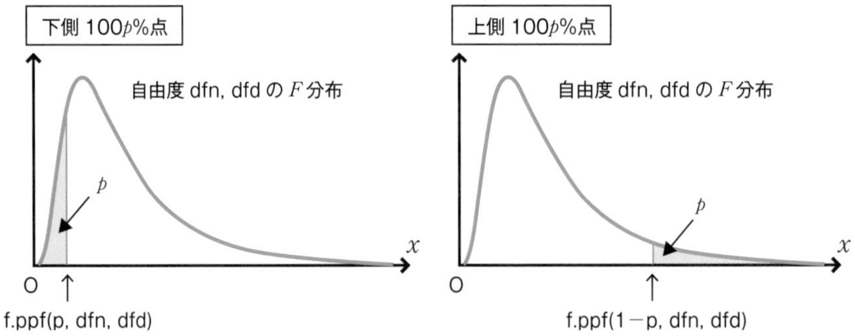

memo

F 分布の由来

F 分布は、その発案者フィッシャー（1890 年～ 1962 年）の名の頭文字に由来します。フィッシャーはイギリスの統計学者であり、生物学者です。生物学の様々な統計処理をする中で、分散分析という統計学的手法を編み出しましたが、その際に利用されたのがこの *F* 分布です。

参考 25 Python・Excel 二刀流

本節のテーマを Excel で実行するには、関数 F.INV、F.INV.RT が便利です。これらの関数の意味を図示しましょう。

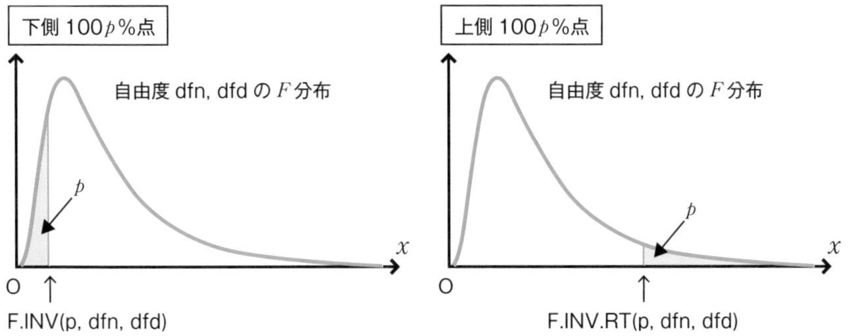

次の例は自由度 10, 5 の F 分布の上側 5%点と下側 5%点を求めています。

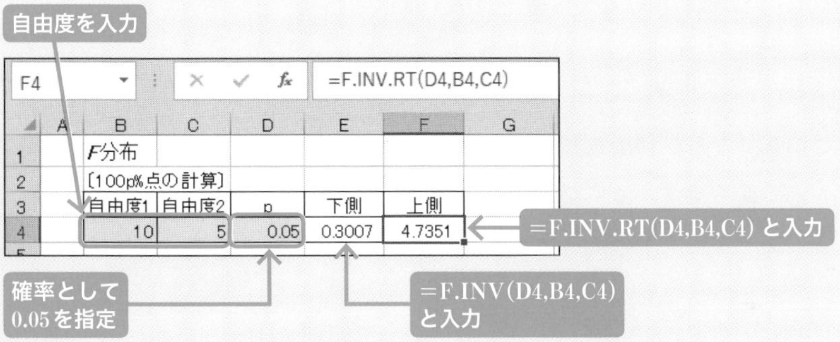

memo

legend 関数

Matplotlib でグラフを描くとき、ラベルを指定している個所があります。

(例) `ax.plot(k, binom.pmf(k, n, p),label=' binomial')`

これを実際に表示するには legend 関数を実行する必要があります。 現代日本語で「レジェンド」というと「伝説になるような偉大な人物」といった意味ですが、Python で使う legend は本来の英語の意味です。語源はラテン語の「読まれるべきもの」の意味で、それから派生して「伝説」「(地図などの) 凡例」「(さし絵の) 説明文」などの意となります。Python の legend はこの後の 2 つの意味に通じます。

寄り道

変数が 2 種ある場合の確率分布

1 章の「相関図」、「共分散」、「相関係数」を除いて、本書は変数の数を 1 種のみに限っています。ところで、データサイエンスの現場では、多種の変数を用いて資料を分析するのが一般的です。ここでは、2 種の変数で資料を分析する場合を調べてみましょう。

(注) 以下の式では数学の「行列」を用います。行列に不慣れな読者は、このページを読み飛ばしてください。

具体例として身長 x と体重 y からなる健康の資料を考えます。単純化するために x、y ともに次の正規分布に従うと仮定しましょう。

$$f_1(x) = \frac{1}{\sqrt{2\pi}\,\sigma_x} e^{-\frac{(x-\mu_x)^2}{2\sigma_x{}^2}}、\ f_2(y) = \frac{1}{\sqrt{2\pi}\,\sigma_y} e^{-\frac{(y-\mu_y)^2}{2\sigma_y{}^2}} \quad \cdots\cdots\cdots \quad \text{(i)}$$

添え字 x、y は順に身長 x と体重 y に関するものを表します。また、μ、σ は順に各変数の平均値と標準偏差を表します。

さて、身長 x と体重 y を同時に表す確率分布はどのような形になるか、調べてみましょう。

簡単に、式 (i) から次の積になるとも考えられます。

$$f_1(x) \cdot f_2(y) = \frac{1}{\sqrt{2\pi}\,\sigma_x} e^{-\frac{(x-\mu_x)^2}{2\sigma_x{}^2}} \frac{1}{\sqrt{2\pi}\,\sigma_y} e^{-\frac{(x-\mu_y)^2}{2\sigma_y{}^2}}$$

しかし、この単純な形が利用されることは稀です。というのも、身長 x と体重 y には相関 (1-7 節) があるからです。そこで、相関を加味した次の関数を、2 種の確率変数の確率分布と考えるのが一般的です。これを、x と y に関する**多変量正規分布**と呼びます。

$$f(x,\ y) \frac{1}{(\sqrt{2\pi})^2 \sqrt{|\Sigma|}} e^{-\frac{1}{2}D^2}$$

Σ は x、y の分散共分散行列、$|\Sigma|$ はその行列式で、次のように表せます。

$$\Sigma = \begin{pmatrix} \sigma_x{}^2 & \sigma_{xy} \\ \sigma_{xy} & \sigma_y{}^2 \end{pmatrix}、\ |\Sigma| = \sigma_x{}^2\sigma_y{}^2 - \sigma_{xy}{}^2 \ (\sigma_{xy}\text{ は } x\text{、}y\text{ の相関係数})$$

また、D^2 は次のように定義され、**マハラノビスの距離**と呼ばれます。

$$D^2 = (x-\mu_x,\ y-\mu_y) \begin{pmatrix} \sigma_x{}^2 & \sigma_{xy} \\ \sigma_{xy} & \sigma_y{}^2 \end{pmatrix}^{-1} \begin{pmatrix} x-\mu_x \\ y-\mu_y \end{pmatrix}$$

マハラノビスの距離 D^2 は、(x, y) の値が平均値を表す点 (μ_x, μ_y) からどれだけ離れているかを、相関を加味して表現しています。

第4章

Pythonでわかる母集団と標本の関係

いよいよ統計学の本論に入ります。その入り口として重要なのは母集団と標本の関係です。これらについて詳しく調べることにします。

4-1 母集団と標本抽出 ～標本変動の理解が推定・検定の基本

ここでは、統計学の基本となる母集団と標本の関係を調べることにします。これらは推定、検定の理論を理解するのに必須な知識です。そして、標本から得られる統計量が確率的に揺らぐことを理解することが、推定、検定の理論を理解する第一歩となります。

標本調査と推測統計学

日本在住の20歳男子の平均身長を調べる方法を考えてみましょう。それには二つの方法が考えられます。一つは、全員のデータを集め、それから平均身長を求める方法です。これを全数調査といいます。この**全数調査**は、残念ながら、多くの場合は実現不可能です。

もう一つの方法は、日本在住の20歳男子全体から無作為に少数を取り出し調査します。これを**標本調査**といいます。現実的な調査方法です。この標本調査をもとに、確率論の考え方を使って全体の平均身長を推定する方法を**推測統計学**と呼びます。本書の大きな目的は、この推測統計学の理解です。

母集団と標本

日本在住の20歳男子の平均身長を調べる話を続けます。日本在住の20歳男子の身長データの集まり(すなわち集合)をUとしましょう。この集合Uは、調べようとしている平均身長の元になる集合で**母集団**といいます。そして、この母集団に含まれる成人一人一人の身長を、その母集団の**要素**といいます。

さて、推測統計学は、母集団から一部を無作為に取り出し、その取り出した一部から母集団についての情報を得るという手法をとります。このように、母集団から一部を無作為に取り出すことを**抽出**といい、得られたその一部を**標本**(または**サンプル**)といいます。また、その標本に含まれる要素の数を**標本の大きさ**といいます。

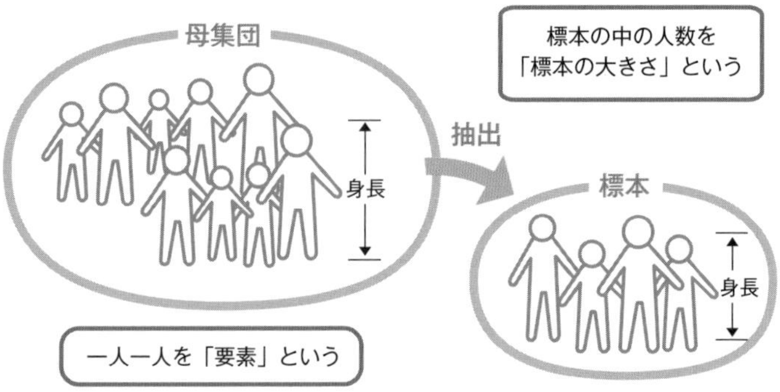

標本の抽出

母集団から標本を取り出す際に大切なことは、「無作為に」ということです。無作為に取り出すことで、確率理論が使えるからです。つまり、母集団と標本とを確率の糸でつなげるのです。このような標本の取り出し方を**無作為抽出**(random sampling)といいます。

(注)「無作為に」を「ランダムに」とカタカナ英語で表現することもあります。

統計学の世界では、何も断りがなければ「抽出」というときには無作為抽出を、「標本」というときには無作為に抽出された標本を指します。

標本を無作為に抽出することで、統計分析に確率論を応用することができる

母集団分布

さて、もう一度日本在住の20歳男子の平均身長を求めることを考えてみましょう。

まず、20歳男子の個々人の身長をXとします。20歳男子一人を無作為に選び出し身長を測定すると、その個人ごとにXの値は変化します。すなわち、身長Xは確率変数とみなせるのです。

確率変数Xには確率分布が考えられます(2-2節)。母集団において、この確率変数Xが従う分布を**母集団分布**といいます。

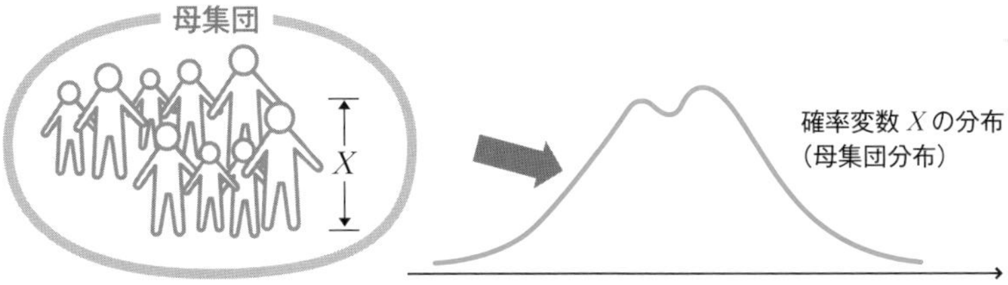

母集団が従う分布が母集団分布

母集団分布の性質は平均値や分散、モード、中央値などの特別な値によって特徴づけられます。このように母集団分布を特徴づける値を**母数**(**パラメータ**)といいます。特に、母集団の平均値と分散を、順に**母平均**、**母分散**と呼びます。

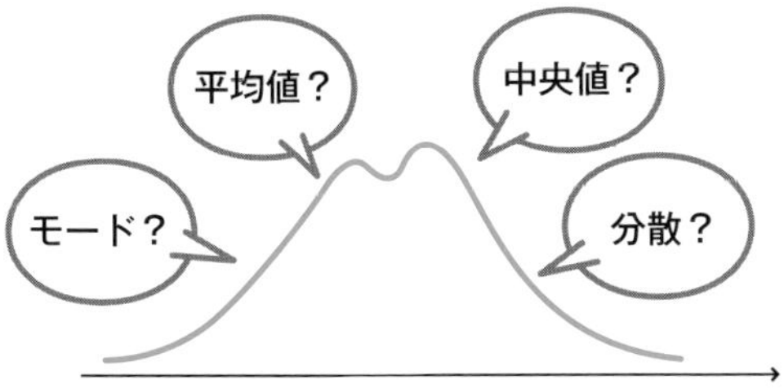

確率変数 X の分布（母集団分布）

母集団分布を特徴づけるのが母数

正規母集団

調査したいデータ全体の集まりが母集団ですが、そのデータの分布が正規分布に従うとき、その母集団を**正規母集団**といいます。

例えば、ある工場で一定の規格にしたがって大量生産される製品の「重さ」は正規分布に従うのが普通です。このとき、製品全体の「重さ」の集まりが正規母集団になります。また、例として取り上げてきた日本在住の20歳男子の身長は近似的に正規分布に従うので、この母集団も正規母集団として扱えます。

統計量と標本分布

日本在住の20歳男子の身長の母集団から大きさnの標本を抽出してみましょう。得られた順に$X_1, X_2, \cdots, X_n$と書き並べると、先に調べたように各$X_1, X_2, \cdots, X_n$は確率変数です。ここで次の式を調べてみます。

$$\overline{X} = \frac{X_1 + X_2 + \cdots + X_n}{n} \quad \cdots \ (1)$$

これを**標本平均**と呼びます。この標本平均は抽出した標本ごとに値を変えます。すなわち、確率変数とみなせるのです。この標本平均のように、標本ごとに値が決まる確率変数を**統計量**といいます。

統計量は確率変数です。そこで、その確率分布が考えられます。この分布をその確率変数の**標本分布**といいます。式(1)でいうと、標本平均$\overline{X}$は確率変数ですが、その標本分布が考えられます。

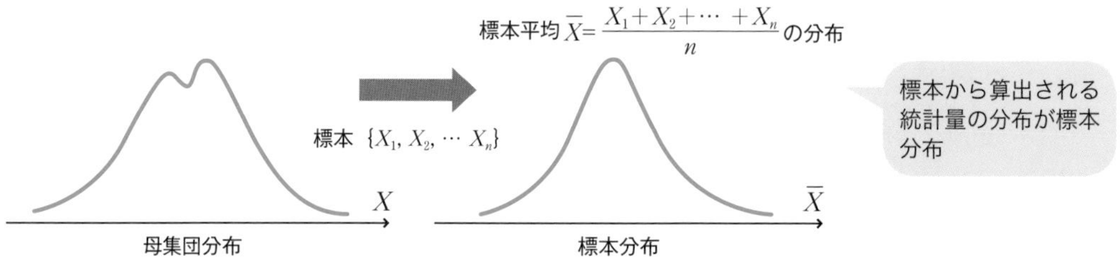

「統計量」の例としては標本平均$\overline{X}$以外にも、分散やモード(最頻値)などが挙げられます。

推定量と推定値

標本から得られる標本平均や分散などの統計量は確率変数であり、母数の推定に使われます。例えば、標本平均は母平均を推定する際に使われる統計量です。そのため、これらの統計量は母数の**推定量**と呼ばれます。

また、標本が得られれば母数の推定量の値を具体的に算出できますが、その値を母数の**推定値**といいます。次の図でいうなら、170.0が「母平均」の「推定値」となります。

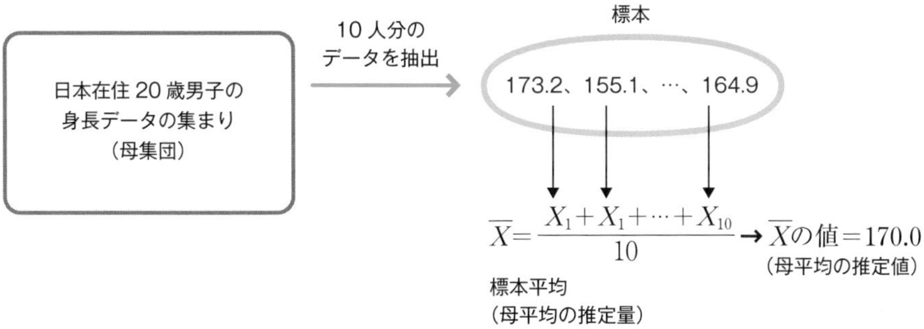

例 不偏分散は母分散の推定量

不偏分散とは標本 $X_1, X_2, \cdots, X_n$ に対して次のように定義される確率変数です。この分散は母分散の推定量となります。

$$s^2=\frac{(X_1-\overline{X})^2+(X_2-\overline{X})^2+\cdots+(X_n-\overline{X})^2}{n-1}$$

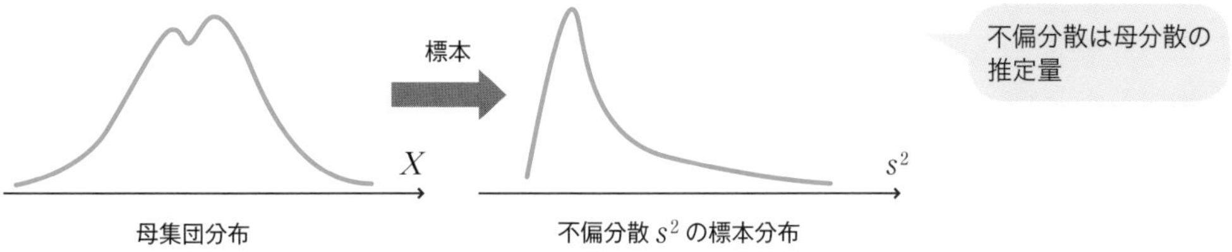

memo

復元抽出と非復元抽出

母集団から標本を抽出するには、二つの方法があります。復元抽出と非復元抽出です。

「復元抽出」は、母集団から要素を1個取り出してその値を調べ、調べ終わったらもとに戻す、という抽出法です。したがって、この抽出法では、母集団から同じ要素が重複して取り出される可能性があります。

これに対して、「非復元抽出」は母集団から要素を1個取り出してその値を調べ、調べ終わったなら元に戻さない、という抽出法です。したがって、同じ要素が重複して取り出される可能性はありませんが、抽出の独立性が損なわれます。

母集団の大きさが大きいとき、同じ要素が重複して取り出される可能性は無視できます。そこで、復元抽出と非復元抽出の違いは無視できるようになります。推測統計学が必要となる大きな母集団においては、これら二者の抽出法の違いを問題にする必要が生じることはまれです。

実習 26 Pythonによる統計分析

Pythonを利用して母集団、標本、抽出、推定量、推定値という言葉を理解することにする。そのために、母平均 μ が170.0、母分散 σ^2 が 8.0^2 の母集団から、大きさ9の「標本」を「抽出」する。このとき、母平均の「推定量」である標本平均の値(すなわち「推定値」)を求めてみよう。ただし、母集団は正規分布に従う、すなわち正規母集団と仮定する。

以下のプログラムは、Pythonで統計学学習をシミュレーションするための基本となります。簡単に「標本抽出」ができることを確認してください。

Pythonプログラム 26

```
#母集団から標本を抽出するシミュレーション
print('【標本抽出と標本平均】')
#準備
import numpy as np
from scipy.stats import norm

#標本抽出(9人を抽出)
(mu, sigma) =(170, 8)    #母集団分布を定義
ss=9      #sample size
x = norm.rvs(loc=mu, scale=sigma, size=ss)
print('標本：', np.round(x, decimals=1))

#標本平均の算出
m = np.mean(x)
print('標本平均＝', np.round(m, 1))
```

NumPy、SciPyを使えるように準備(序-4節)

題意の正規分布に従う母集団から、9人の身長を抽出。それを配列xにセットし表示

標本(9人の身長)の平均値を算出し表示

計算結果

プログラムの実行結果を示します。

```
【標本抽出と標本平均】
標本： [177.1 173.4 182.5 179.6 161.5 170.5 155.3 174.5 160.9]
標本平均= 170.6
```

何回も実行を繰り返し、新たに取り出された標本について、その平均値が母平均170.0の周りを揺らぐことを確認しましょう。この現象を**標本誤差**といいます。

```
【標本抽出と標本平均】
標本： [164.2 173.5 167.4 157.7 169.4 166.9 176.3 165.  179. ]
標本平均= 168.8
```

Pythonレッスン **scipy.stats.norm.rvs関数で正規母集団からの抽出**

「母平均μは170.0cm、母分散σ^2は8.0^2とする正規母集団」があるとき、その母集団から標本の要素を9個抽出するシミュレーションは次のように記述できます。

```
(mu, sigma) =(170, 8)
x = norm.rvs(loc=mu, scale=sigma, size=9)
```

（注）パラメータ名を表す loc scale, size は、順序を守る限り、省略可です。rvs は random variables の略。

統計学のシミュレーションを行う際の基本技法となるので、ここで確認してください。

なお、size に設定するものは数である必要はありません。配列やタプルも許されます。このことが標本抽出のプログラミングを更に容易にしてくれます。

（例）`norm.rvs(loc=170.0, scale=8.0, size=(100, 9))`

参考 26 Python・Excel 二刀流

本節のテーマを Excel で実行するには、関数 NORM.INV と関数 RAND を組み合わせます。「母平均μが 170.0、母分散σ^2が8.0^2の正規分布」から標本の要素1個を取り出すには、次のように利用します。

NORM.INV(RAND(),170.0,8.0)

RAND() は 0 以上 1 未満の乱数を発生する関数です（3-1 節）。この RAND() と NORM.INV の組み合わせが、Excel で統計学学習のシミュレーションの基本になります。

本節の例では標本の大きさが 9 なので、抽出した標本と標本平均は次のように求められます。

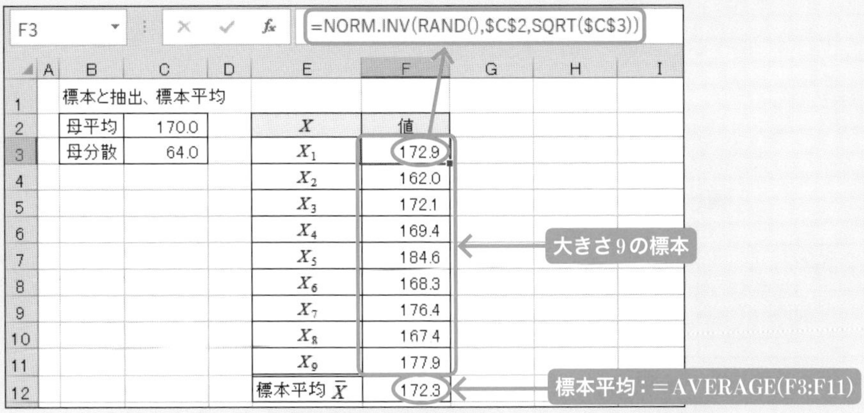

4-2 不偏性と不偏分散 ～実用的だが難しい自由度の考え方

推定や検定で利用される不偏分散について調べることにします。「不偏性」とは「偏らない性質」という意味ですが、それがどのような意味かを了解してください。

分散の復習

n 個のデータ $x_1, x_2, \cdots, x_n$ が得られたとき、分散は1章で次のように求められました。

$$\frac{(x_1-\overline{x})^2+(x_2-\overline{x})^2+\cdots+(x_n-\overline{x})^2}{n} \quad \cdots (1)$$

分散は平均値からのバラツキを示す目安で、統計学では非常に重要な指標です。

母集団の分散（すなわち**母分散**）はこの(1)式から算出します。母分散を σ^2 とすると、

$$\sigma^2=\frac{(x_1-\mu)^2+(x_2-\mu)^2+\cdots+(x_N-\mu)^2}{N} \quad (N\text{は母集団の大きさ、}\mu\text{は母平均})$$

母集団から抽出した大きさ n の標本 $\{X_1, X_2, \cdots, X_n\}$ の分散はどう算出すればよいでしょうか？

単純に考えれば(1)式を利用すればよいはずです。この(1)式から求めた分散を**標本分散**といい、標本を考えているときには、通常大文字の S を利用して S^2 で表します。

$$S^2=\frac{(X_1-\overline{X})^2+(X_2-\overline{X})^2+\cdots+(X_n-\overline{X})^2}{n} \quad \cdots (2)$$

不偏性と不偏分散

しかし、標本の分散に(2)を利用すると問題が生まれます。**不偏性**が保障されないのです。

この不偏性の意味について調べてみましょう。

得られた標本によって、分散の値は異なります（これが標本変動）。そこで、仮にすべての標本について得られた分散について、それらの平均値を求めたとしましょう。その値は母分散と一致することが望まれます。この一致性を分散の「不偏性」というのです。

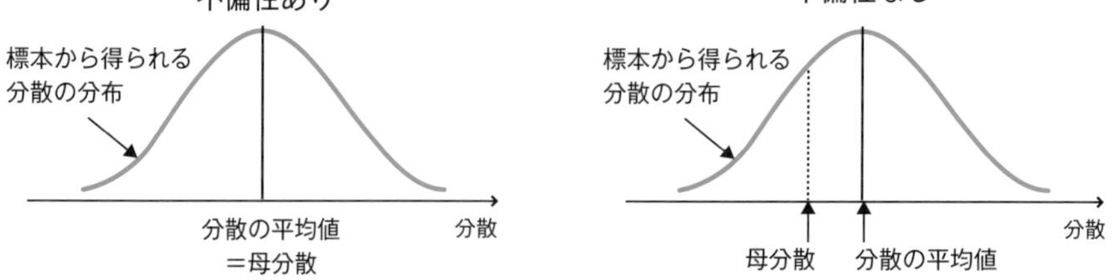

(2)から求めた標本分散は不偏性が破れてしまうことが知られています（本節末〈memo〉参照）。そこで、標本については、(2)に代わって、次の分散を用います。

$$s^2=\frac{(X_1-\overline{X})^2+(X_2-\overline{X})^2+\cdots+(X_n-\overline{X})^2}{n-1}\quad\cdots\ (3)$$

この(3)で得られる分散を**不偏分散**といいます。推定や検定では、分散にこの不偏分散が利用されます。本書では、これ以降、(3)式のように小文字の s を利用して、s^2 で表します。

(注) 本書では、不偏分散から得られる標準偏差（＝不偏分散の正の平方根）を**不偏標準偏差**と呼びます。

実習 27 Pythonによる統計分析

平均値170.0、分散 4^2 の身長データを正規母集団とみなす。ここから4人の標本を抽出し、(2)、(3)式を利用した2種の分散の値を算出する。

この4人の標本を1000個抽出し、各標本について2種の分散を求め、平均値を計算してみよう。そして、式(3)から得られる分散（不偏分散）が不偏性を有することを確かめてみよう。

統計学の基本を理解するには、母集団の真の値から「偏らない性質」という意味の不偏性という言葉を理解する必要があります。この理解にはPythonのシミュレーションが最適です。

Pythonプログラム 27

```
#不偏分散のシミュレーション
print('【不偏性と不偏分散】')
#準備
import numpy as np
from scipy.stats import norm

#母集団分布を定義
(mu, sigma ) = (170, 4)

#標本の大きさssと抽出回数neを定義
ss = 4      #sample size=4
ne = 1000

#標本抽出（4人の身長を1000セット抽出）
x = norm.rvs(mu, sigma, size=(ne,ss))

#標本分散と不偏分散の算出
var0 = np.array(
    [np.var(x[i],ddof=0) for i in range(1000)])   #標本分散をne個算出
var1 = np.array(
```

NumPy、SciPy、Matplotlibを使えるように準備

母平均をmu、母標準偏差をdigmaとする

シミュレーションの設定

シミュレーション実行。正規母集団を仮定。結果は配列xに格納

```
    [np.var(x[i],ddof=1) for i in range(1000)])    #不偏分散をne個算出

#標本分散と不偏分散を最初の7個だけ表示
for i in range(1000):
   if i < 7:
     print('標本',i + 1,'：',np.round(x[i], 1), end = '')
     print('　標本分散＝',np.round(var0[i], 1), end = '')
     print('、不偏分散＝',np.round(var1[i], 1))
print(' … … … … … …')

#標本分散と不偏分散の平均値を算出
var0_mean = np.mean(var0)
var1_mean = np.mean(var1)

#標本分散と不偏分散の平均値の表示
print('　　母分散　　＝',np.round(sigma**2, 1))
print('標本分散の平均＝',np.round(var0_mean, 1))
print('不偏分散の平均＝',np.round(var1_mean, 1))
```

シミュレーションの意味を最初の7個だけ例示

ne個ある標本分散と不偏分散について、それらの平均値を求める

ne個の標本分散と不偏分散について、その平均値を表示

計算結果

プログラムの実行結果を示します。不偏分散が標本分散よりも母分散（＝16）をよく近似することがわかります。何度も再計算し、この「不偏性」の意味を了解してください。

```
【不偏性と不偏分散】
標本 1 ： [170.9 163.8 168.7 173.9]  標本分散＝ 13.6、不偏分散＝ 18.2
標本 2 ： [173.3 168.  167.5 167.7]  標本分散＝ 5.9、不偏分散＝ 7.9
標本 3 ： [178.9 179.4 169.1 168.3]  標本分散＝ 27.4、不偏分散＝ 36.5
標本 4 ： [170.3 163.1 176.9 173.5]  標本分散＝ 25.7、不偏分散＝ 34.3
標本 5 ： [168.4 167.  174.1 166. ]  標本分散＝ 9.8、不偏分散＝ 13.1
標本 6 ： [168.6 162.9 174.1 166.1]  標本分散＝ 16.9、不偏分散＝ 22.5
標本 7 ： [176.1 170.6 164.9 176.8]  標本分散＝ 23.1、不偏分散＝ 30.8
 … … … … … …
   母分散    ＝ 16
標本分散の平均＝ 11.9
不偏分散の平均＝ 15.8
```

Pythonレッスン　分散のパラメータddof

本プログラムでは、分散を求めるのに、NumPyの関数varを利用しました。そのパラメータとしてddofというものがあり、それを利用して標本分散と不偏分散とを区別しています。

標本分散：var(x, ddof=0)

不偏分散：var(x, ddof=1)

配列xには標本データがセットされているとします。

（注）ddofはData Degrees of Freedomの略。

参考 27　Python・Excel二刀流

本節のテーマをExcelで実行するには、前節で調べた関数NORM.INVと関数RANDの組み合わせを利用します（4-1節）。そして、得られた大きさ4の標本について、標本分散と不偏分散を算出します。それには次の関数を用います。

標本分散	不偏分散
VAR.P(セル範囲)	VAR.S(セル範囲)

（注）Pはpopulation、Sはsampleの頭文字

標本を1000個作成し、標本分散と不偏分散の平均を求めてみましょう（下図では、標本分散が12.1、不偏分散が16.1）。不偏分散が標本分散よりも母分散（= 16.0）をよく近似することがわかります。

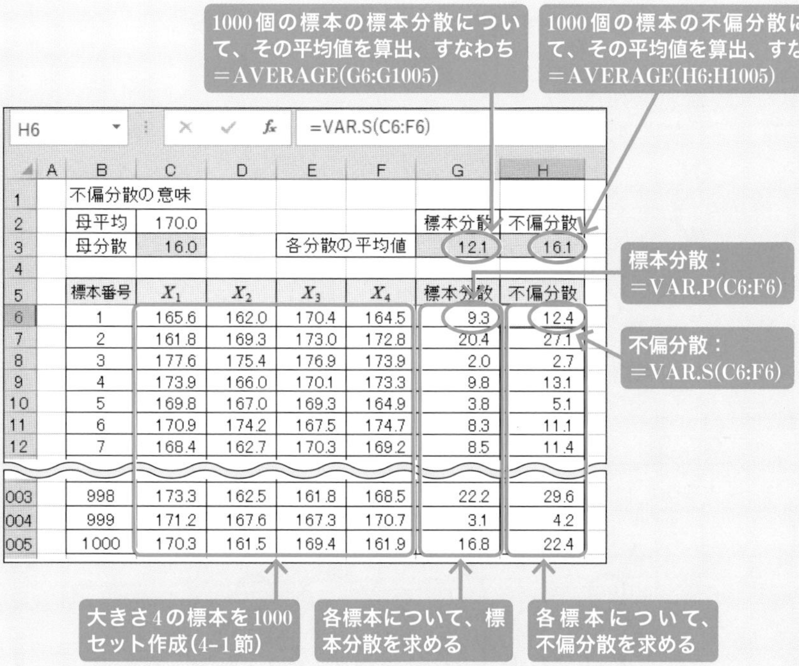

	A	B	C	D	E	F	G	H
1		不偏分散の意味						
2		母平均	170.0				標本分散	不偏分散
3		母分散	16.0		各分散の平均値		12.1	16.1
4								
5		標本番号	X_1	X_2	X_3	X_4	標本分散	不偏分散
6		1	165.6	162.0	170.4	164.5	9.3	12.4
7		2	161.8	169.3	173.0	172.8	20.4	27.1
8		3	177.6	175.4	176.9	173.9	2.0	2.7
9		4	173.9	166.0	170.1	173.3	9.8	13.1
10		5	169.8	167.0	169.3	164.9	3.8	5.1
11		6	170.9	174.2	167.5	174.7	8.3	11.1
12		7	168.4	162.7	170.3	169.2	8.5	11.4
003		998	173.3	162.5	161.8	168.5	22.2	29.6
004		999	171.2	167.6	167.3	170.7	3.1	4.2
005		1000	170.3	161.5	169.4	161.9	16.8	22.4

memo

不偏推定量と自由度

母集団から抽出した大きさ n の標本を $\{X_1, X_2, \cdots, X_n\}$ とすると、各確率変数 $X_1, X_2, \cdots, X_n$ はお互いに制約は無く、母集団において自由な値をとることができます。したがって、$X_1, X_2, \cdots, X_n$ の自由度は n だと考えられます。それでは次に、

$$X_n-\overline{X} \quad (i=1, 2, \cdots, n)$$

の n 個の確率変数を考えてみましょう。ここで、$\overline{X}$ は標本平均です。

平均値の定義式から次の式が得られます。

$$(X_1-\overline{X})+(X_2-\overline{X})+\cdots+(X_n-\overline{X})=0 \quad \cdots (*)$$

n 個の自由度を持った $X_1, X_2, \cdots, X_n$ ですが、それらから $\overline{X}$ を引くと、条件 $(*)$ が付いた分自由が利かなくなるのです。自由度が低下した分、$X_1-\overline{X}, X_2-\overline{X}, \cdots, X_n-\overline{X}$ の動ける範囲は小さくなってしまい、(2), (3) の分子の値も小さくなります。その小さくなった分子を n で割ると、分散は本来の値よりも小さく求められることになります。したがって、自由度を補正して $n-1$ で割るのです。こうすることで、分散 s^2 の不偏性が確保できるのです。

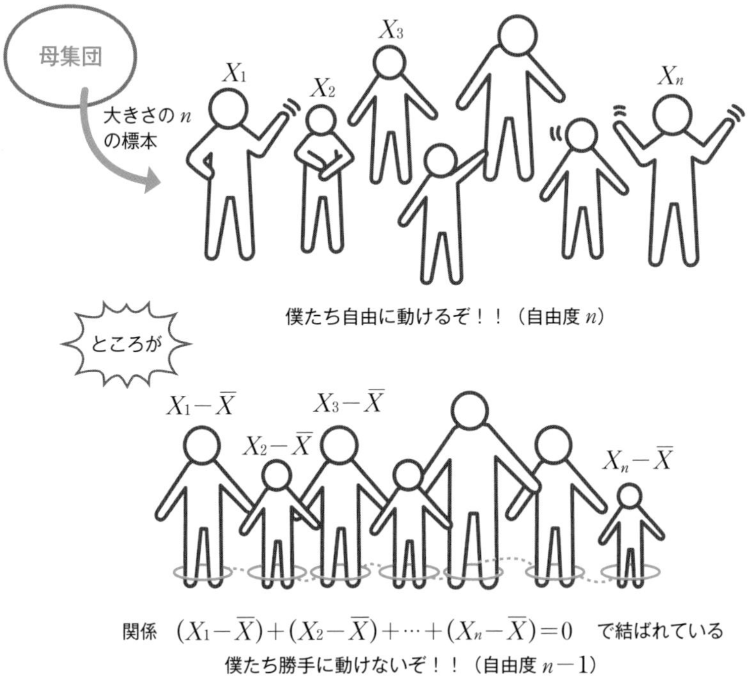

4-3 中心極限定理 ～すべてが正規分布に帰着するという実用的な定理

母集団分布がどうであっても、母集団から抽出して得られる標本平均の分布には共通の性質があります。それは、母集団から得た標本平均の分布は、標本の大きさがある程度大きければ、正規分布で近似できるという性質です。このことについて調べてみることにしましょう。

標本平均の分布と正規分布

いま、1個のサイコロを何回も投げ、得られる目Xからなる母集団を考えましょう。すなわち、1から6までの数が無限に集められた母集団を考えます。

この母集団では、目Xの確率分布（すなわち母集団分布）は次のようになります。

目(X)	p
1	1/6
2	1/6
3	1/6
4	1/6
5	1/6
6	1/6

サイコロ1個を何回も振ったとき、得られる目からなる母集団の分布

このとき、この母集団の母平均μと母分散σ^2は次のようになります（2-3節）。

$$母平均\ \mu = \frac{7}{2} = 3.5、母分散\ \sigma^2 = \frac{35}{12} = 2.917 \quad \cdots (1)$$

さて、この母集団から3個の数を選び出し、大きさ3の標本を抽出します。そして、標本平均$\overline{X}$を求めてみます。

$$\overline{X} = \frac{X_1 + X_2 + X_3}{3}$$

この標本平均の分布を調べてみましょう。簡単な計算から右の表のように求められます。

標本平均$\overline{X}$	p
1	0.0046
4/3	0.0139
5/3	0.0278
2	0.0463
7/3	0.0694
8/3	0.0972
3	0.1157
10/3	0.1250
11/3	0.1250
4	0.1157
13/3	0.0972
14/3	0.0694
5	0.0463
16/3	0.0278
17/3	0.0139
6	0.0046
計	1

この表から「標本平均$\overline{X}$の平均値」と「標本平均$\overline{X}$の分散」を求めてみましょう（2-3節）。

標本平均の平均値＝3.5、標本平均の分散＝0.972　… (2)

(1)、(2)を見比べると、次の関係が見えます。

標本平均$\overline{X}$の平均値＝母平均（＝3.5）

$$標本平均\ \overline{X}\ の分散 = \frac{母分散}{3}\ (= 0.972)$$

「標本平均の平均値は母平均に等しい」、「標本平均の分散は母分散を標本の大きさで割ったもの」という関係が見て取れます。

次に、前ページに掲載した標本平均 $\overline{X}$ の確率分布の表をグラフに描いてみましょう。

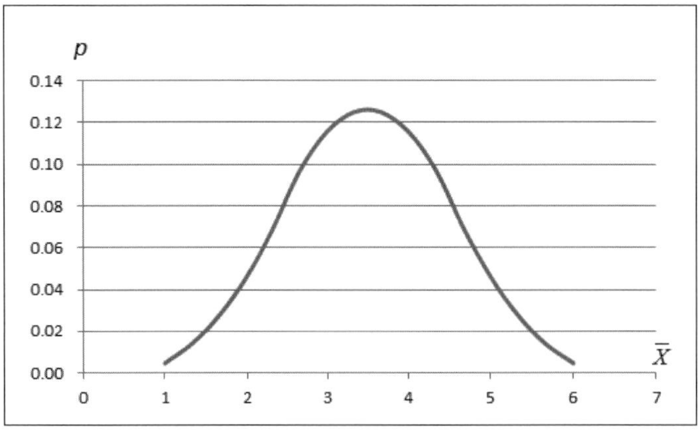

標本平均 $\overline{X}$ の分布は正規分布で近似されるのが予想できる

「標本平均 $\overline{X}$ の分布は正規分布で近似される」という関係が見て取れます。

以上の予想は一般的に成立し、次の**中心極限定理**としてまとめられます。

> 平均 μ、分散 σ^2 の母集団から大きさ n の標本を抽出し、標本平均を $\overline{X}$ とするとき、
>
> (ⅰ) $\overline{X}$ の平均値は μ、分散は $\dfrac{\sigma^2}{n}$（標準偏差は $\dfrac{\sigma}{\sqrt{n}}$）になる。
>
> (ⅱ) n が大きければ、$\overline{X}$ の分布は正規分布で近似できる。

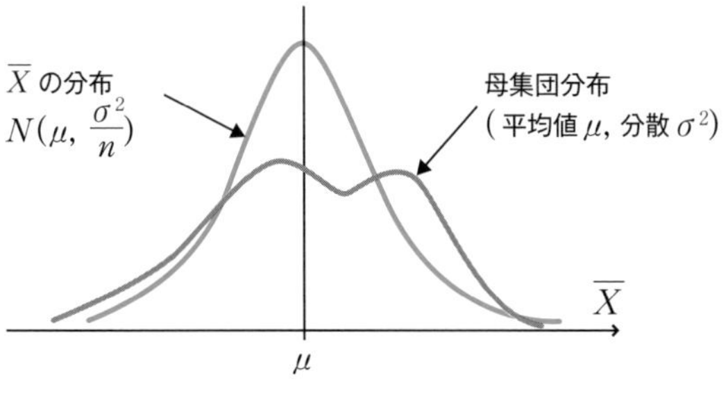

母集団分布が正規分布でないときでも、n の値が大きければ、$\overline{X}$ の分布は平均値 μ、分散 $\dfrac{\sigma^2}{n}$ の正規分布で近似できる

特に、母集団の分布が正規分布であれば、n の値によらず $\overline{X}$ の分布は正規分布になります。これが正規母集団を仮定して分析する際の便利な性質の一つです。

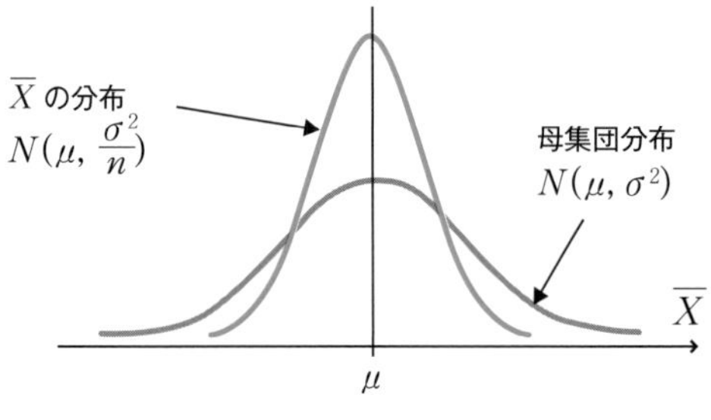

正規母集団のとき、標本の大きさにかかわらず、標本平均 $\overline{X}$ の分布は平均値 μ、分散 $\dfrac{\sigma^2}{n}$ の正規分布となる

実習 28 Pythonによる統計分析

理想的なサイコロを多数回振ると、その結果は母平均$\mu=\frac{7}{2}$、母分散$\sigma^2=\frac{35}{12}$の母集団を作ると考えられる。この母集団から標本として8個を抽出し、その標本平均$\overline{X}$を調べる。このとき、中心極限定理(ⅰ)にある「$\overline{X}$は平均値がμ、分散$\frac{\sigma^2}{8}$(標準偏差は$\frac{\sigma}{\sqrt{8}}$)になる」ことを、Pythonで確かめよう。

題意の標本を1000個作成し、中心極限定理が成立することを確かめましょう。ついでに、得られた標本平均の相対度数の分布をグラフ化し、本定理が主張する正規分布のグラフに重ねてみましょう。よく重なることがわかります。中心極限定理(ⅱ)は、二項分布のような場合は、小さな標本でも成立することがわかります。

Pythonプログラム 28

```
#中心極限定理のシミュレーション
print('【中心極限定理の確認】')
#準備
import numpy as np
from scipy.stats import randint, norm
import matplotlib.pyplot as plt
```

NumPy、SciPy、Matplotlibを使えるように準備(序-4節)

```
#母平均と母分散の求める
(mu, varp) = (7/2, 35/12)
sigma = np.sqrt(varp)
```

題意から、母平均、母分散、標準偏差をセット

```
print('母平均=', np.round(mu, 3))
print('母分散=', np.round(35/12, 3),'¥n')

#シミュレーションの設定
ss=8       #標本の大きさの設定
ne=1000    #集める標本の個数
```

標本の大きさssと、その標本の個数neを設定

```
#標本抽出のシミュレーションの実際
samples = randint.rvs(1, 7, size-(ne,ss))
```

シミュレーション実行。結果は配列samplesに格納

```
#各標本について標本平均mを算出
m=np.array(
    [np.mean(samples[i]) for i in range(ne)])
```

標本平均を配列mに算出

```
#得られた標本平均についてその平均m1と分散v1を算出
m1 = np.mean(m)
v1 = np.var(m)
print('標本平均の平均＝', np.round(m1, 3))
print('標本平均の分散＝', np.round(v1, 3))
print('（注）母分散／標本の大きさ＝', end='')
print(np.round(varp/ss, 3))

#標本平均の相対度数算出
nbin = 20      #棒グラフの棒数
hist, edges = np.histogram(m, range=(1,6), bins=nbin, density=True)

#Matplotlibで描画準備
fig = plt.figure()
ax = fig.add_subplot(1, 1, 1)

#相対度数を棒グラフで描画
ax.set_ylim(0, 1.2)
ax.bar(edges[:-1],hist,color='c', label='samples')

#正規分布のグラフ
s1 = sigma/np.sqrt(ss)
x = np.linspace(1, 6, 101)  #区間[1, 6]を100等分
y = norm.pdf(x, loc=mu, scale=s1)
ax.plot(x, y, color='k', label='normal dist')

#グラフの表示実行
ax.legend()
plt.show()
```

10000個の標本平均の平均と分散を算出

関数histogramについては1-1節を参照

matplotlib利用の準備の定型

10000個の標本平均の相対度数分布を棒グラフで描画する設定

（中心極限定理で得られる）平均値と分散を持つ正規分布を描く設定

グラフとラベルを表示

memo

複数の命令文を1行に書く

本節のプログラムでは、短い命令文も1行に配置しています。例えば、次の2行です。

```
m1 = np.mean(m)
v1 = np.var(m)
```

ところで、セミコロン（；）を行の最後に付加すれば、複数の命令文を連結できます（3-1節）。

```
m1 = np.mean(m); v1 = np.var(m)
```

どちらが良いかは一般的には言えませんが、文は短い方がわかりやすいでしょう。あまりダラダラと結合するのは嫌われます。

計算結果

プログラムの実行結果を示します。「標本平均の平均」と「標本平均の分散」が各々「母平均」、「母分散を標本の大きさで割った値」に近いことを確認してください。

```
【中心極限定理の確認】
母平均= 3.5
母分散= 2.917
標本平均の平均= 3.497
標本平均の分散= 0.345
（注）母分散／標本の大きさ=0.365
```

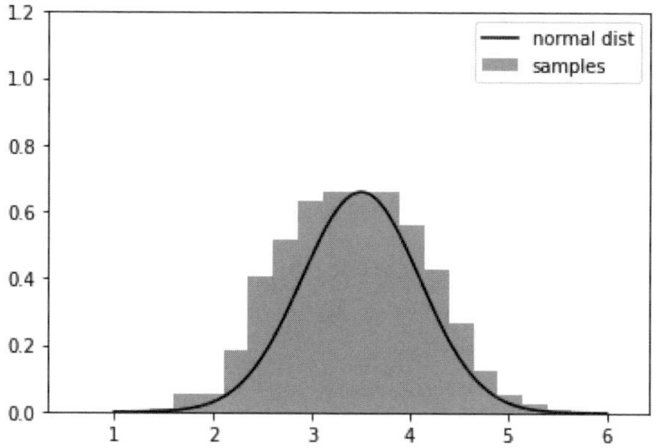

Pythonレッスン　ax.bar、ax.plotのcolor、label指定

グラフを重ねて描く際、色を変える必要があります。Matplotlibで描画する際、色の変更は大変容易です。colorというパラメータに色を設定すればよいからです。本プログラムでは次のように利用しています。

```
ax.plot(x, y, color='k', label='normal dist')
```

ここで、'k'は黒(black)を指定しています。次の表で、この指定文字を確認してください。

指定文字	色
b	青 (Blue)
g	緑 (Green)
r	赤 (Red)
c	シアン (Cyan)
m	マゼンタ (Magenta)
y	黄 (Yellow)
k	黒 (Black)
w	白 (White)

(注) Matplotlibでの色指定には、ここで調べた指定方法以外にも、多彩な方法が提供されています。

また、グラフには名称を付けたいことがあります。それを実現するのがlabel指定です。後のlegeng関数とペアで利用します。

参考 28 Python・Excel 二刀流

本節のテーマを Excel で実行するには、関数 RANDBETWEEN が基本です (2-1 節)。この関数を利用してサイコロを振るシミュレーションを横 8 列のセルに埋め、標本 1 個とします。この標本を 1000 個ワークシートにコピーすれば、1000 回分の標本抽出がなされたことになります。それら抽出された標本の平均値と分散を算出すれば、本文に示した中心極限定理 (i) が確かめられます。

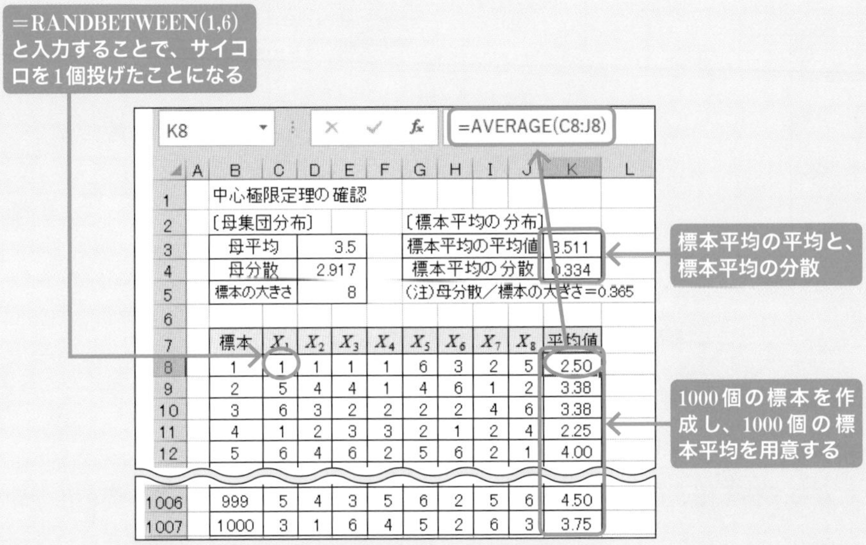

	A	B	C	D	E	F	G	H	I	J	K	L
1		中心極限定理の確認										
2		〔母集団分布〕					〔標本平均の分布〕					
3		母平均		3.5			標本平均の平均値				3.511	
4		母分散		2.917			標本平均の分散				0.334	
5		標本の大きさ		8			(注)母分散／標本の大きさ=0.365					
6												
7		標本	X_1	X_2	X_3	X_4	X_5	X_6	X_7	X_8	平均値	
8		1	1	1	1	1	6	3	2	5	2.50	
9		2	5	4	4	1	4	6	1	2	3.38	
10		3	6	3	2	2	2	2	4	6	3.38	
11		4	1	2	3	3	2	1	2	4	2.25	
12		5	6	4	6	2	5	6	2	1	4.00	
1006		999	5	4	3	5	6	2	5	6	4.50	
1007		1000	3	1	6	4	5	2	6	3	3.75	

こうして得られた 1000 個の標本平均をグラフ化する方法は 1-2 節で調べた通りです。結果を図示しましょう。

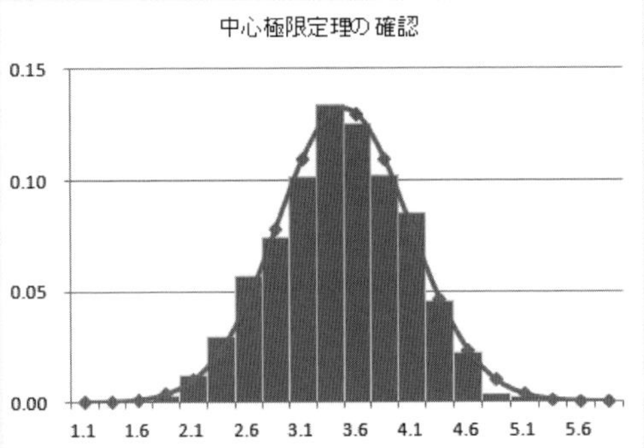

標本の大きさ n がそれほど大きくなくても正規分布とよく重なることがわかります。それは「サイコロを振る」という試行が二項分布に従うからです。二項分布は正規分布と相性が良い事が知られています (3-7 節)。

第5章

Pythonでわかる推定

標本から得られた情報から、どのように元の母集団の情報を推定するかを調べます。点推定と区間推定がありますが、点推定については近年多用されるようになった最尤推定法を調べることにします。

5-1 見てわかる最尤推定法
～「起こりやすいことが起こる」という考え方

統計的な推定には点推定と区間推定があります。点推定は、読んで字のごとく、母数を一つの点、すなわち一つの値として推定する推定方法です。区間推定は、これも読んで字のごとく、区間幅をもって母数を推定する方法です。本節では点推定を調べることにします。点推定にはいくつかの方法がありますが、ここでは近年よく利用される最尤推定法を調べることにします。

画鋲でわかる最尤推定法

ここに一つの画鋲があり、この画鋲を投げたときに、針が上を向く確率が p、下を向く確率が $1-p$ であるとします。

上を向く確率 p

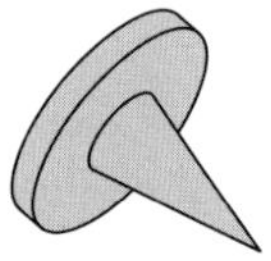

下を向く確率 $1-p$

この画鋲を5回投げたら、その表裏が次のように出たとしましょう。

上、上、下、上、下　… (1)

すると、この現象の起こる確率を $L(p)$ とすると、$L(p)$ は確率 p を用いて、次のような式で表現できます。

$$L(p)=p\times p\times(1-p)\times p\times(1-p)=p^3(1-p)^2 \quad \cdots (2)$$

この関数 $L(p)$ を**尤度関数**と呼びます。

最尤推定法は、尤度関数 $L(p)$ の値を最大にする p を推定値とする推定法です。つまり、「(1) の現象が起こる度合いが最大になるような p の値をもって、画鋲の上の出る確率」とする方法です。「現象は起こりやすいもとで起こる」と考えるのです。

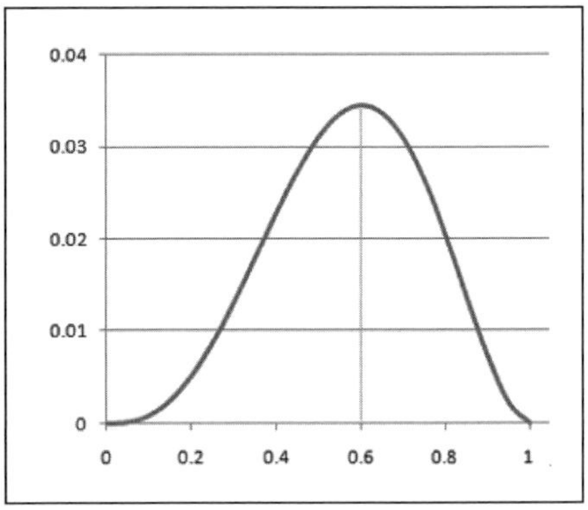

尤度関数 $L(p)$ の最大値を求めるために微分して尤度関数 $L(p)$ の導関数を求めてみます。

$$L'(p)=3p^2(1-p)^2-2p^3(1-p)$$
$$=-5p^2(1-p)(p-0.6)$$

この導関数から、尤度関数 $L(p)$ のグラフが右のように描けます。

このグラフから、尤度関数 $L(p)$ は $p=0.6$ のときに最大になることがわかります。したがって、(1) の実験結果が得られる確率が最も高いのは、画鋲の「上」の出る確率pが0.6のときと推定されます。

$p=0.6 \quad \cdots \ (2)$

これが最尤推定法の答です。

最尤推定法で導いた$p=0.6$は我々の日常の考え方とよく合います。つまり、「5回中3回上を向いたのだから、上を向く確率は$\frac{3}{5}(=0.6)$」とする考え方です。

最尤推定法をまとめてみよう

一般に、母数θを変数とする尤度関数$L(\theta)$があるとき、その関数の最大値を与えるように母数θの値を決定する方法を**最尤推定法**といいます。また、そこで得られた母数の値を**最尤推定値**といいます。

(注) 先の画鋲の例では、画鋲が上を向く確率pが母数θに対応し、(2)の値0.6が最尤推定値となります。

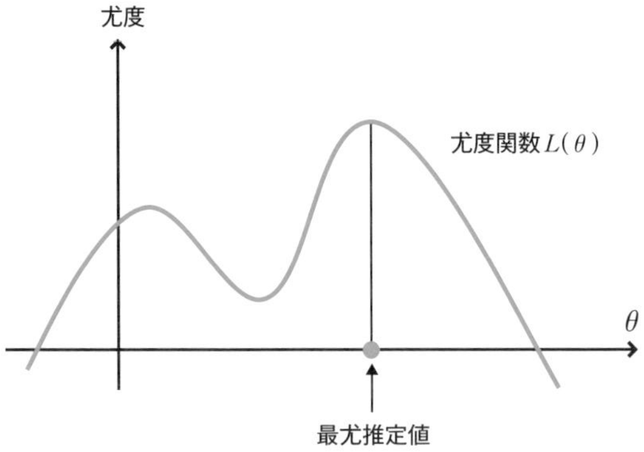

実習 29 Pythonによる統計分析

式(2)の関数$L(p)=p^3(1-p)^2 \quad (0 \leqq p \leqq 1)$の最大値を、Pythonを用いて求めてみよう。

最尤推定法では、尤度関数$L(\theta)$を最大にするθを求めます。関数の最大値を求めるには、数学的には導関数を利用する方法が有名ですが、Pythonでも求められます。それがSciPyモジュールにあるoptimizeです。optimizeの名を冠されたSciPyの関数は複数ありますが、ここではfminboundを使うことにします。

この関数を利用するには次のimport文が必要です。

```
from scipy import optimize
```

関数fminboundは最小値を求めます。そこで、計算の際には、尤度関数$L(\theta)$に負号を付け、$-L(\theta)$とします。$L(\theta)$の最大値を求める問題は、$-L(\theta)$の最小値を求める問題に変換されるからです。プログラムで確認してください。

Pythonプログラム 29

```
#関数の最大値を与える点を算出
print('【最尤推定値】')
#準備
import numpy as np
from scipy import optimize

#尤度関数の定義
def f(p):
  return -p**3*(1-p)**2

#最適化の実行
p_max = optimize.fminbound(f, 0, 1)

#結果の表示
print('最尤推定値＝', np.round(p_max,3))
L_max=-f(p_max)
print('Lの最大値＝', np.round(L_max,3))
```

SciPyのoptimizeモジュールを使えるようにインポート

（最小値を求めたい）関数f(p)を定義。式(2)と符号が逆であることに注意

関数fと、定義域0≦p≦1をこのように渡す

計算結果

プログラムの実行結果を示します。先に得られているpの値0.6が得られました。

```
【最尤推定値】
最尤推定値＝ 0.6
Lの最大値＝ 0.035
```

Pythonレッスン ユーザ関数の定義法

Pythonのoptimize関数を利用するには、通常対象になる関数を定義しておく必要があります。この関数を**ユーザ定義関数**と呼びます。

本節のプログラムでは次のように簡潔に利用しています。

```
def f(p):
  return -p**3*(1-p)**2
```

defはdefinition（英語で「定義」を表します）の略で、returnで定義した関数の返り値を指定します。これはまた次のようにも表現できます。こちらの方か一般化しやすいかもしれません。

```
def f(p):
  y = -p**3*(1-p)**2
  return y
```

Pythonレッスン　scipy.optimize.fminbound関数

optimizeは日本語で「最適化する」と訳されます。条件が与えられた中で、その条件に最も合致したパラメータを探すことを意味します。先にも述べたように、SciPyは複数のoptimize用の関数を用意していますが、ここで利用した関数はその中で最も簡単に使える関数です。定義されている関数f(x)において、定義域が$a \leqq x \leqq b$のときに、その最小値となるxを次のように算出します。

```
optimize.fminbound(f, a, b)
```

最適化の問題の多くは最小値問題に還元されます。そこで、optimize関数は最小値を求めるように作成されています。このoptimize.fminboundもその例外ではありません。このようなツールを利用して尤度関数の最大値を求めるには、本節で調べたように、対象の関数に負号を付けます。こうすることで、最大値を探す問題は最小値を探す問題に変換されます。

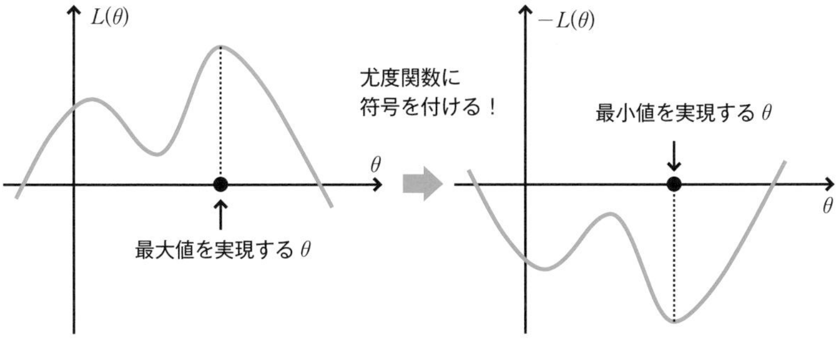

memo　関数を利用するときのいろいろな表現

NumPyやSciPy、Matplotlibなどの関数をPythonのプログラムで利用するにはimport文が必要です。本節では次のようにimport文を宣言しています。

```
from scipy import optimize
```

さて、import文は複数の記述法があります（序-4節）。注意すべき点は、import文の書き方で、関数の呼び出し方が多少異なる点です。例えば、次のようにimport文を記述したとします。

```
import scipy.optimize as sp
```

このとき、本節の関数は次のように記述する必要があります。

```
sp.optimize.fminbound(f, 0, 1)
```

また、例えば次のようにimport文を記述するとしましょう。

```
import scipy.optimize
```

このとき、関数は次のように利用します。

```
scipy.optimize.fminbound(f, 0, 1)
```

参考 29 Python・Excel 二刀流

本節のテーマを Excel で実行するには、「ソルバー」が便利です。ソルバーは Excel の標準アドインです。使うには、まず変数と、それで表現された関数をセルにセットします。

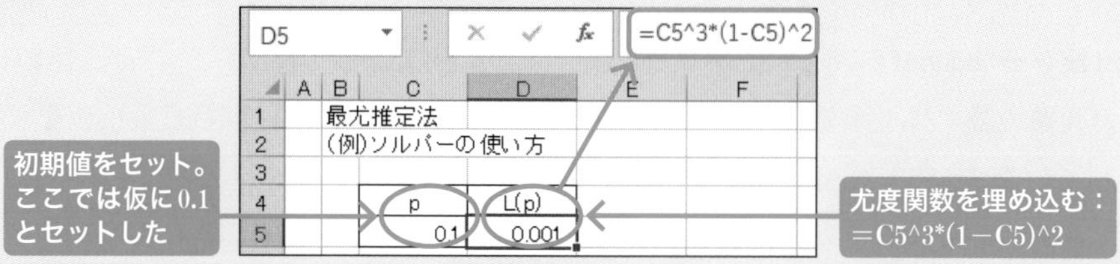

以上の設定の後、「データ」リボンの中の「ソルバー」を選択しソルバーを起動します。そして下図のように選択します。

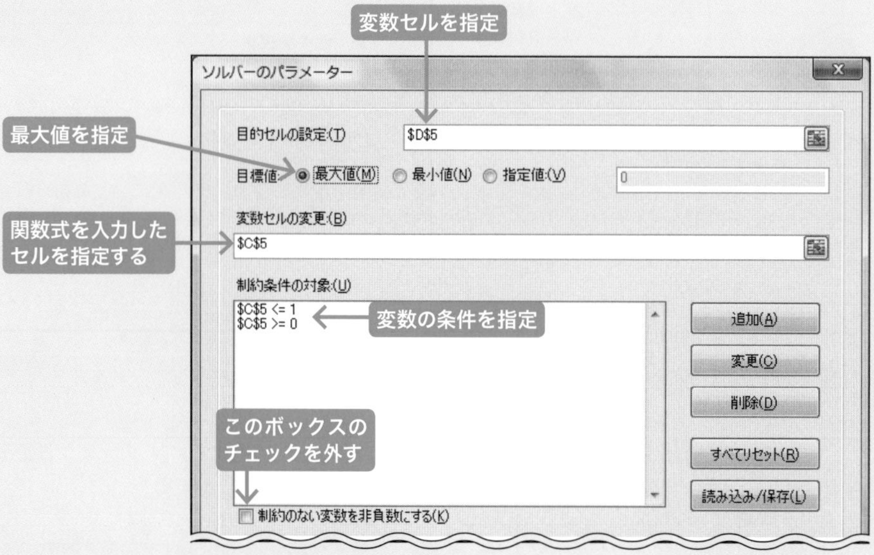

上記の選択が終了したなら、このボックスにある「解決」ボタンをクリックします。こうして最尤推定値が得られます。

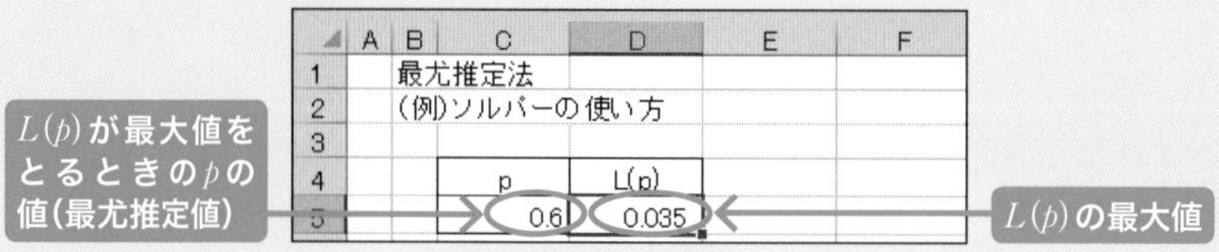

5-2 見てわかる区間推定の考え方 ～推定に信頼度が付加される

知りたい母数を一つの数値で推定するのが点推定です。例えば前の節（5-1）では、画鋲の針が上を向く確率pを一つの値0.6と推定しました。ところで、推定するからには、その信頼度も知りたいところです。点推定ではその信頼度が明示できません。そこで登場するのが区間推定です。区間推定は信頼度を提示しながら母数を推定する方法です。

区間推定の考え方

東京で働くサラリーマンからランダムに1人を選び、一月の小遣いを調べたところ、その額は33000円でした。このデータをもとに東京のサラリーマンの小遣いの平均値を推定するにはどうしたら良いでしょうか。

一つの解答として、「東京のサラリーマンの小遣いの平均値は33000円」と推定する方法が考えられます。これが点推定です。しかし、あまりに危険です。

では、区間推定はどのように推定するのでしょうか？

区間推定は、東京のサラリーマンの小遣いの分布を仮定します。例えば、「分散が25,000,000（標準偏差5000円）の正規分布」（下図）と仮定するのです。

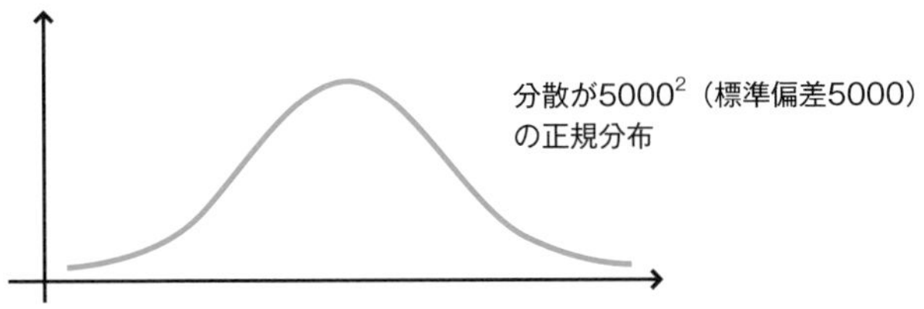

このとき、東京のサラリーマンの小遣いの平均値μについて、正規分布の性質を利用すると次のことが断言できます。

東京のサラリーマンの小遣いの平均値は95%の確率で次の不等式を満たす。

$23200 \leqq \mu \leqq 42800$　…（1）

この(1)式が区間推定の答です。この(1)には「確率95%で正しい」という信頼度が明示されていることに注意してください。

では(1)を導き出しましょう。

正規分布では、「『平均値μ ± 1.96 ×標準偏差』の範囲にXが入る確率は0.95」という性質があります。すなわち、95%の確率で次の式が成立するのです。

$$\mu-1.96\times5000 \leqq X \leqq \mu+1.96\times5000 \quad \cdots (2)$$

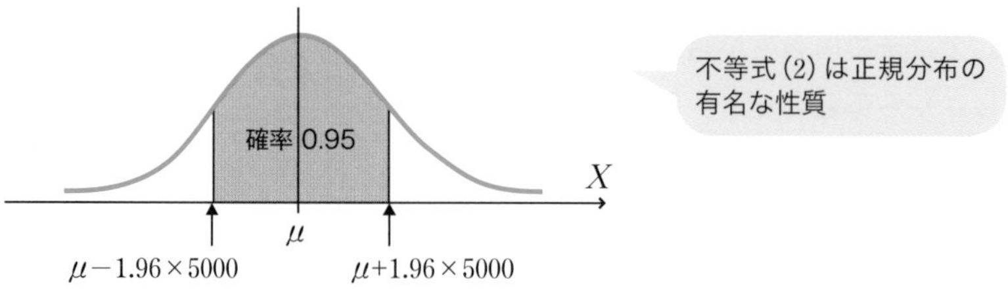

この(2)式を書き換えると次のようになります。

$$X-1.96\times5000 \leqq \mu \leqq X+1.96\times5000 \quad \cdots (3)$$

さて、先に示したように、実際に東京のサラリーマンから一人抽出し、その人の小遣いXを調べたら33000円でした。この結果$X = 33000$を(3)に代入すると、95%の確率で次の不等式が成立します。

$$33000-1.96\times5000 \leqq \mu \leqq 33000+1.96\times5000$$

これを計算すると、答(1)が得られます。「確率0.95(=95%)で東京のサラリーマンの小遣いの平均値μは(1)の区間に入っている」といえるのです。

以上が区間推定の考え方です。

なお、区間推定の世界では、確率0.95のことを**信頼度**、(3)の区間を信頼度95%に対する**信頼区間**と呼びます。

信頼度、信頼区間をグラフで見ると

信頼区間((1)式)が信頼度0.95で成立することの意味を図示してみましょう。

信頼区間を縦棒グラフで表示すると、信頼区間(1)の中に母平均μが入っている様子は次のように表せます。

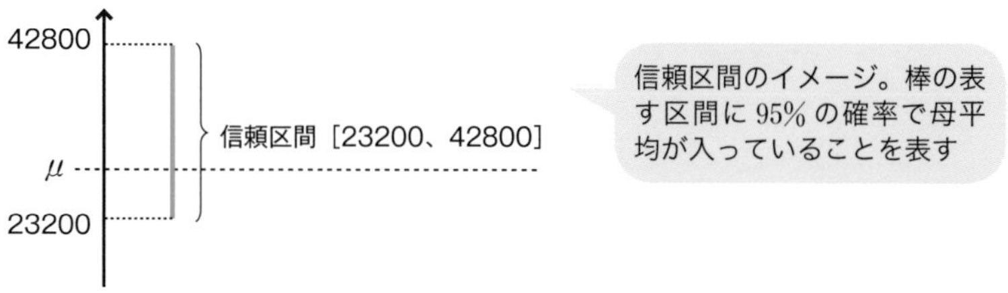

この図で、μは母平均なので固定です。また、(3)式から、棒の長さも一定(=2×1.96×5000)です。しかし、棒の位置は変化します。すなわち、標本を得るごとに、この棒は「浮き」のように上下するのです。そして、母平均を含む位置に「浮き」が来る確率が0.95ということなのです。こ

れが信頼区間と信頼度の図的な意味です。

多数回、標本を抽出し信頼区間を求めてみましょう。すると、そのうち95%の割合で信頼区間に母平均μが含まれます。これが、信頼度95%の意味なのです。

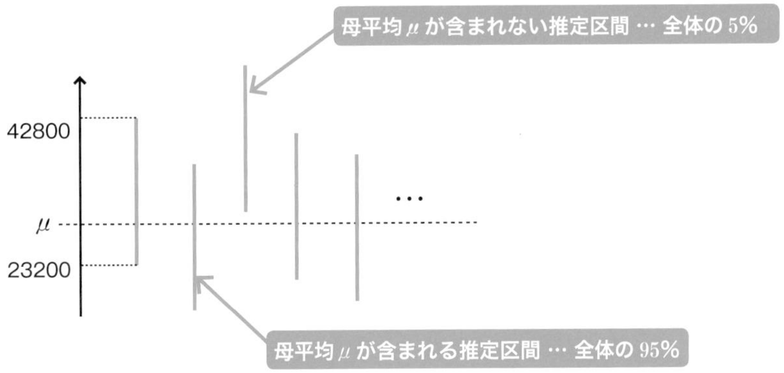

より確実に推定したければ

先の(2)式の代わりに、正規分布に従う確率変数Xが

$$\mu-2.58\times 5000 \leqq X \leqq \mu+2.58\times 5000$$

を満たす確率は0.99という、正規分布の性質を使ってみましょう。

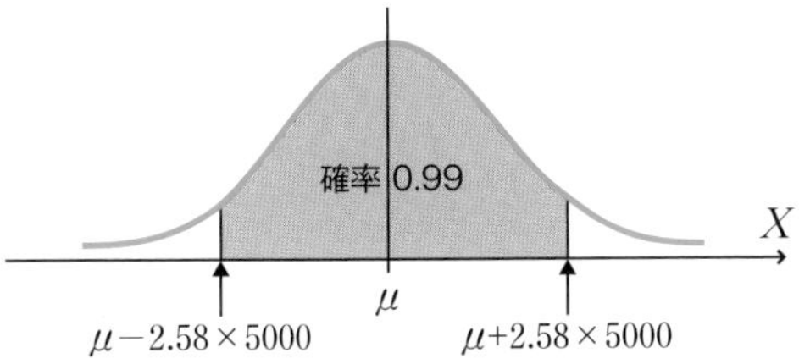

変形すると、次の不等式が99%の確率で成立することになります。

$$X-2.58\times 5000 \leqq \mu \leqq X+2.58\times 5000$$

抽出の結果$X=33000$を代入し、計算しましょう。こうして99%の信頼度の信頼区間が得られます。

$$20100 \leqq \mu \leqq 45900 \quad \cdots \ (4)$$

注意すべきことは、確率が0.95で判断した(1)式よりも、区間幅が広がっていることです。より正しい判断をしようとしたために、区間幅を広げて許容範囲を広げたためです。「確実に的を射たければ、的を広げよ」というのは、区間推定の宿命です。

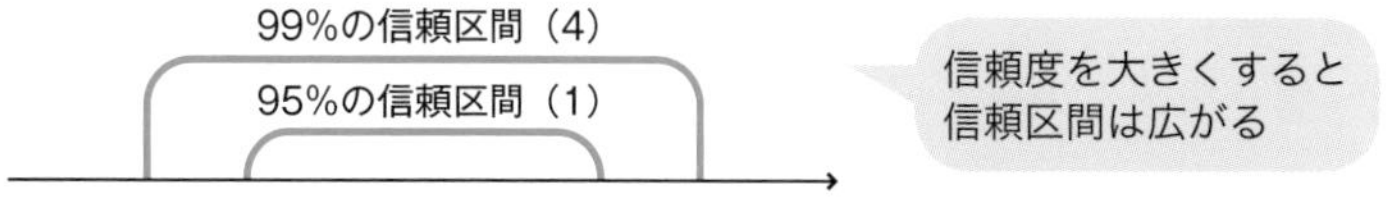

（注）（1）、（4）式の表す区間幅はあまりにも大きく、区間推定などは実用的ではないと思われるかもしれませんが、大丈夫。ここでは、たった一人の身長データをもとに母平均を区間推定したために区間幅が大きくなっているのです。50人、100人とデータ数が増えれば、区間幅もそれに応じて狭くなっていき、実用に耐えられるようになります。

実習 30　Pythonによる統計分析

母平均μが30000、母分散σ^2が5000^2である正規母集団を考える。

先に示したように、大きさ1の標本Xを抽出し母平均を区間推定すると、信頼度95%の信頼区間は次のようになる。

$$X-1.96\times5000 \leqq \mu \leqq X+1.96\times5000 \quad \cdots(5)$$

この信頼区間は標本Xを抽出するたびに変化する。そこで、このような標本Xを1000回抽出し、そのたびごとに信頼区間を求める。得られた信頼区間のうち、何個正しい信頼区間（すなわち母平均μを含んだ信頼区間）になっているか調べてみよう。

推定区間 (5) が母平均μ（＝30000）を含んでいれば正しい信頼区間、そうでなければ誤った信頼区間ということになります。もし信頼度95%で (5) 式の推定が正しいなら、100回中だいたい95回の割合で正しい信頼区間を得ることができるはずです。このことをシミュレーションで確かめてみましょう。

Pythonプログラム 30

```
#区間推定のシミュレーション
print('信頼区間とその正誤')
#準備
from scipy.stats import norm

#母集団の設定
(mu, sigma ) = (30000, 5000)

#大きさ1の標本をne個抽出
ne=1000
samples= norm.rvs(mu, sigma, size=ne)

#信頼度と両側5%点を設定
p_con = 0.95  #信頼度(confidence)
q0 = 1.96
```

- from scipy.stats import norm：SciPy関数normを使えるようにする準備（序-4節）
- (mu, sigma) = (30000, 5000)：母集団のパラメーターを設定
- ne=1000／samples= norm.rvs(mu, sigma, size=ne)：標本抽出のシミュレーション部分。関数norm.rvsは正規乱数を生成
- p_con = 0.95／q0 = 1.96：信頼度を設定。また、式(3)に含まれる係数1.96を設定

```
#標本ごとに信頼区間を算出
nr=0         #nrは正答カウンター
for i in range(ne):
   #信頼区間の端点を算出
   r1=samples[i] - q0*sigma
   r2=samples[i] + q0*sigma
   #判定
   if r1<mu and mu<r2:
      nr+=1     #正しければ正答カウンターに+1

   #結果の表示
   print('標本', i+1, end='：')
   print(round(r1),'≦x≦',round(r2),end=' ')
   #推定の正誤判定
   if r1<mu and mu<r2:
      print('正')
   else:
      print('誤')

print('¥n正しい区間推定の割合＝', round(nr/ne,3))
```

公式(5)の両端をr1、r2として、標本ごとに算出する

公式(5)を標本ごとに適用し判定。正しければ正当数のカウンターを1増やす

信頼区間を表示し、その正誤を確認

正答率の表示・¥nはエスケープシーケンス(2-4節)

計算結果

プログラムの実行結果を示します。結果からわかるように、正しい推定結果を出した標本の個数の割合が信頼度にほぼ一致しています。

```
信頼区間とその正誤
標本 1：16772 ≦x≦ 36372 正
標本 2：22510 ≦x≦ 42110 正
標本 3：25356 ≦x≦ 44956 正
標本 4：18190 ≦x≦ 37790 正
標本 5：20314 ≦x≦ 39914 正
標本 6：21759 ≦x≦ 41359 正
標本 7：8776 ≦x≦ 28376 誤
標本 8：25001 ≦x≦ 44601 正
～～～～～～～～～～～～～～～～～～
標本 999：21876 ≦x≦ 41476 正
標本 1000：22096 ≦x≦ 41696 正

正しい区間推定の割合＝ 0.955
```

信頼度 95% にほぼ一致

Pythonレッスン　係数1.96の自動取得とnorm.ppf関数

不等式(2)～(5)にある係数1.96は正規分布の性質から得られるものです。分布の中央から95%の確率が含まれる対称な部分の両端が「平均値 ±1.96× 標準偏差」で表されるからです。

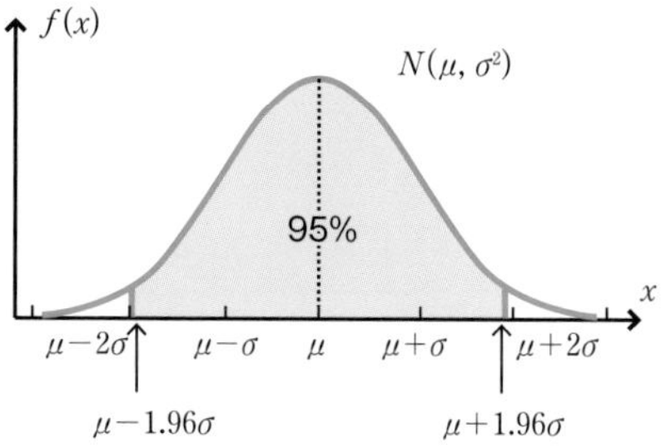

この 1.96 は標準正規分布で考えると、更にわかりやすい数です。確率変数 X を標準化し、新たな変数を Z とします（2-4 節）。

$$Z=\frac{X-\mu}{\sigma}$$

確率変数 Z は平均値と分散が各々 0、1 となり、標準正規分布 $N(0,\ 12)$ に従います。すると、標準正規分布の両側 5%点が 1.96 なのです。

（注）両側 5%点については、2-2、3 6 節を参照してください。

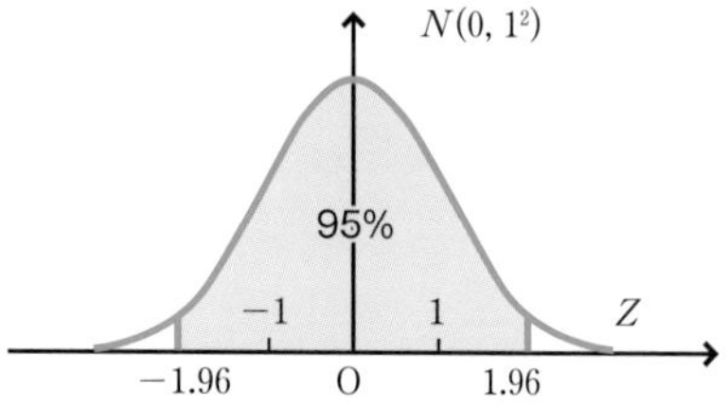

このことから、プログラムのコメント「# 信頼度と両側 5%点を設定」行以下の 2 行を、次の 3 行に差し替えれば、q0=1.96 という数が自動取得できます。

```
#信頼度と両側5%点を設定
p_con = 0.95          #信頼度(confidence)
q0 = norm.ppf(0.5 + p_con/2, 0, 1)
```

（注）norm.ppf については、3-4 節を参照。

さて、本プログラムで、信頼度 99% の推定区間を得るには、係数を表す変数 q0 を 2.58 に変更する必要があります。ところで、q0 は信頼度で定まる値です。修正は冗長です。上記のような差し替えをしておけば、以下のように信頼度 p_con を 0.99 に変更するだけで、信頼度 99% の信頼区間が得られるようになります。

```
p_con = 0.99
```

参考 30　Python・Excel 二刀流

本節のテーマを Excel で実行するには、Python のプログラムと同様、式 (5) を直接利用するのが良いでしょう。式 (5) を利用して区間推定し、正しい区間推定をした標本の個数を COUNTIF 関数で算出します。

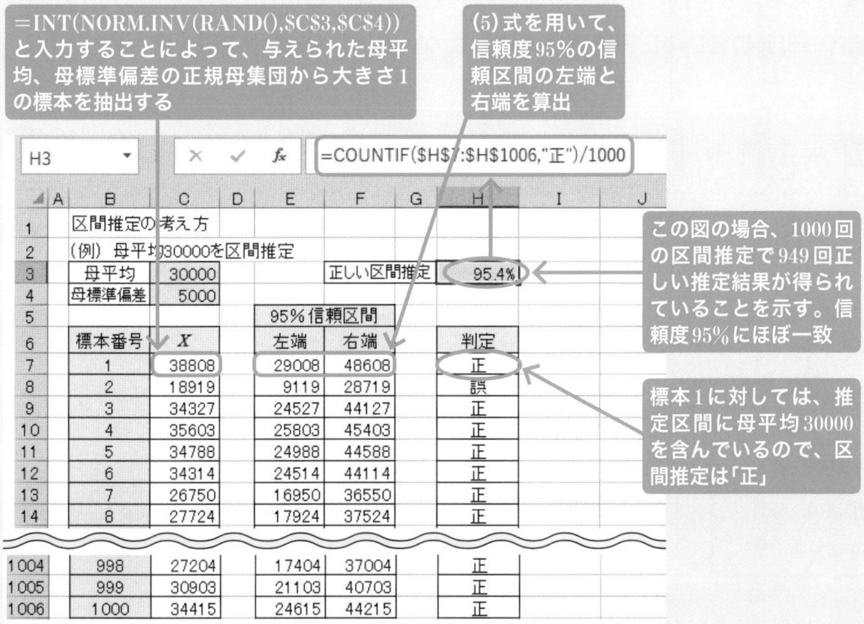

Excel の再計算機能を利用して (すなわち、F9 キーを押して)、以上の計算を繰り返してみましょう。データが更新されるたびに正答率が変化しますが、正しい推定をする割合が信頼度 95% に確率的に一致することが確認できます。

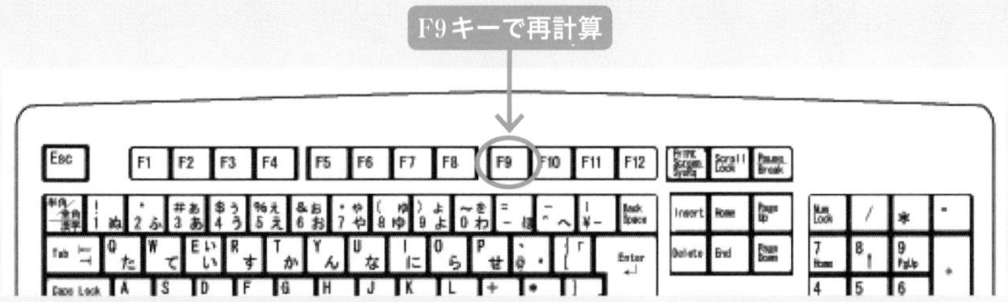

5-3 分散既知の正規母集団における母平均の推定 ～ 区間推定の基本問題

最も基本となる区間推定は正規母集団において、分散がわかっている場合の母平均の推定です。本節では、この母分散既知の正規母集団の場合について、母平均の推定法を調べることにしましょう。

95% の信頼区間

母集団が正規分布に従う場合、標本平均について次の定理が成立します（4-3 節）。

> 正規分布 $N(\mu, \sigma^2)$ から抽出した大きさ n の標本 $\{X_1, X_2, \cdots, X_n\}$ の標本平均 $\overline{X}$ は正規分布 $N(\mu, \dfrac{\sigma^2}{n})$ に従う。

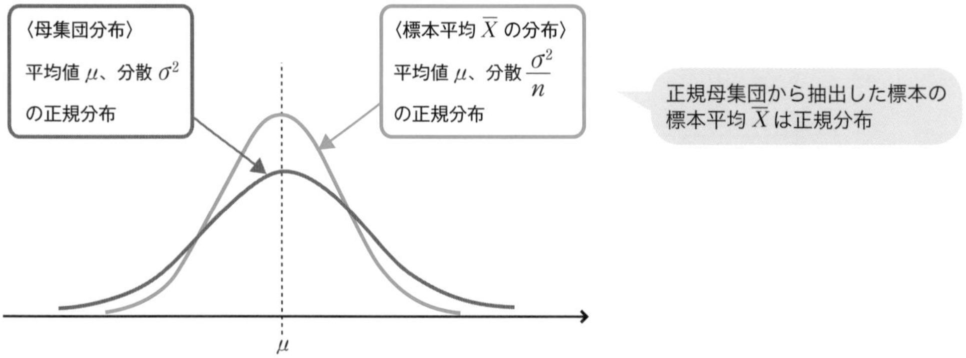

さて、正規分布 $N(\mu, \dfrac{\sigma^2}{n})$ の両側 5% 点は下図のようになります。

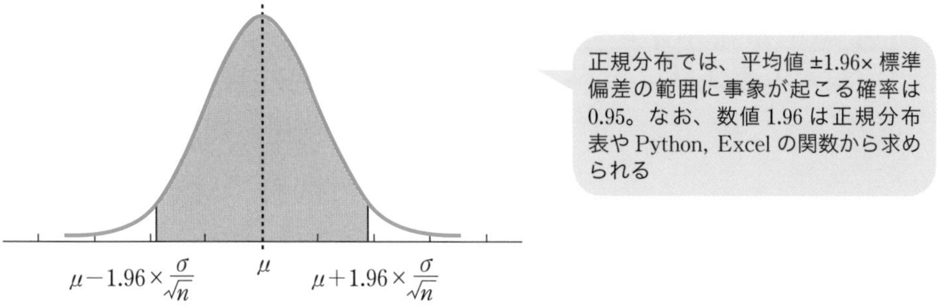

従って、標本平均 $\overline{X}$ が次の不等式を満たす確率は 0.95 となります。

$$\mu-1.96\times\frac{\sigma}{\sqrt{n}} \leqq \overline{X} \leqq \mu+1.96\times\frac{\sigma}{\sqrt{n}}$$

（注）後述〈memo〉に示すように、$\dfrac{\sigma}{\sqrt{n}}$ を標本平均の**標準誤差**と呼びます。

変形して

$$\overline{X}-1.96\times\frac{\sigma}{\sqrt{n}}\leqq\mu\leqq\overline{X}+1.96\times\frac{\sigma}{\sqrt{n}}\quad\cdots(1)$$

標本平均 $\overline{X}$ に対して、母平均 μ は 0.95 の確率でこの範囲に入ります。したがって、この (1) の不等式が表す区間が母平均 μ の信頼度 95%の信頼区間になります。

99% の推定区間

正規分布 $N(\mu, \frac{\sigma^2}{n})$ の両側 1% 点は下図のようになります。

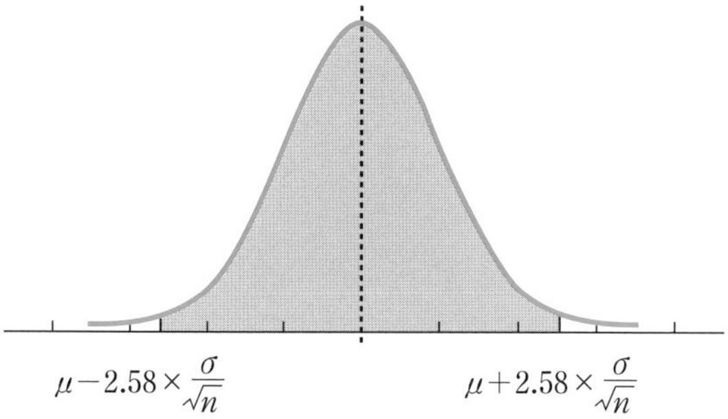

正規分布では、平均値 ±2.58 × 標準偏差の範囲に事象が起こる確率は 0.99。なお、数値 2.58 は正規分布表や Python, Excel の関数から求められる

(1) と同様にして、99%の信頼区間は次のようになります。

$$\overline{X}-2.58\times\frac{\sigma}{\sqrt{n}}\leqq\mu\leqq\overline{X}+2.58\times\frac{\sigma}{\sqrt{n}}\quad\cdots(2)$$

以上 (1)、(2) 式を利用して、母平均の推定方法をまとめてみましょう。

母平均 μ を区間推定する手順

既知の分散 σ^2 をもつ正規母集団の平均値 μ を区間推定するには、次の (i) (ii) のステップを追います。

(i) 大きさ n の標本 $\{X_1, X_1, \cdots, X_n\}$ を抽出し、標本平均 $\overline{X}$ の値を求める

(ii) 信頼度に応じて以下の式を用いて信頼区間を求める

信頼度 95% : $\overline{X}-1.96\times\frac{\sigma}{\sqrt{n}}\leqq\mu\leqq\overline{X}+1.96\times\frac{\sigma}{\sqrt{n}}\quad\cdots(3)$

信頼度 99% : $\overline{X}-2.58\times\frac{\sigma}{\sqrt{n}}\leqq\mu\leqq\overline{X}+2.58\times\frac{\sigma}{\sqrt{n}}\quad\cdots(4)$

(注) 信頼区間は区間記号で表現されることがあります。例えば、(3) は次のように表現されます。

95%信頼区間 $\left[\overline{X}-1.96\times\frac{\sigma}{\sqrt{n}},\ \overline{X}+1.96\times\frac{\sigma}{\sqrt{n}}\right]$

例で見てみよう

例 ある食品会社は日本の二十歳代の独身男性の食費の月平均を求めてみようと考え、25人を抽出し、次のデータを得た（単位は円）。

39160	46246	51803	45780	47073
53456	35317	49443	48694	46343
43002	49164	52201	47548	39584
42217	56010	51244	42354	47709
48037	48947	39313	48206	47779

このデータをもとに、日本の二十歳代の独身男性の食費の月平均を信頼度95%で区間推定してみよう。ただし、食費は正規分布に従うと仮定し、その分散は5000^2（標準偏差は5000）とわかっているものとする。

（i）標本平均$\overline{X}$の値を求める

大きさ25の標本の標本平均$\overline{X}$を求めます。

$$\overline{X} = \frac{39160+46246+\cdots+47779}{25} = 46665$$

（ii）信頼度に応じて公式（3）、（4）から信頼区間を求める

$n=25$、$\overline{X}=46665$、$\sigma=5000$を公式(3)に代入してみましょう。

$$46665-1.96\times\frac{5000}{\sqrt{25}} \leqq \mu \leqq 46665+1.96\times\frac{5000}{\sqrt{25}}$$

計算し整理すると、信頼度95%の信頼区間は次のようになります。

$$44705 \leqq \mu \leqq 48625 \quad \cdots \ (5)$$

これが例題の答です。

（注）99%信頼区間は公式（4）を使うことによって次のようになります。

$44085 \leqq \mu \leqq 49245$

実習 31 Pythonによる統計分析

先の（例）の区間推定を、Pythonを用いて計算してみよう。

式(3)を用いて、分散が与えられた正規母集団に対して、母平均の区間推定を行ってみましょう。

Pythonプログラム 31

```
#分散既知の正規母集団の母平均の区間推定
print('【分散既知の正規母集団の母平均の区間推定】')
#準備
```

```
import math
import numpy as np
from scipy.stats import norm

#仮定の設定
sigma=5000

#抽出した標本を入力
sample = [39160, 46246, 51803, 45780, 47073,
          53456, 35317, 49443 ,48694, 46343,
          43002, 49164, 52201, 47548, 39584,
          42217, 56010, 51244, 42354, 47709,
          48037, 48947, 39313, 48206, 47779]
ss = len(sample)    #sample size

#標本平均の算出
ms=np.mean(sample)

#信頼区間の算出
p_con=0.95  #信頼度(confidence)
q0=1.96
r1 = ms - q0*sigma/np.sqrt(ss)
r2 = ms+ q0*sigma/np.sqrt(ss)

#信頼区間の丸め処理
r1 = math.floor(r1)
r2 = math.ceil(r2)

#結果表示
print('信頼度', int(100*p_con),end='')
print('%の信頼区間：', r1, '≦μ≦', r2)
```

- import math〜from scipy.stats import norm：NumPy、SciPy、そしてPython標準関数(floor、ceil)を使えるようにする準備
- sigma=5000：題意の仮定(標準偏差が5000)を変数sigmaを設定
- sample = […]：標本をリストsampleに入力。変数ssに標本の大きさをセット
- ms=np.mean(sample)：標本平均を変数msに設定
- r1、r2：式(3)から信頼区間の両端r1、r2を算出
- math.floor、math.ceil：信頼区間の両端の数値を丸める際には、信頼性を損なわないために、左端は切り下げ、右端は切り上げ(次節以降、省略)
- print：算出した信頼区間の表示

(注) ファイルから標本を入力する方法については付録A、B、Cを参照してください。

計算結果

プログラムの実行結果を示します。

```
【分散既知の正規母集団の母平均の区間推定】
信頼度 95%の信頼区間： 44705 ≦μ≦ 48626
```

Pythonレッスン　floor、ceil関数と丸め処理

信頼区間の端点の数値は、有効数字を考慮したり文書に整理して印刷したりするとき、整数部の一定桁以下の表示を簡略化したり、小数部のある位以下の表示を省略したりします。これらを**丸め処理**と呼びます。

丸め処理として、一般の生活では四捨五入が有名です。しかし、統計学では注意が必要です。信頼度を忠実に守らなければならないからです。

例えば、推定したい変数Xについて、信頼度95%の信頼区間が次のようであったとしましょう。

$$10.6 \leqq X \leqq 19.4$$

この小数部を四捨五入処理してみます。

$$11 \leqq X \leqq 19$$

これでは推定区間が狭まり、信頼度95%の要求を満たさないことになります。信頼性の観点から、困ったことと言えるでしょう。

左端を「切り下げ」し、右端を「切り上げ」してみるとどうでしょう。

$$10 \leqq X \leqq 20$$

これなら、信頼度95%の要求が満たせます。

以上の例からわかるように、信頼区間の両端の数値を処理する際には、信頼性を損なわないために、区間を広げる方向で考え、信頼度を損なわないようにするのです。すなわち、「左端は切り下げ、右端は切り上げ」するのが普通です。

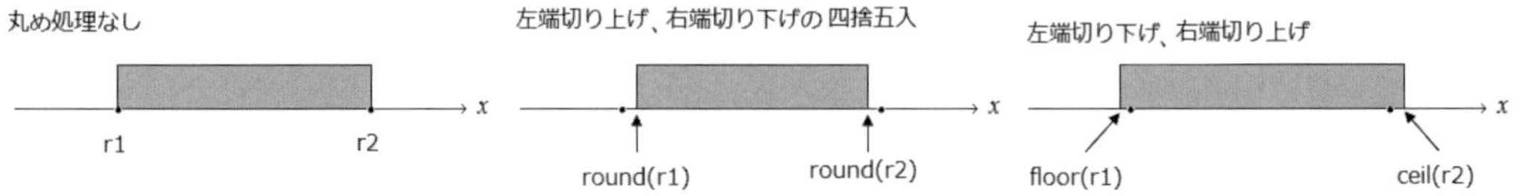

このような丸め方を実現する関数がPythonのfloorとceilです。これらは標準関数にも、NumPyにも備えられていて、次の働きを持ちます。

ライブラリ	関数	機能
標準	floor(x)	小数部を切り捨てる関数。x は数値のみ
	ceil(x)	小数部を切り上げる関数。x は数値のみ
NumPy	numpy.floor(x)	小数部を切り捨てる関数。x は配列も可
	numpy.ceil(x)	小数部を切り上げる関数。x は配列も可

(注 1) 標準関数の floor と ceil を利用するには、次の import 文が必要です。

```
import math
```

(注 2) NumPy の floor と ceil は結果を実数 (float 型) で返します。標準関数では整数型 (int 型) で返します。

なお、プログラムに注記したように、次節以降は信頼区間の丸め処理は行わず、四捨五入で表示します。プログラムをできるだけ簡潔にし、統計処理の考え方に焦点を当てたいからです。

参考 31　Python・Excel 二刀流

本節のテーマを Excel で実行するには、Python の場合と同様、式 (3) を直接利用すればよいでしょう。下図のように信頼度 95% の信頼区間の左端と右端を、式 (3) から算出します。

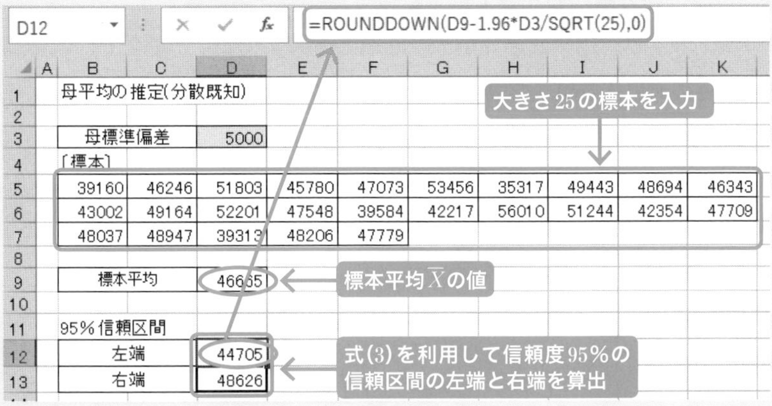

ところで、式 (3) から得られた左端と右端は次のように丸められています。

左端：ROUNDDOWN(D9−1.96*D3/SQRT(25),0)

右端：ROUNDUP(D9＋1.96*D3/SQRT(25),0)

関数 ROUNDDOWN は小数部の切り捨てを、関数 ROUNDUP は小数部の切り上げをする関数です。Python の floor、ceil に相当します。このような切り上げ・切り下げをする理由については、先に示した本節の「floor、ceil 関数と丸め処理」をご覧ください。

memo

標準誤差と SciPy

式 (1) ～ (4) にある値 $\frac{\sigma}{\sqrt{n}}$ を、この区間推定の標準誤差と呼びます。標準誤差は、標本平均の値が母平均に対してどの程度ばらついているかの目安を表します。

SciPy は標準誤差を求める関数として sem を用意しています。注意すべきことは、sem 関数が標準誤差を算出する際に用いる分散は不偏分散である点です (4-2 節)。そこで、本節の問題には使用できません。母分散が既知の場合としているからです。なお、標準誤差、sem 関数については、6-4 節でも調べます。

5-4 分散未知の正規母集団における母平均の推定 ～ t 分布が活躍する推定

前節（5-3）では、母集団の分散がわかっているとして母平均を区間推定する方法を調べました。しかし、母集団の分散、つまり、母分散がわかっていることはまれです。そこで、本節では、母分散がわかっていない場合に母平均を区間推定する方法を調べましょう。ただし、母集団分布は正規分布と仮定します。

母分散未知の母平均の推定の考え方

平均値 μ の正規母集団から抽出した大きさ n の標本の標本平均を $\overline{X}$、不偏分散を s^2（標準偏差を s）とします。このとき、次の定理が成立します。

> 次の統計量 T は自由度 $n-1$ の t 分布に従う。
>
> $$T=\frac{\overline{X}-\mu}{s/\sqrt{n}} \quad \cdots \ (1)$$

（注）前節 §3と同様、右辺の分母 $\frac{s}{\sqrt{n}}$ を標本平均の標準誤差と呼びます。

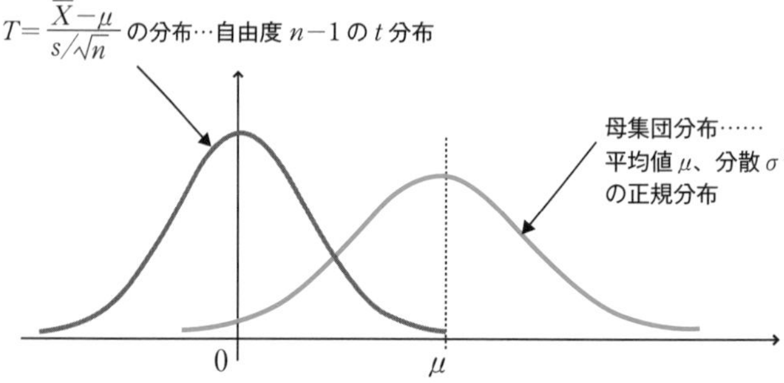

統計量 T は自由度 $n-1$ の t 分布に従う。なお、t 分布については、3-8、3-9 節参照

$t(p)$ を自由度 $n-1$ の t 分布の両側 $100p$% 点としましょう。すると、統計量 T が次の不等式を満たす確率は $100(1-p)$% となります。

$$-t(p) \leqq T \leqq t(p) \quad \cdots \ (2)$$

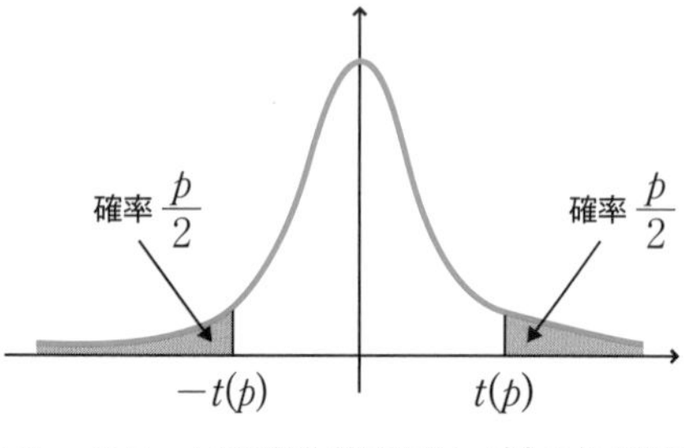

$t(p)$ は t 分布の両側 $100p$% 点。自由度によって値が異なる

（注）Python や Excel の関数を利用すると $t(p)$ の値が簡単に得られます。

(1) を (2) に代入して、

$$-t(p) \leqq \frac{\overline{X}-\mu}{s/\sqrt{n}} \leqq t(p)$$

これを変形すると次の式が得られます。

$$\overline{X}-t(p)\frac{s}{\sqrt{n}} \leqq \mu \leqq \overline{X}+t(p)\frac{s}{\sqrt{n}} \quad \cdots (3)$$

(3) の不等式が $100(1-p)\%$ の確率で成り立つことから、この不等式が表す区間が信頼度 $100(1-p)\%$ の信頼区間ということになります。この (3) が本節の主役となる公式です。(3) を利用すれば、分散がわからない場合でも母平均の推定が可能になります。

母平均 μ を区間推定する手順

母分散 σ^2 が未知である正規母集団において、平均値 μ を区間推定するには次のステップを追います。

(i) 母集団から大きさ n の標本 $\{X_1, X_1, \cdots, X_n\}$ を抽出し、次の値を求める

$$標本平均\ \overline{X} = \frac{X_1+X_2+\cdots+X_n}{n}$$

$$不偏分散\ s^2 = \frac{(X_1-\overline{X})^2+(X_2-\overline{X})^2+\cdots+(X_n-\overline{X})^2}{n-1}$$

$$標準偏差\ s = \sqrt{s^2}$$

(ii) 信頼度 $100(1-p)\%$ の信頼区間を次の不等式を利用して求める

$$\overline{X}-t(p)\frac{s}{\sqrt{n}} \leqq \mu \leqq \overline{X}+t(p)\frac{s}{\sqrt{n}} \quad \cdots (4)$$

ここで、$t(p)$ は自由度 $n-1$ の t 分布における両側 $p\%$ 点を意味します。

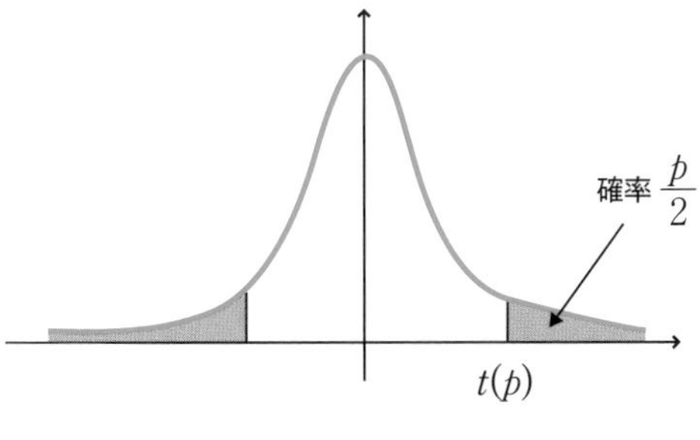

$t(p)$ は t 分布の両側 $100p\%$ 点。自由度によって値が異なることに注意。この値は Python、Excel で算出

例で見てみよう

例 働く 30 代前後独身の女性は月に平均 3 ～ 4 回会食しているという。そのとき彼女らは、1 回にどのくらい出費しているのか気になった食品会社が標本調査したところ、該当する 20 人の女性から次の回答を得た。

5240	4670	4880	4200	4320	3820	4630	3950	5220	3960
6250	5020	6410	4110	3830	3260	4260	6080	4850	5090

このデータをもとに、女性の1回の会食に支払う費用の平均値を信頼度95%で区間推定してみよう。ただし、食費は正規分布に従うとする。

アンケートの資料から、標本平均 $\overline{X}$ と不偏分散 s^2（標準偏差 s）を求めると次のようになります。

$\overline{X}=4702$、$s^2=724167$、$s=851$

また、自由度 $=n-1=20-1=19$ の t 分布の両側5%点 $t(0.05)$ は Python や Excel の関数を利用すると、$t(0.05)=2.09$ となります（3-9節）。これらの値を（4）式に代入すると、

$$4702-2.09\times\frac{851}{\sqrt{20}}\leqq\mu\leqq4702+2.09\times\frac{851}{\sqrt{20}}$$

計算し整理すると、30歳前後の女性の1回の平均外食費の信頼度95%の信頼区間が得られます。

$4304\leqq\mu\leqq5101$ **答**

実習 32 Pythonによる統計分析

先の（例）を、Python を用いて計算してみよう。

式（4）を用いて、t 分布を用いた区間推定を実行してみましょう。パーセント点は SciPy に備えられている関数 t.ppf で算出できます（3-9節）。これを利用するには次の import 文が必要です。

```
from scipy.stats import t
```

Pythonプログラム 32

```
# t分布を用いた母平均の区間推定
print('【t分布を用いた区間推定】')
#準備
import numpy as np
from scipy.stats import t

#標本抽出
sample = [5240, 4670, 4880, 4200, 4320,
          3820, 4630, 3950, 5220, 3960,
          6250, 5020, 6410, 4110, 3830,
          3260, 4260, 6080, 4850, 5090]
ss = len(sample)    #sample size
```

計算に必要な関数を使えるようにする準備（序-4節）

標本を変数sampleに入力。その大きさを変数ssに

```
#標本平均・不偏標準偏差の算出
ms = np.mean(sample)
stdev1 = np.std(sample, ddof=1)

#信頼度を与える
p_con=0.95  #信頼度 ( confidence )

#信頼度に対する両側%点を算出
q0 =t.ppf(0.5+p_con/2, ss-1)

#信頼区間の両端を算出
r1 = ms - q0 * stdev1 /np.sqrt(ss)
r2 = ms + q0 * stdev1 /np.sqrt(ss)

#結果表示
print('信頼度', int(100*p_con),end='')
print('%の信頼区間：', end='')
print(round(r1), '≦μ≦', round(r2))
```

- 標本平均と不偏標準偏差を算出
- 信頼度95%を変数p_conに設定
- t分布の自由度に「標本の大きさ－1」を設定。算出されたq0の値はt分布の両側%点となる（t.ppfについては3-9節参照）
- 式(4)から信頼区間の両端r1、r2を算出
- 算出した信頼区間の表示

（注）ファイルから標本を入力する方法については、付録A、B、Cを参照してください。

計算結果

プログラムの実行結果を示します。信頼度を99%に変更するには、プログラムの中の変数p_conを0.99に設定します。

```
【t分布を用いた区間推定】
信頼度 95%の信頼区間：4304 ≦μ≦ 5101
```

Pythonレッスン　実数型を整数型にするint関数、astype(int)

プログラム最後のコメント文「#結果表示」のブロックで、次のコードを記述しました。

```
int(100*p_con)
```

関数intはPythonの標準関数で、実数型（すなわち小数の付いた数）を整数型に変換する関数です。実数型の変数をprintで表示する際、この処理をしないと表示に小数が入り、美しくありません。

（注）これまで通り関数round、np.roundを用いても問題はありません。

ところで、NumPyで定義した数値や配列には、このint関数は利用できません。その際にはastype(int)を修飾子として付加します（1-1節）。

例 x.astype(int)

参考 32　Python・Excel 二刀流

本節のテーマを Excel で実行するには、T.INV.2T 関数が便利です。この図から、例題に対する答えが次のように得られます。

信頼度 95%の推定区間：4304≦ 母平均 ≦5101

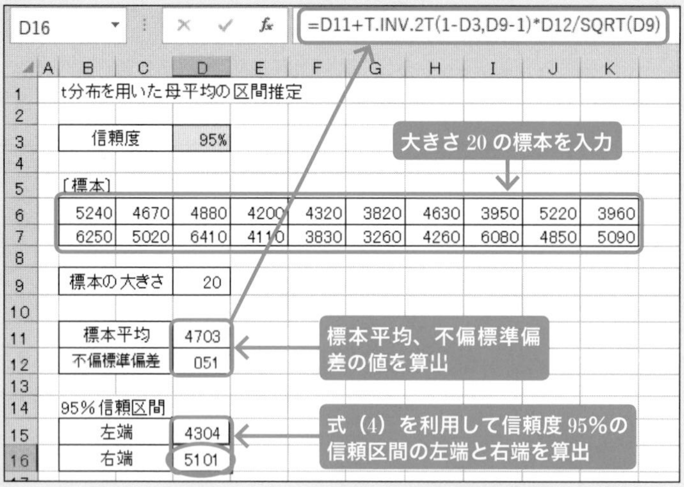

T.INV.2T 関数は両側 $100p$%ポイントを算出する関数で、式 (4) の t(p) に相当する Excel 関数です。次のように利用できます (3-9 節)。

＝T.INV.2T(確率 p, 自由度)

memo　直接信頼区間を算出する関数

標本から直接信頼区間を算出してくれる関数があります。SciPy では stats.norm.interval、stats.t.interval、scipy.stats.binorm.interval、scipy.stats.chi2.interval などです。また、Excel では CONFIDENCE.NORM、CONFIDENCE.T がそれです。答がすぐに算出されて楽ですが、統計的な推定の理論の把握はできません。本書に示す理論の流れを理解してから、これらの関数を使うことをお勧めします。なお、使用例を本章末で調べています。

5-5 大きな標本の場合の母平均の推定 ～ 中心極限定理が本領発揮する推定

本節では大きな標本の場合について調べます。大きな標本であれば、母分散が不明でも、また母集団分布すら未知であっても、区間推定が可能になるのです。

大標本の場合の母平均の推定の考え方

中心極限定理（4-3 節）により次のことが成立します。

> 平均値 μ、分散 σ^2 の任意の分布から抽出された大きさ n の標本の標本平均 $\overline{X}$ は、n が十分大きいとき、平均値 μ、分散 $\dfrac{\sigma^2}{n}$ の正規分布に従う。

この定理で大切なことは、ここで母集団として正規母集団を仮定してはいないことです。

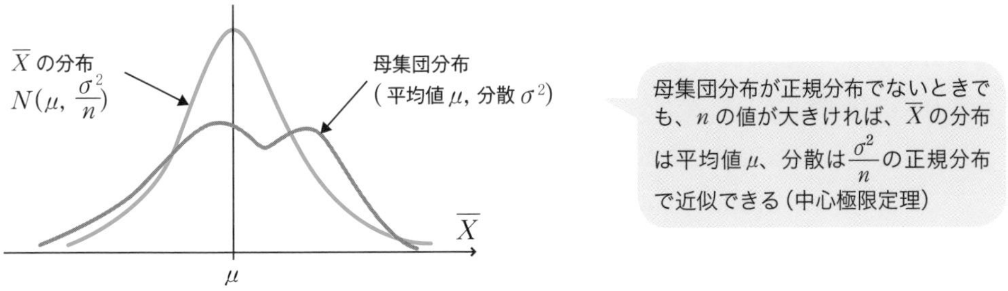

さて、標本の大きさ n が大きいとき、母分散 σ^2 は標本から得られる不偏分散 s^2 で近似できるでしょう。したがって、次の定理が成立します。

> 大きな標本においては、標本平均 $\overline{X}$ は、母平均 μ、分散 $\dfrac{s^2}{n}$ の正規分布に従う。

これを利用すれば、母分散が未知で母集団分布がどんな場合でも、母平均の区間推定が可能になります。実際、いままで調べてきた正規分布の性質が、そのまま利用できるからです。すなわち、5-3 節で調べた公式（3）、（4）で、σ を s に置き換えるだけで良いのです。

信頼度 95%　：　$\overline{X} - 1.96 \times \dfrac{s}{\sqrt{n}} \leqq \mu \leqq \overline{X} + 1.96 \times \dfrac{s}{\sqrt{n}}$

信頼度 99%　：　$\overline{X} - 2.58 \times \dfrac{s}{\sqrt{n}} \leqq \mu \leqq \overline{X} + 2.58 \times \dfrac{s}{\sqrt{n}}$

母平均μを区間推定する手順

分散が未知である母集団（正規母集団である必要はない）の平均値μを区間推定するには、次のステップ（ⅰ）（ⅱ）を追います。ただし、標本の大きさnは十分大きな数とします。

（ⅰ）大きさnの標本$\{X_1, X_1, \cdots, X_n\}$を抽出し、次の各値を求める

標本平均 $\overline{X} = \dfrac{X_1 + X_2 + \cdots + X_n}{n}$

不偏分散 $s^2 = \dfrac{(X_1 - \overline{X})^2 + (X_2 - \overline{X})^2 + \cdots + (X_n - \overline{X})^2}{n-1}$

標準偏差 $s = \sqrt{s^2}$

（ⅱ）信頼度に応じて以下の式を用いて信頼区間を求める

信頼度95%：$\overline{X} - 1.96 \times \dfrac{s}{\sqrt{n}} \leqq \mu \leqq \overline{X} + 1.96 \times \dfrac{s}{\sqrt{n}}$　…（1）

信頼度99%：$\overline{X} - 2.58 \times \dfrac{s}{\sqrt{n}} \leqq \mu \leqq \overline{X} + 2.58 \times \dfrac{s}{\sqrt{n}}$　…（2）

例で見てみよう

例 下の資料は東京都の20代のサラリーマン35人を抽出して、小遣いの平均月額を調査したものである。この資料をもとに、東京都の20代サラリーマンの小遣いの平均月額を信頼度95%で区間推定してみよう。

62000	52000	46000	46000	55000
71000	47000	63000	52000	67000
57000	43000	42000	64000	75000
68000	47000	25000	60000	55000
64000	61000	64000	54000	52000
58000	68000	42000	61000	45000
64000	48000	65000	41000	54000

（注）平均月額は1,000円単位で調査をしています。

（ⅰ）標本平均と標本分散を求める

計算から、標本平均$\overline{X}$は55371、不偏分散s^2から求めた標準偏差sは10608となります。

（ⅱ）区間推定の公式を利用

信頼度95%の推定区間の公式（1）に、（ⅰ）の値を代入します。

$$55371 - 1.96 \times \frac{10608}{\sqrt{35}} \leqq \mu \leqq 55371 + 1.96 \times \frac{10608}{\sqrt{35}}$$

計算して、次の推定区間を得ます。

$51857 \leqq \mu \leqq 58886$

実習 33 Pythonによる統計分析

先の(例)の区間推定を、Pythonを用いて計算しよう。

大きな標本について、母平均の区間推を実行してみましょう。基本となるのは式(1)(2)です。

Pythonプログラム 33

```
#大きな標本による母平均の区間推定
print('【大きな標本による母平均の区間推定】')
#準備
import numpy as np
```

NumPy、SciPyの関数を使えるようにする準備

```
#抽出した標本を入力
sample = [62000, 52000, 46000, 46000, 55000,
          71000, 47000, 63000, 52000, 67000,
          57000, 43000, 42000, 64000, 75000,
          68000, 47000, 25000, 60000, 55000,
          64000, 61000, 64000, 54000, 52000,
          58000, 68000, 42000, 61000, 45000,
          64000, 48000, 65000, 41000, 54000]
ss = len(sample)    #sample size
```

標本を配列sampleに入力。その大きさを変数ssに

```
#標本平均・不偏標準偏差の算出
ms = np.mean(sample)
stdev1 = np.std(sample, ddof=1)
print('標本平均=', round(ms))
print('不偏標準偏差=',round(stdev1))
```

標本平均と(不偏分散から得られる)標準偏差(なわち不偏標準偏差)を算出

```
#信頼度とそれに対する係数を算出
p_con = 0.95  #信頼度(confidence)
q0 = 1.96
```

信頼度95%を変数p_conに設定。また、式(1)の係数1.96をq0に設定

```
#信頼区間の両端を算出
r1 = ms - q0 * stdev1/np.sqrt(ss)
r2 = ms + q0 * stdev1/np.sqrt(ss)
```

式(1)から信頼区間の両端r1、r2を算出

```
#結果表示
print('信頼度', int(100*p_con),end='')
print('%の信頼区間：', end='')
```

算出した信頼区間の表示

```
print(round(r1), '≦μ≦', round(r2))
```

（注）ファイルから標本を入力する方法については、付録 A、B、C を参照してください。

計算結果

プログラムの実行結果を示します。

```
【大きな標本による母平均の区間推定】
標本平均= 55371
不偏標準偏差= 10608
信頼度 95%の信頼区間：51857 ≦μ≦ 58886
```

Pythonレッスン　分散、標準偏差の関数いろいろ

分散、標準偏差は基本統計量で大切です。そこで、複数のライブラリに、算出の関数が用意されています。表にまとめます。

	Python 標準	NumPy	SciPy
母分散	statistics.pvariance(x)	numpy.var(x, ddof=0)	statistics.variation(x, ddof=0)
母標準偏差	statistics.pstdev(x)	numpy.std(x, ddof=0)	statistics.tstd(x, ddof=0)
不偏分散	statistics.variance(x)	numpy.var(x, ddof=1)	statistics.variation(x, ddof=1)
不偏標準偏差	statistics.stdev(x)	numpy.std(x, ddof=1)	statistics.tstd(x, ddof=1)

（注）Python 標準関数の関数名の頭に付けられた P は population（母集団の意味）の頭文字。なお、インポートのし方で関数の呼び出し方は異なります（序 -4 節）。

参考 33　Python・Excel 二刀流

本節のテーマを Excel で実行するには、Python のときと同様、式 (1) (2) を直接利用します。標本から標本平均 $\overline{X}$、不偏分散 s^2 を算出し、式 (1) を利用して、信頼度 95%の区間を推定します。

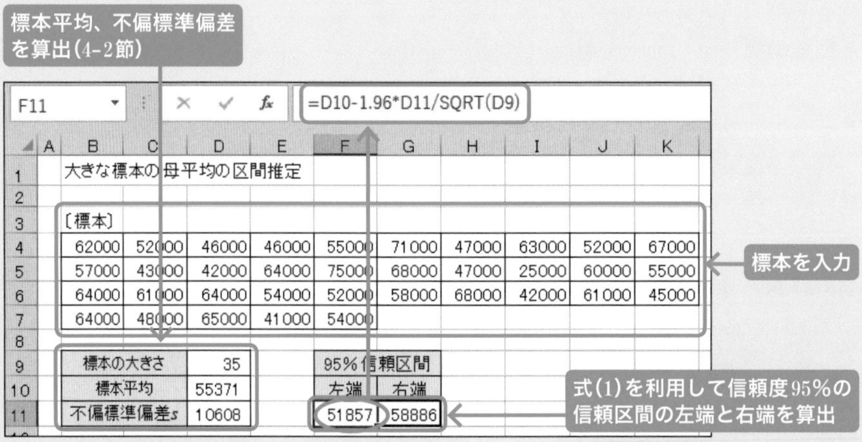

5-6 母比率の推定
～ ベルヌーイ分布と中心極限定理が協力した区間推定

政党の支持率や喫煙率など母集団の割合、つまり、母比率を区間推定する方法を調べてみましょう。

母比率と標本比率

例として、日本人の喫煙率を標本調査することを考えてみましょう。

日本人において、タバコを吸う人の数を日本人全体の人数で割れば、その喫煙率が求められます。このように、母集団において、ある特性を持っているものの割合を、その特性に関する**母比率**といいます。

次に、抽出された標本で考えてみましょう。その標本の中でタバコを吸う人の数を標本の人数で割れば、その喫煙率が求められます。このように、標本において、ある特性を持っているものの割合を、その特性に関する**標本比率**といいます。

標本と平均値を結ぶベルヌーイ分布

母比率や標本比率の言葉の定義は、前節までの平均値の議論とは大きく異なっています。ところが、比率と平均値とをつなぐ絶妙な方法があります。それを調べてみましょう。

喫煙率の調査で「比率と平均値とをつなぐ絶妙な方法」とは、タバコを吸う人を1、吸わない人を0と表現することです。すると、日本人全体の喫煙率（すなわち母比率p）は次のように求められます。

$$\text{日本人全体の喫煙率}\ p=\frac{X_1+X_2+X_3+\cdots+X_N}{N}\quad\cdots(1)$$

ここで、Nは日本人の総数、$X_1, X_2, \cdots, X_N$は各人に割り当てた確率変数で、1と0の2つの値をとります。

次に、標本を調べて見ましょう。具体的に、標本の大きさが5だとします。(1)式と同様に、5人の標本に対して、タバコを吸う人が1、吸わない人が0という値をとる確率変数$X_1, X_2, \cdots, X_5$を割り当ててみます。すると、標本における喫煙率は、全体のときと同様に、次のように求められます。

$$\text{標本の喫煙率}=\frac{X_1+X_2+X_3+X_4+X_5}{5}\quad\cdots(2)$$

実際、抽出した標本において5人の名前が順にA、B、C、D、Eとし、A、Cがタバコを吸い、他が吸わないとしましょう。すると、喫煙率は次のように求められます。

$$\text{喫煙率}=\frac{1+0+1+0+0}{5}=\frac{2}{5}=0.4$$

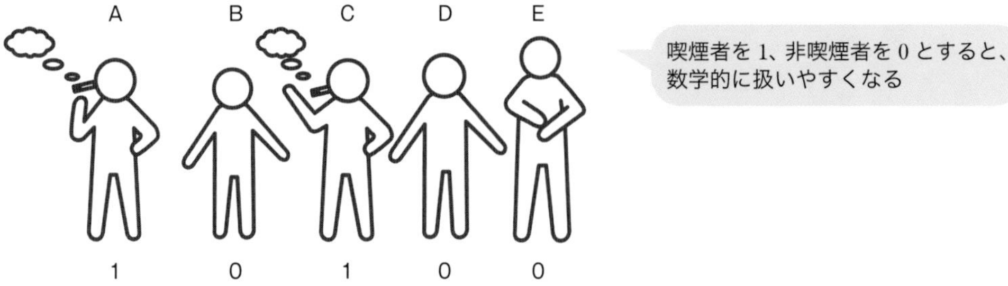

注目してもらいたいことは、(1)、(2)の式がまさに母平均、標本平均の形をしているということです。これまで用いてきた母平均の記号μ(これが母比率p)、標本平均の記号$\overline{X}$(これが標本比率)を用いると、(1)、(2)の式は次のように表現されます。

$$\mu=\frac{X_1+X_2+X_3+\cdots+X_N}{N}、\overline{X}=\frac{X_1+X_2+X_3+X_4+X_5}{5}$$

以上の喫煙率の例からわかるように、母集団の各要素に1、0を割り振ると、母比率、標本比率を前節まで調べてきた母平均と標本平均の関係で議論できます。これが「比率と平均値とをつなぐ絶妙な方法」なのです。

母集団の各要素に1、0を割り振る確率変数はベルヌーイ分布です(3-2節)。ベルヌーイ分布は1の起こる確率をpとすると、次の表で表現されます。

Xの値	0	1
確率P	$1-p$	p

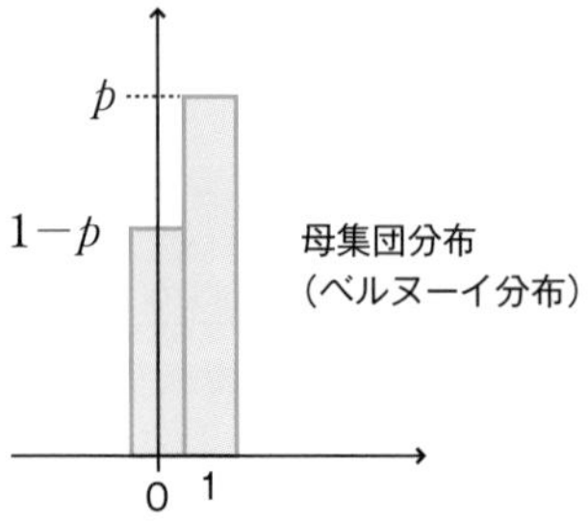

喫煙率の例からわかるように、この確率pが「母比率」になります。そして、この分布に従う母集団から抽出された大きさnの標本$\{X_1, X_1, \cdots, X_n\}$について、その標本平均

$$\overline{X}=\frac{X_1+X_2+X_3+\cdots+X_n}{n} \quad \cdots (3)$$

が「標本比率」になるのです。

母比率の推定の公式

(3)式の標本平均$\overline{X}$の分布、すなわち標本比率の分布を調べてみましょう。3章で調べたように、次の定理が成立します(3-2節)。

比率pのベルヌーイ分布に従う確率変数Xの平均値(すなわち母平均μ)とその分散(すなわち母分散σ^2)は次のように与えられる。

母平均$\mu=p$、母分散$\sigma^2=p(1-p)$

したがって、中心極限定理(4-3節)から、次の定理が得られます。

n が大きいとき、比率 p のベルヌーイ分布に従う変数 X の標本比率 $\overline{X}$ の分布は、平均値 p、分散 $\dfrac{p(1-p)}{n}$ の正規分布で近似される。

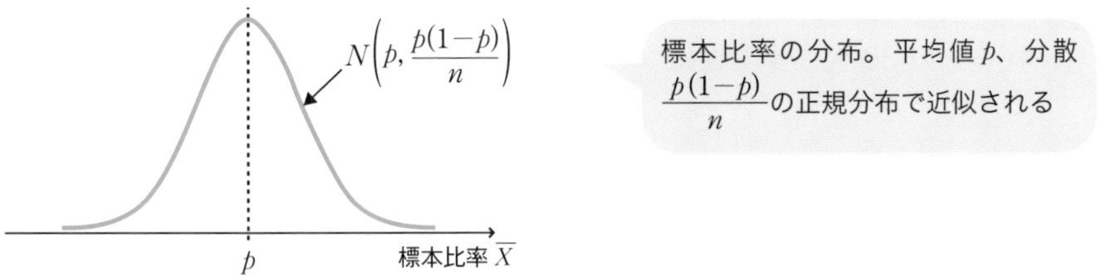

正規分布の性質（3-4 ～ 3-6 節）から、標本平均（すなわち標本比率）$\overline{X}$ の値は次の区間に 95％の確率で現れることなります（下図）。

$$p-1.96\times\sqrt{\frac{p(1-p)}{n}} \leqq \overline{X} \leqq p+1.96\times\sqrt{\frac{p(1-p)}{n}}$$

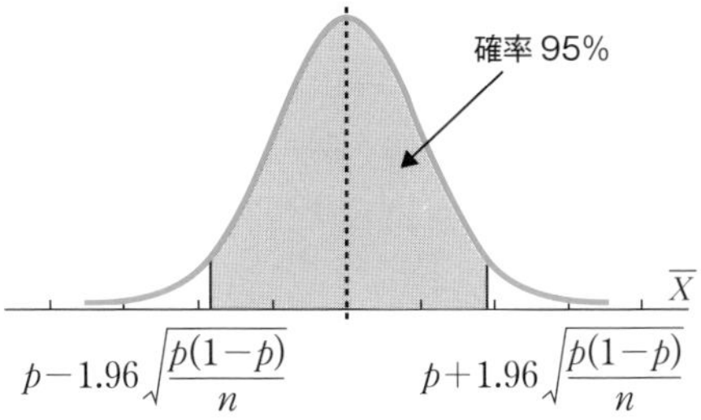

この式を近似計算しながら変形すると次の不等式が導かれます。

$$\overline{X}-1.96\times\sqrt{\frac{1}{n}\overline{X}(1-\overline{X})} \leqq p \leqq \overline{X}+1.96\times\sqrt{\frac{1}{n}\overline{X}(1-\overline{X})} \quad \cdots (4)$$

この（4）式が、信頼度 95％に対する母比率 p の信頼区間となります。

母比率 p を区間推定する手順

以上から、標本の大きさを n、標本比率を $\overline{X}$ とするとき、母比率 p は次の手順で区間推定できます。

（i）大きさ n の標本 $\{X_1, X_1, \cdots, X_n\}$ を抽出し、次の各値を求める

$$\text{標本比率 } \overline{X} = \frac{X_1+X_2+\cdots+X_n}{n}$$

（ii）以下の式を用いて推定区間を求める

$$\text{信頼度 95％：} \overline{X}-1.96\times\sqrt{\frac{1}{n}\overline{X}(1-\overline{X})} \leqq p \leqq \overline{X}+1.96\times\sqrt{\frac{1}{n}\overline{X}(1-\overline{X})} \quad \cdots (5)$$

（注）信頼度 99％に対する母比率 p の信頼区間は、この（5）式の 1.96 を 2.58 に変えて得られます。

例で見てみよう

例 マスコミの発表した日本の女性の未婚率の高さが気になった社会学者のA先生は、それを確かめるために30代前半女性の未婚率を調べることにした。ランダムに電話をかけ調査したところ、100人の30代前半女性について次の結果を得た。

1、0、0、1、0、0、0、0、0、0、1、0、0、0、1、0、1、1、0、0、0、1、0、0、0
0、1、0、0、1、0、0、0、0、0、1、0、0、0、1、0、1、1、0、1、0、1、0、0、0
1、0、1、0、0、0、1、1、0、0、0、0、1、0、0、1、0、0、0、1、0、0、0、1、0
0、0、1、0、0、0、1、0、0、1、1、0、1、0、1、0、0、1、0、0、0、1、0、1、0

1は未婚を、0は既婚を表す。この結果から、30代前半女性の未婚率を信頼度95%で区間推定してみよう。

(ⅰ) 標本比率 $\overline{X}$ を求める

調査から得られた30代前半女性の未婚率は、100人中未婚が32人なので、

$$\overline{X}=\frac{32}{100}=0.32$$

(ⅱ) 公式(5)を利用する

標本の大きさ $n=100$ と(ⅰ)の結果を公式(5)に代入して、母比率 p の95%の信頼区間は

$$0.32-1.96\times\sqrt{\frac{1}{100}\times0.32\times(1-0.32)}\leqq p\leqq0.32+1.96\times\sqrt{\frac{1}{100}\times0.32\times(1-0.32)}$$

計算すると、 $0.23\leqq p\leqq0.41$ **答**

実習 34 Pythonによる統計分析

先の(例)の区間推定を、Pythonを用いて実行しよう。

memo

実際の未婚率

下表は30代男女の未婚の割合の推移です。急激な非婚化・晩婚化が見て取れます。

	年	1980	1985	1990	1995	2000	2005	2010	2015
男性	30－34歳	21.5	28.2	32.8	37.5	42.9	47.1	47.3	47.1
	35－39歳	8.5	14.2	19.1	22.7	26.2	31.2	35.6	35.0
女性	30－34歳	9.1	10.4	13.9	19.7	26.6	32.0	34.5	34.6
	35－39歳	5.5	6.6	7.5	10.1	13.9	18.7	23.1	23.9

(出典) 厚生労働省のホームページから。

式(5)を用いて、母比率の区間推定を実行してみましょう。

Pythonプログラム 34

```
#大きな標本による母比率の区間推定
print('【大きな標本による母比率の区間推定】')
#準備
import numpy as np

#標本抽出
sample = [
   1, 0, 0, 1, 0, 0, 0, 0, 0, 0, 1, 0, 0, 0, 1, 0, 1, 1, 0, 0,
   0, 1, 0, 0, 0, 0, 1, 0, 0, 1, 0, 0, 0, 0, 0, 1, 0, 0, 0, 1,
   0, 1, 1, 0, 1, 0, 1, 0, 0, 0, 1, 0, 1, 0, 0, 0, 1, 1, 0, 0,
   0, 0, 1, 0, 0, 1, 0, 0, 0, 1, 0, 0, 0, 1, 0, 0, 0, 1, 0, 0,
   0, 1, 0, 0, 1, 1, 0, 1, 0, 1, 0, 0, 1, 0, 0, 0, 1, 0, 1, 0 ]
ss = len(sample)   #sample size

#標本平均（＝標本比率）
ps = np.mean(sample)
print('標本比率＝', ps)

#信頼度とそれに対する係数を設定
p_con = 0.95    #信頼度（confidence）
q0 = 1.96

#信頼区間を算出
r1 = ps - q0 * np.sqrt(ps*(1-ps) /ss)
r2 = ps + q0 * np.sqrt(ps*(1-ps) /ss)
```

NumPyの関数を使えるように準備

標本を変数sampleに入力

標本比率psを算出

信頼度95%を変数p_conに設定。式(5)の係数1.96もq0に設定

式(5)から信頼区間の両端r1、r2を算出

```
#結果表示
print('信頼度', int(100*p_con),end='')
print('%の信頼区間：', end='')
print(round(r1,2), '≦母比率≦', round(r2,2))
```

算出した信頼区間の表示

(注) ファイルから標本を入力する方法については、付録A、B、Cを参照してください。

計算結果

プログラムの実行結果を示します。なお、信頼度を99%にするには、プログラムの中の変数p_con を0.99に、係数q0を2.58に変更します。

```
【大きな標本による母比率の区間推定】
標本比率= 0.32
信頼度 95%の信頼区間：0.23 ≦母比率≦ 0.41
```

Pythonレッスン round関数と型違い

プログラムの最後の行で、「print(round(r1,2)」という命令を記述し、いぶかしく思われた読者も多いでしょう。というのも、r1はNumPyが算出したもので、roundはPython標準関数だからです。出生が違うのです。

```
print(type(r1))
<class 'numpy.float64'>
```

プログラム途中で変数r1の型を覗く

Pythonを利用する上でありがたいのは、このような出生をあまり気にしなくて良いことです。Pythonのシステムが適宜解釈してくれるのです。このことがPythonプログラミングを易しくしてくれる大きな理由の一つです。

参考 34 Python・Excel 二刀流

本節のテーマを Excel で実行するには、Python のときと同様、式 (5) を直接利用します。標本から標本比率 $\overline{X}$ を算出し、この値を利用して式 (5) をワークシートで計算します。

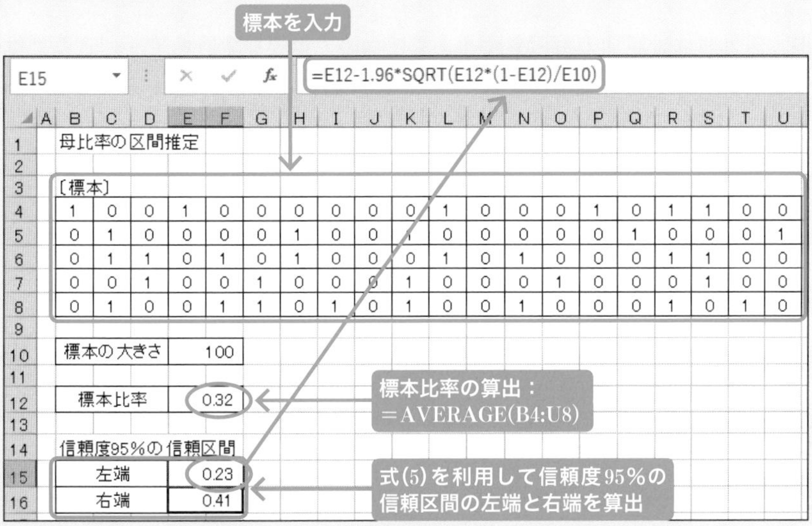

memo print の書式設定

5 章では、小数で与えられた信頼度 p_con をパーセント表示するのに、int 関数を用いました。
(例 1) int(100*p_con)
小数で与えられた数をパーセント表示する方法は、他にもいろいろです。次の 6 章では、format 関数を用いてみました。変数 level に収めた有意水準をパーセントで表示しています。
(例 2) print(' 有意水準＝ {:.0%}'.format(level))
format は書式を含んだ文字列に付加され、書式に合うように数値表現する関数です。上の例 2 では {:.0%} が書式です。level という変数値をパーセントで表し、整数部だけを表示します。次の実行例を見てください。

```
level=0.05
print('有意水準={:.0%}'.format(level))
```

```
有意水準=5%
```

他にも、print で表示を変更する方法は豊富に用意されています。例えば、2-2 節では set_printoptions という書式制御文を紹介しました。また、次の 5-7 節では、f 文字列を紹介します。

5-7 母分散の推定 ～χ^2 分布が活躍する推定

母平均と同様、母分散は母集団の特徴を知る上できわめて重要な統計量です。ここでは、この母分散を区間推定する方法を調べてみましょう。

母分散の推定の基本的な考え方

分散が σ^2 の正規分布に従う母集団から大きさ n の標本を抽出し、不偏分散 s^2 を求めてみましょう。

$$s^2=\frac{(X_1-\overline{X})^2+(X_2-\overline{X})^2+\cdots+(X_n-\overline{X})^2}{n-1}$$

このとき、次の定理が成立します。

> 次の統計量は自由度 $n-1$ の χ^2 分布に従う：$z=\dfrac{(n-1)s^2}{\sigma^2}$

(注) χ^2 分布については、3-10 節参照。

自由度 $n-1$ の χ^2 分布における両側 p% 点を下図のように k_1、k_2 としましょう。

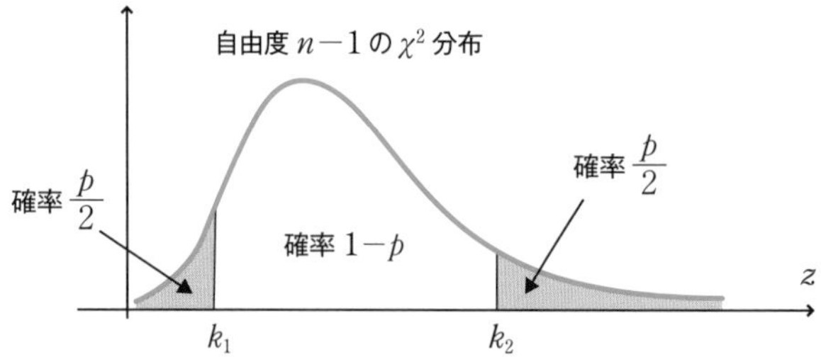

(注) k_1、k_2 の値は Python や Excel の関数を用いて得られます。

すると、両側 p% 点の定義から、$z=\dfrac{(n-1)s^2}{\sigma^2}$ が次の式を満たす確率は $1-p$ になります。

$$k_1 \leqq \frac{(n-1)s^2}{\sigma^2} \leqq k_2$$

変形して、整理すると次の式が得られます。

$$\frac{(n-1)s^2}{k_2} \leqq \sigma^2 \leqq \frac{(n-1)s^2}{k_1}$$

これが信頼度 $100(1-p)$% の母分散の信頼区間となります。

母分散 σ^2 を区間推定する手順

正規分布 $N(\mu, \sigma^2)$ をなす母集団から抽出した大きさ n の標本の不偏分散を s^2 とするとき、母集団の分散（母分散）σ^2 は次の手順で推定できます。

（ｉ）大きさ n の標本 $\{X_1, X_1, \cdots, X_n\}$ を抽出し、不偏分散 s^2 を求める

$$\text{不偏分散：} s^2 = \frac{(X_1-\overline{X})^2+(X_2-\overline{X})^2+\cdots+(X_n-\overline{X})^2}{n-1}$$

（ii）χ^2 分布のパーセント点を利用して σ^2 を区間推定

自由度 $n-1$ の χ^2 分布の両側 $100p$%点を k_1、k_2 としましょう。このとき、母集団の分散（母分散）σ^2 について、信頼度 $100(1-p)$ %の信頼区間は次の式で表されます。

$$100(1-p)\,\%\text{の信頼区間：} \frac{(n-1)s^2}{k_2} \leqq \sigma^2 \leqq \frac{(n-1)s^2}{k_1} \quad \cdots (1)$$

ここで、s^2 は上の（ｉ）で求めた不偏分散の値です。

例で見てみよう

例 ある工場で生産されている直径 30cm のパイプの実際の直径を測定したデータが 30 個ある。

30.0	29.9	30.0	30.0	30.0	30.0
30.0	30.0	30.1	29.9	30.0	29.8
30.2	30.0	29.9	29.9	29.9	30.1
29.9	30.2	30.1	30.0	30.0	30.0
30.0	29.9	29.9	30.2	29.9	30.1

このデータから工場で生産されているパイプの直径の分散を信頼度 95%で区間推定してみよう。ただし、パイプの直径は正規分布に従うことを仮定する。

（ｉ）不偏分散 s^2 を求める

与えられたデータから、不偏分散 s^2 は次の値になります。

$$s^2 = 0.0100$$

（ii）χ^2 分布における両側 5%点を求める

推定で用いる χ^2 分布の自由度は 29（$=30-1$）です。また、この分布における両側 5%点は次の図で示される値を持ちます。すなわち、上の公式（1）の k_1、k_2 は次のようになります。

$$k_1 = 16.0471\text{、} k_2 = 45.7223$$

（注）これら k_1、k_2 の値は、Python や Excel の関数で求められます。（次ページ「Python による統計分析」参照。）

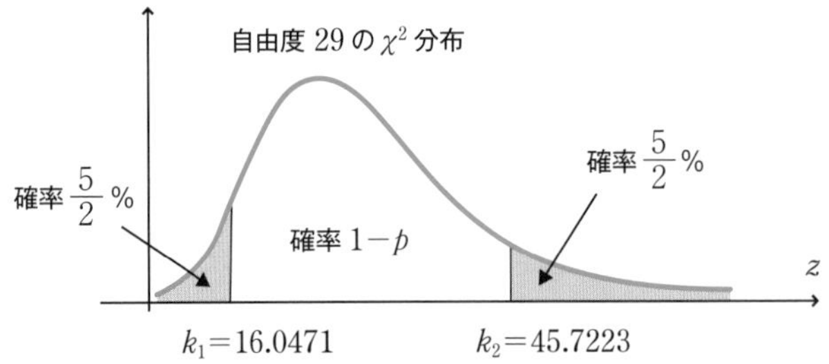

（iii）公式（1）に（ i ）、（ ii ）の結果を代入

信頼度 95%の区間推定の公式（1）において、各文字には次の値が対応します。

標本の大きさ：$n=30$

不偏分散：$s^2=0.0100$

両側 5% 点：$k_1=16.0471$、$k_2=45.7223$

実際にこれらを（1）に代入して、

$$\frac{(30-1)\times 0.0100}{45.7223} \leqq \sigma^2 \leqq \frac{(30-1)\times 0.0100}{16.0471}$$

計算して整理すると、母分散の信頼度 95% の信頼区間は次のようになります。

$0.0063 \leqq \sigma^2 \leqq 0.0181$ **答**

実習 35 Python による統計分析

いま調べた（例）の区間推定を Python で実行してみよう。

式（1）を用いて、標本から母分散を区間推定してみましょう。パーセント点は SciPy に備えられている関数 chi2.ppf で算出できます（3-11 節）。

Python プログラム 35

```
#正規母集団を仮定した母分散の区間推定
print('【正規母集団の母分散の区間推定】')
#準備
import numpy as np
from scipy.stats import chi2

#標本抽出
sample = [30.0,29.9,30.0,30.0,30.0,30.0,
          30.0,30.0,30.1,29.9,30.0,29.8,
          30.2,30.0,29.9,29.9,29.9,30.1,
          29.9,30.2,30.1,30.0,30.0,30.0,
          30.0,29.9,29.9,30.2,29.9,30.1]
```

NumPy、SciPy の関数を使えるようにする準備

標本を変数 sample に入力。標本の大きさを ss にセット

```
ss=len(sample)   #sample size

#不偏分散の算出
v1 = np.var(sample, ddof=1)
print('不偏分散=', round(v1, 4))

#信頼度の設定
p_con=0.95

#パーセント点を算出
p0 = (1- p_con) /2
k1 = chi2.ppf(p0, ss-1)      #下側%点
k2 = chi2.ppf(1-p0, ss-1)    #上側%点

#信頼区間の両端を算出
r1= (ss - 1) * v1/k2
r2= (ss - 1) * v1/k1

#結果表示
print('信頼度', int(100*p_con), end='')
print('%の信頼区間：', end='')
print(round(r1, 4), '≦母分散≦', round(r2,4 ))
```

標本の不偏分散を算出

信頼度95%を変数p_conに設定

自由度ss−1のχ^2分布の両側$100p$%点をk1、k2として算出(3-11節)

式(1)を利用して、信頼区間の両端を算出

算出した信頼区間の表示

(注) ファイルから標本を入力する方法については、付録A、B、Cを参照してください。

計算結果

プログラムの実行結果を示します。なお、信頼度を99%に変更するには、プログラムの中の変数p_conを0.99に変更します。

```
【正規母集団の母分散の区間推定】
不偏分散= 0.01
信頼度 95%の信頼区間：0.0063 ≦母分散≦ 0.0181
```

Pythonレッスン　printの書式とf文字列

本書では、基本として数値を整形して表示するのにroundやnumpy.roundを利用しています。

例 `print(round(r1, 4))`

整形して表示するという意味で、他にもいろいろな方法があります。例えば、次のように指定すれば、上記の例と同じ表示になります。

```
print(f'{r1:.4f}')
```

この書式は**f文字列**(フォーマット済み文字列リテラル)と呼ばれるもので、print関数以外でも

利用できます。この例の場合、「小数部第 5 位以下を四捨五入して文字として数値を表示しなさい」ということを意味します。他にも豊富なバリエーションがあるので、Python に慣れ親しんできたなら、Web ページを検索し利用法を調べるとよいでしょう。結果を見やすく美しく表示できるようになります。

参考 35 Python・Excel 二刀流

本節のテーマを Excel で実行するには、Python のときと同様、式 (1) を直接利用します。標本から不偏分散 s^2 を算出し、この値を利用して、式 (1) をワークシートで計算します。

このとき、式 (1) の k_1、k_2 の算出に利用されるのが、次の関数です (3-11 節)。

下側 p% 点の算出：CHISQ.INV(確率 p, 自由度)

上側 p% 点の算出：CHISQ.INV.RT(確率 p, 自由度)

下図で、これらの使い方を確認してください。

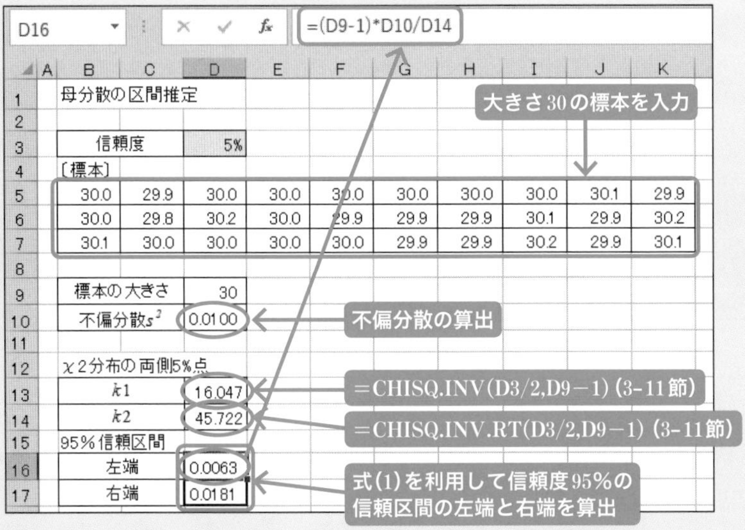

以上から、Python で得た結論と同じ値が得られました。

発展 関数一つで区間推定ができる！

信頼度と標準誤差をセットするだけで、区間推定してくれる関数があります。その一例として、5-4 節で調べた t 分布を用いた推定の例について、SciPy の用意した stats.t.interval を用いて調べてみます。

（注）標準誤差については、5-3 節の〈memo〉をご覧ください。

この関数の書式は次の通りです。

```
t.interval(alpha, df , loc, scale)
```

「信頼度」を alpha に、「t 分布の自由度」を df に、「標本平均」を loc に、「標準誤差」(5-4 節の式 (4) の $\frac{s}{\sqrt{n}}$ 部分) を scale にセットします。

この関数を利用して、5-4 節のプログラムを書き換えてみましょう。その節に掲載したプログラムにおいて、「# 信頼度に対する両側％点を算出」のコメント以下の行を、次のプログラムに差し替えてください。

```
#信頼区間の両端を算出
df0= ss-1                #自由度
se=stdev1/np.sqrt(ss)  #標準誤差
r1, r2 = t.interval(alpha=p_con, df = df0, loc=ms, scale=se)

#結果表示
print('信頼度', int(100*p_con),end='')
print('%の信頼区間：', end='')
print(round(r1), '≦μ≦', round(r2))
```

t分布の自由度をdf0に、標準誤差をseに設定。t.interval関数は信頼区間の両端を算出

算出した信頼区間の表示

実行結果を示しましょう。

```
【t分布を用いた区間推定】
信頼度 95%の信頼区間：4304 ≦μ≦ 5101
```

当然ですが、これは 5-4 節の出力と同じになります。

（注）Excel にも似た関数があります。例えば CONFIDENCE.NORM がそうです。簡単に使えるので、試してみましょう。

寄り道

本書の統計学とベイズ統計学

本書で記述する統計学は、高校や大学で標準的に扱われる統計学で、**頻度論**と呼ばれます。

頻度論は、母集団を特徴づける母数を定数として扱います。具体例として、5-3節の主要な式(3)（下記の式(i)）がどのように得られたかを復習してみましょう。

$$信頼度95\%：\overline{X}-1.96\times\frac{\sigma}{\sqrt{n}} \leqq \mu \leqq \overline{X}+1.96\times\frac{\sigma}{\sqrt{n}}\ (5\text{-}3節の式(3)) \cdots\cdots\cdots\cdots (i)$$

この式を得るには、定数とみなされる平均μを持つ正規分布(ii)に、母集団が従うと仮定されます。

$$f(x)=\frac{1}{\sqrt{2\pi}\,\sigma}e^{-\frac{(x-\mu)^2}{2\sigma^2}}\ (\sigma は母標準偏差) \cdots\cdots\cdots\cdots (ii)$$

そして、母集団から何回も標本が抽出できることが仮定されます（これが「頻度論」の名称の由来です）。すると、たまたま得られる1個の標本の平均$\overline{X}$が、95%の確率で式(iii)を満たすのです。これが式(i)の論拠です。

$$\mu-1.96\times\frac{\sigma}{\sqrt{n}} \leqq \overline{X} \leqq \mu+1.96\times\frac{\sigma}{\sqrt{n}}\ (\mu は定数) \cdots\cdots\cdots\cdots (iii)$$

この頻度論に対して、母数は確率変数と考える統計学があります。**ベイズ統計学**です。

再び上記5-3節の例で考えてみましょう。母集団が式(ii)の分布に従うと仮定することは頻度論と同じです。ここで1個の標本$\{x_1, x_2, \cdots, x_n\}$（$n$は標本の大きさ）が得られたとしましょう。すると、この標本が得られる確率は、確率の定理から、(ii)の積に比例します。

$$\frac{1}{\sqrt{2\pi}\,\sigma}e^{-\frac{(x_1-\mu)^2}{2\sigma^2}}\ \frac{1}{\sqrt{2\pi}\,\sigma}e^{-\frac{(x_2-\mu)^2}{2\sigma^2}}\cdots\frac{1}{\sqrt{2\pi}\,\sigma}e^{-\frac{(x_n-\mu)^2}{2\sigma^2}} \cdots\cdots\cdots\cdots (iv)$$

この式は母数μを確率変数とする確率分布（に比例する）式と考えられます。何回も標本が抽出できるということを仮定せずに、母数に関する情報の式が得られるのです。これがベイズ統計学の考え方です。

なお、式(iv)は、μの確率分布について予め何も情報がないと仮定されている点に注意してください。もし、経験などから、μが次の正規分布に従っていると仮定しましょう。

$$\frac{1}{\sqrt{2\pi}}e^{-\frac{(\mu-10)^2}{2}}$$

このとき、μの確率分布は、確率の定理から、次の関数に比例することになります。

$$\frac{1}{\sqrt{2\pi}\,\sigma}e^{-\frac{(x_1-\mu)^2}{2\sigma^2}}\ \frac{1}{\sqrt{2\pi}\,\sigma}e^{-\frac{(x_2-\mu)^2}{2\sigma^2}}\cdots\frac{1}{\sqrt{2\pi}\,\sigma}e^{-\frac{(x_n-\mu)^2}{2\sigma^2}}\ \frac{1}{\sqrt{2\pi}}e^{-\frac{(\mu-10)^2}{2}}$$

こうして、経験などの付加情報を、ベイズ統計学は簡単に取り込むことができるのです。

第 6 章

Pythonでわかる検定

標本から得られた判断が正しいかどうかを判定するのが検定です。私たちが得られる情報のほとんどは標本からのものですが、そこから下された判断がどれくらいの確度で正しいかを調べる手段が検定なのです。

6-1 統計的検定の仕組みと有意水準の意味 ～「そんなはずがない」が発想の原点

統計学の最も重要な応用の一つが検定です。本節では、この検定の考え方について調べることにしましょう。

統計的検定の考え方

検定というとワープロ検定、漢字検定、簿記検定、英語検定、などが有名です。これらの検定は、該当分野の能力がある程度以上であることを判定するものです。実際には試験や実技でその能力が試されます。

それでは、統計学でいう検定とはどういうものでしょうか。これは、ある集団（つまり、母集団）について述べた仮説が正しいか否かを、抽出した標本をもとに判定しようというものです。

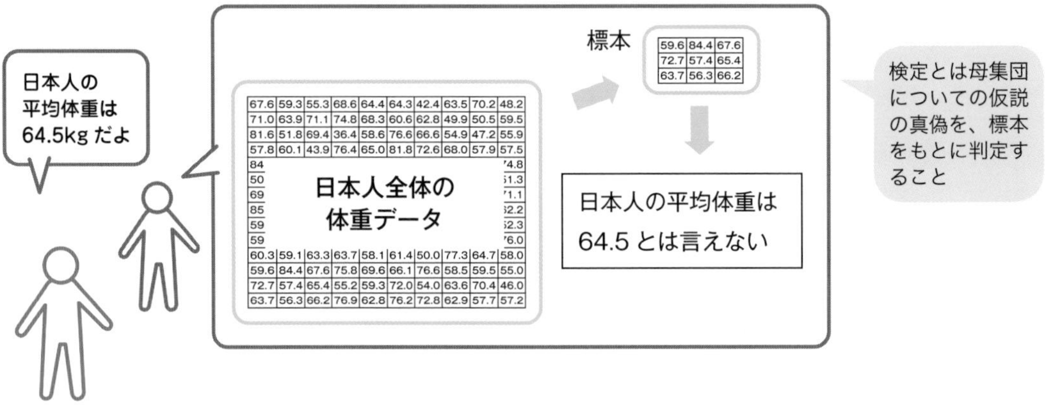

このとき使われる考え方は漢字検定や技能検定と似ています。漢字検定や技能検定では、予め基準を設けておいて、受検者がその基準に達すれば合格とします。統計的検定でも、予め基準を設けておいて、標本から得た統計量がその基準を満たすかどうかで仮説を採用したり棄てたりします。

しかし、全く同じではありません。異なる点は、統計的検定が確率的な判断を伴うことです。つまり、「ある仮説が成立しているとしてテストをしたら、その仮説のもとでは起こりにくい現象が起きてしまった。このときには、その仮説を棄てた方が無難である」という考え方をとるのです。

例で見てみよう

「日本人の喫煙率は 23.9%」と新聞に書いてありました。これを見て A 氏は「まさか！」と思いました。「自分の周囲の状況からは喫煙率 23.9% は低すぎ」と思ったのです。そこで、A 氏は日本人からランダムに 100 人抽出して喫煙率を調べてみました。結果は 45% でした。こんなことは「喫煙率 23.9%」という前提では起こりにくいことです。したがって、A 氏は「日本人の喫煙率は 23.9%」は誤りと判断したのです。

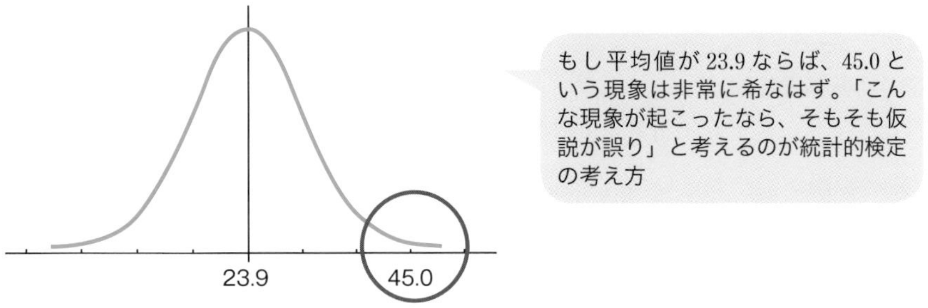

以上の A 氏の推論法が統計的な検定の考え方です。統計的検定は我々が通常おこなっている「まさか！」という判断を確率論で武装したものなのです。

帰無仮説と対立仮説

統計的な検定を始めるには、まず 2 つの仮説を用意します。一つは**帰無仮説**。「これは疑わしい」と感じた仮説です。「無に帰して棄てたい」と思う仮説です。

もう一つは**対立仮説**です。棄てたい帰無仮説に対して、「正しい」と主張したい仮説です。先の喫煙率の例でいうと次のようになります。

帰無仮説 H_0：「日本人の喫煙率は 23.9%」

対立仮説 H_1：「日本人の喫煙率は 23.9% より大」

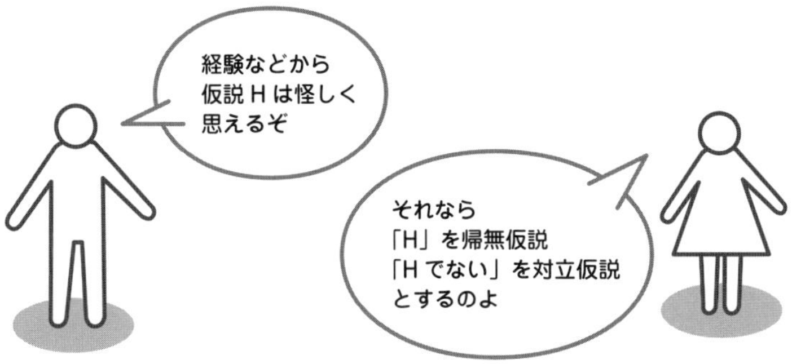

統計的検定は、母集団から抽出した標本をもとに、この帰無仮説を採用するか棄却するかを確率的に判定する方法です。

検定の手順

以下に統計的検定（今後は簡単に「検定」といいます）の実行手順を示しましょう。

(i) 帰無仮説を設定する

検定の出発点は帰無仮説の設定です。「そうではないだろう」「そうであっては困る」という予想や期待を帰無仮説に設定します。また、それに対する対立仮説も用意します。

(ii) 母集団分布を仮定する

母集団がどのような分布に従っているかを調べます。

(iii) 検定で用いる統計量の分布を導入

帰無仮説が正しいとして、検定に用いる統計量とその確率分布を準備します。

（注）この統計量を**検定統計量**と呼びます。

(iv) 検定する際の判断基準を設定

帰無仮説のもとでは「極めて起こりにくい」と判断する確率 α を設定します。「こんな希な事が起こったなら、その仮説が誤り」という「こんな希」の確率を設定するのです。これを**危険率**、または**有意水準**といいます。

（注）本書では、有意水準という言葉を主に利用することにします。有意水準の値 α としては 5%、または 1% が多く用いられます。

更に、（iii）で導入した統計量の分布において、この有意水準に対応する領域を予め決めておきます。これを**棄却域**といいます。通常、分布の右端部分か左端部分、あるいは、両端部分を採用します。

（注）棄却域でない範囲を**受容域**（または、**採択域**）といいます。

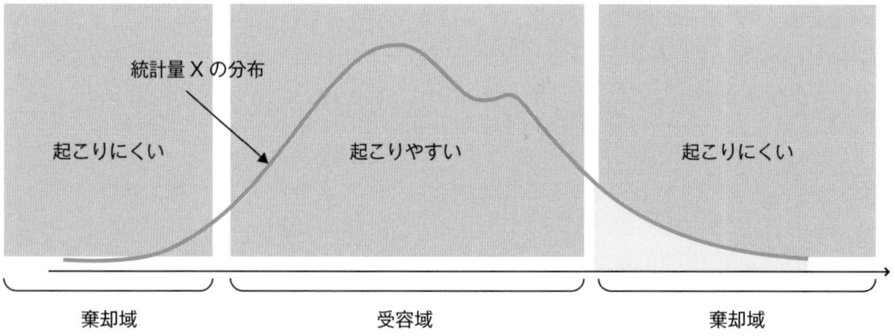

(v) 標本を抽出して仮説の採否を決定

公正無私な立場で実験や標本調査を行い、統計量の実現値 x を得ます。このとき、結論は次の 2 つに別れます。

（ア）値 x が棄却域に入るとき

帰無仮説のもとでは起こりにくいことが起こったとして帰無仮説を**棄却**します。

（イ）値 x が棄却域に入らないとき

帰無仮説のもとでは、「起こりにくいことが起きた」とは考えられません。したがって、帰無仮説は棄却できません。このことを帰無仮説を**採択する**といいます。

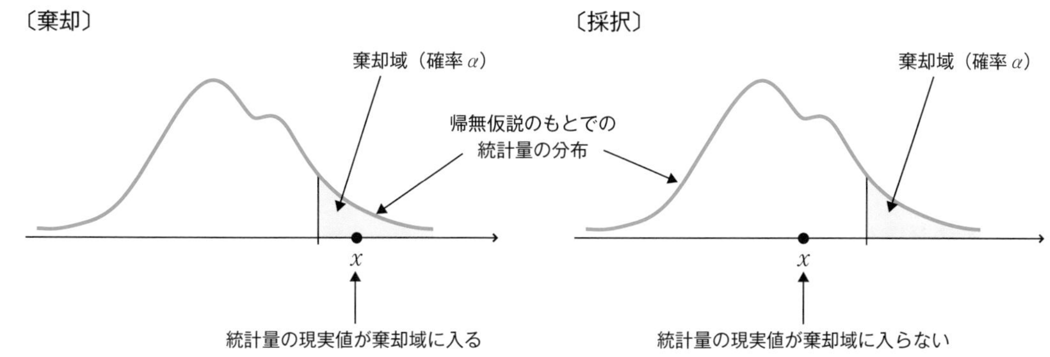

注意したいのは、帰無仮説が正しいときでも、有意水準 α で値 x が棄却域に入り得るということです。正しいのに棄ててしまう可能性が確率 α だけあることになります。

(注) 帰無仮説が正しいのにこれを棄ててしまう誤りを「**第 1 種の誤り**」といいます。

更に注意したいのは、採択するという意味は、積極的に帰無仮説が正しいと認めた訳ではないことです。棄てるほどの積極的な理由は見いだせないということです。

(注) 帰無仮説が誤りなのに採択してしまうという誤りを犯す可能性があります。この誤りを「**第 2 種の誤り**」といいます。詳しいことは 6-10 節で扱います。

片側検定と両側検定

帰無仮説のもとで棄却域は理論上どこにとっても良いのですが、対立仮説との関係で通常は確率分布の右端、左端、両端のいずれかにとります。

(注) 右端、左端、両端のどれにするかは、後述する「第 2 種の誤り」と関係します (6-9 節)。

① 両側検定

「考えている統計量がある値に等しくない」という対立仮説のときには、両側に棄却域をとります。これを**両側検定**といいます。

② 右側検定

「考えている統計量がある値よりも大きい」という対立仮説のときには、右側に棄却域をとります。これを**右片側検定**（簡単に、**右側検定**）といいます。

③ 左側検定

「考えている統計量がある値よりも小さい」という対立仮説のときには、左側に棄却域をとります。これを**左片側検定**（簡単に**左側検定**）といいます。

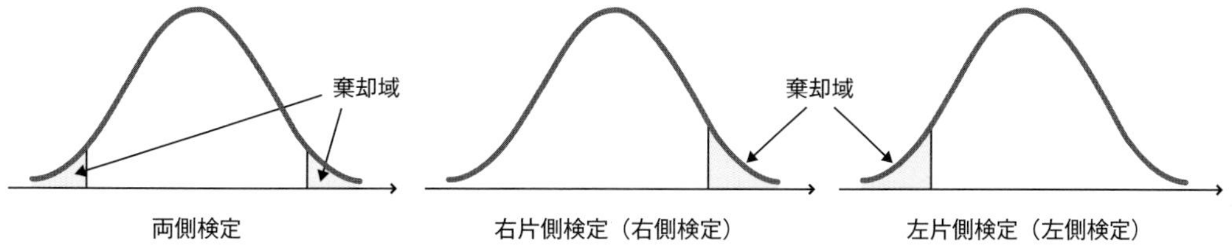

6-2 分散既知の正規母集団の母平均の検定 ～ 検定の基本となる問題

母集団の分散（すなわち母分散）がわかっている場合に、その母集団の平均値（すなわち母平均）を検定することが、検定の基本となります。その中でも、最も基本となるのが、母集団が正規分布に従う場合（すなわち正規母集団の場合）の母平均の検定です。

分散既知の正規母集団についての母平均の検定

平均値μ、分散σ^2の正規分布$N(\mu, \sigma^2)$に従う母集団から抽出した大きさnの標本から標本平均$\overline{X}$を算出してみましょう。このとき、次の定理が成立します（4-3節）。

> 標本平均$\overline{X}$は平均値μ、分散$\dfrac{\sigma^2}{n}$の正規分布$N(\mu, \dfrac{\sigma^2}{n})$に従う。

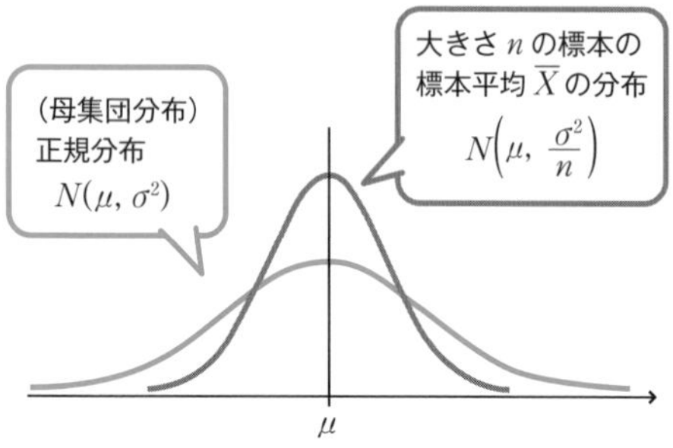

この定理を利用して、母分散σ^2が既知の正規母集団の場合に、母平均μが値μ_0に等しいかを検定してみましょう。

手順（ⅰ）～（ⅴ）は6-1節の一般的な解説と一致しています。また、両側検定でも、片側検定でも、（ⅰ）～（ⅲ）は共通です。

（注）片側検定の中で、ここでは右側検定を調べます。左側検定も同様です。

（ⅰ）帰無仮説を設定

帰無仮説と対立仮説を次のように設定します。

帰無仮説　$H_0 : \mu = \mu_0$

対立仮説　$H_1 : \mu \neq \mu_0$　（両側検定のとき。右側検定のときには、$H_1 : \mu > \mu_0$）

（ⅱ）母集団分布を仮定

正規分布を仮定します。

（ⅲ）検定で用いる統計量の分布を調べる

帰無仮説のもとで、標本平均$\overline{X}$の分布は正規分布$N(\mu_0, \dfrac{\sigma^2}{n})$に従います。

以下（iv）～（v）は、両側検定と片側検定に分けて解説します。

両側検定 …「母平均 $\mu \neq \mu_0$」を主張したい場合

（iv）検定する際の判断基準を設定

次のように棄却域を設定します。

有意水準5%の棄却域は　$|\overline{X}-\mu_0| \geqq 1.96\dfrac{\sigma}{\sqrt{n}}$　…（1）

有意水準1%の棄却域は　$|\overline{X}-\mu_0| \geqq 2.58\dfrac{\sigma}{\sqrt{n}}$　…（2）

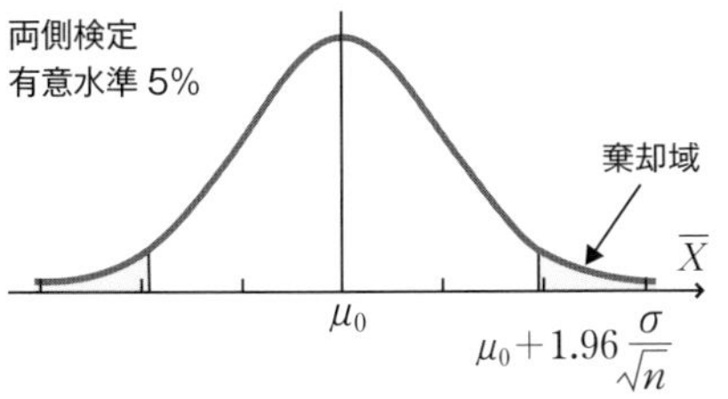

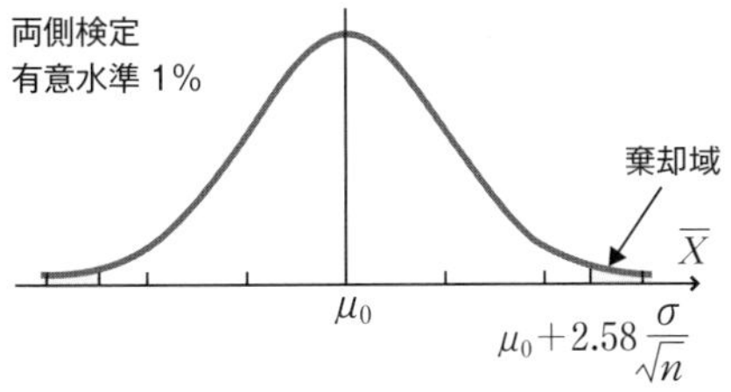

（v）標本を抽出して仮説の採否を決定

大きさ n の標本を抽出し、標本平均 $\overline{X}$ の値 $\overline{x}$ を求め、式(1)、(2)より次の判断をします。

$|\overline{x}-\mu_0| \geqq 1.96\dfrac{\sigma}{\sqrt{n}}$ ならば、有意水準5%で帰無仮説「$\mu=\mu_0$」を棄却

$|\overline{x}-\mu_0| \geqq 2.58\dfrac{\sigma}{\sqrt{n}}$ ならば、有意水準1%で帰無仮説「$\mu=\mu_0$」を棄却

棄却できないときには、帰無仮説を採択します。

右側検定 …「母平均 $\mu > \mu_0$」を主張したい場合

（iv）検定する際の判断基準を設定

次のように棄却域を設定します。

有意水準5%の棄却域は　$\overline{X} \geqq \mu_0+1.65\dfrac{\sigma}{\sqrt{n}}$　…（3）

有意水準1%の棄却域は　$\overline{X} \geqq \mu_0+2.33\dfrac{\sigma}{\sqrt{n}}$　…（4）

（v）標本を抽出して仮説の採否を決定

大きさ n の標本を抽出し、標本平均 $\overline{X}$ の値 $\overline{x}$ を求め、式(3)、(4)より次の判断をします。

$\overline{x} \geqq \mu_0+1.65\dfrac{\sigma}{\sqrt{n}}$ ならば、有意水準5%で帰無仮説「$\mu=\mu_0$」を棄却

$\overline{x} \geqq \mu_0+2.33\dfrac{\sigma}{\sqrt{n}}$ ならば、有意水準1%で帰無仮説「$\mu=\mu_0$」を棄却

棄却できないときには、帰無仮説を採択します。

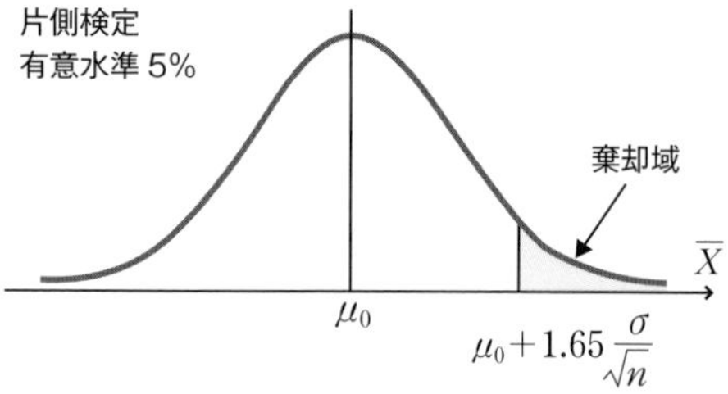

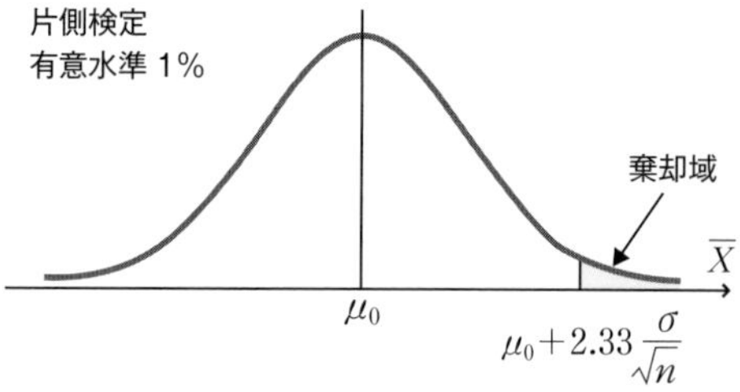

（注）対立仮説が「母平均 $\mu < \mu_0$」ならば左側検定になります。

例で見てみよう

例 ある雑誌の報道によると、都市Aに住む令和3年の独身男性の食費の月額平均は44611円であるという。しかし、食費はこんなに安いはずがないと考えた太郎君は、10人を無作為に抽出し、次の標本を得た。

41951、51356、54441、44520、45904、

54008、45756、36956、47456、49999　（単位は円）

太郎君の得たこの標本をもとに、有意水準5%で独身男性の食費の月額平均が44611円より大きいかを検定してみよう。ただし、独身男性の食費の月額平均は正規分布に従うとし、その分散 5000^2 は既知とする。

独身男性の食費の母平均 μ が44611円より大きいことの検定ですから、その手順は右側検定になります。

（i）帰無仮説を設定

帰無仮説 H_0：母平均 $\mu=44611$

対立仮説 H_1：母平均 $\mu>44611$

（ii）母集団分布を仮定

題意から、独身男性の食費の母集団分布は正規分布を仮定します。

（iii）検定で用いる統計量の分布を調べる

帰無仮説のもとで、10人の標本の標本平均 $\overline{X}$ の分布は $N\left(44611, \frac{5000^2}{10}\right)$ に従います。

（iv）検定する際の判断基準を設定

有意水準5%の棄却域を求めます。式(3)から、

$$\text{有意水準 5\%の棄却域：} \overline{X} \geqq 44611+1.65\frac{5000}{\sqrt{10}}=47220$$

（v）標本を抽出して仮説の採否を決定

標本から標本平均 $\overline{X}$ の値 $\overline{x}$ を求めます。太郎君の得たデータから、

$\overline{x}=47234.7$

この値は(iv)で調べた棄却域に入っています。よって、有意水準5%で仮説「$\mu=44611$」は棄却されることになります。つまり、母平均 μ は44611円より大きいと判定されるのです。

(注) 総理府統計局の調査によると、令和３年の全国単身男性の食費の月額平均は 42332 円です。

実習 36 Pythonによる統計分析

いま調べた検定の (例) を Python で計算してみよう。

例で調べた検定の手順に沿いながら、式 (3) を用いて母平均の検定を実行してみます。Python を利用すると、検定作業を忠実に追うことができます。

Pythonプログラム 36

```
#検定の基本
print('【分散既知の正規母集団の母平均の検定】')
#準備
import math
import numpy as np

#モデルの仮定
sigma=5000

#帰無仮説と有意水準の設定
mu0=44611       #帰無仮説
level=0.05      #有意水準
print('有意水準={:.0%}'.format(level))

#標本抽出
sample = [41951,51356,54441,44520,45904,
            54008,45756,36956,47456,49999]
ss = len(sample)   #標本の大きさ ( sample size ) をssに

#検定統計量の標本値
m = np.mean(sample)

#標準正規分布の%点設定
p_point = 1.65

#棄却域を算出
r2 = mu0 + p_point * sigma/np.sqrt(ss)

#丸め処理
r2= math.ceil(r2)
print('棄却域：x_bar =>', r2)
```

- 標準関数、NumPyの関数を使えるようにする準備
- 既知標準偏差5000を変数sigmaにを設定
- 帰無仮説(母平均が44611円)と有意水準(level)を設定
- 標本を配列sampleに入力。標本の大きさをssに
- 検定統計量である標本平均を算出
- 式(3) の 係 数 1.65をセット
- 式(3)から片側検定の棄却域の境界を算出
- 棄却域の数値を丸める際には、信頼性を損なわないよう、狭めるように丸める(本文参照)

```
#検定
print('標本平均の値＝',m)
print('検定結果：',end='')
if m<r2:
  print('採択')
else:
  print('棄却')
```

検定の判断を表示

（注）ファイルから標本を入力する方法については、付録 A、B、C を参照してください。

計算結果

プログラムの実行結果を示します。なお、有意水準を 1% に変更するには、プログラムの中の有意水準を表す変数 level を 0.01 に、パーセント点を収める変数 p_point を 2.33 に変更します。

```
【分散既知の正規母集団の母平均の検定】
有意水準=5%
棄却域：x_bar => 47220
標本平均の値＝ 47234.7
検定結果：棄却
```

Pythonレッスン　棄却域の丸め方とceil、floor関数

コメント行「# 丸め処理」のブロックに、次の命令文を記述しています。

```
r2= math.ceil(r2)
```

この記述は「区間推定」のときにも共通する論理から生まれています（5-3 節）。

棄却域の端点を他者に示したり、有効桁を考えたりするとき、コンピュータが出力する数値を修正する必要があります。整数部の一定桁以下の表示を簡略化したり、小数部のある位以下の表示を省略したりします。これらを「丸め処理」と呼びます。一般の生活では四捨五入が有名ですが、統計学では注意が必要です。情報の信頼性を忠実に守らなければならないからです。

例えば、右側検定を考えましょう。検定量 X について、その棄却域が次のように算出されたとします。このとき、小数部を丸めるとするなら、どうすればよいでしょうか？

$X \geqq 19.4$

例えば、四捨五入してみます。

$X \geqq 19$

これでは棄却域が広がってしまいます。棄却域が広がるということは、検定が緩くなることを意味します。例えば「有意水準 5% で検定」というとき、5% よりも検定が甘くなるのです。そこで、統計的検定では、検定の信頼度を厳しくするため、次のように小数部を切り上げます。

$X \geqq 20$

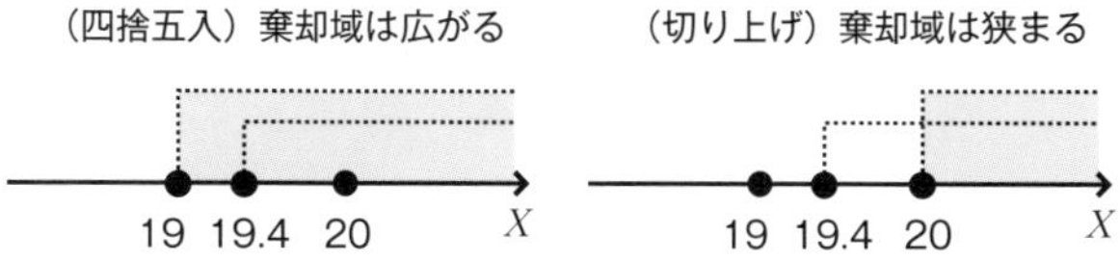

本プログラムでは「切り上げの関数」ceil を用いたのは以上の理由です。

なお、今後は表示のためのこのような作業は省くことにします。プログラムをできるだけ簡潔にしたいからです。表示には四捨五入を利用します。

参考 36 Python・Excel 二刀流

本節のテーマを Excel で実行するには、Python のときと同様、式 (3) を利用します。

帰無仮説「母平均 $\mu=44611$」と、題意に基づく仮定 (母標準偏差 ＝5000) を入力し、続けて標本から検定統計量の「標本平均」を算出します。これらの値を利用して、式 (3) の棄却域をワークシートで算出すれば、検定処理が実行できます。

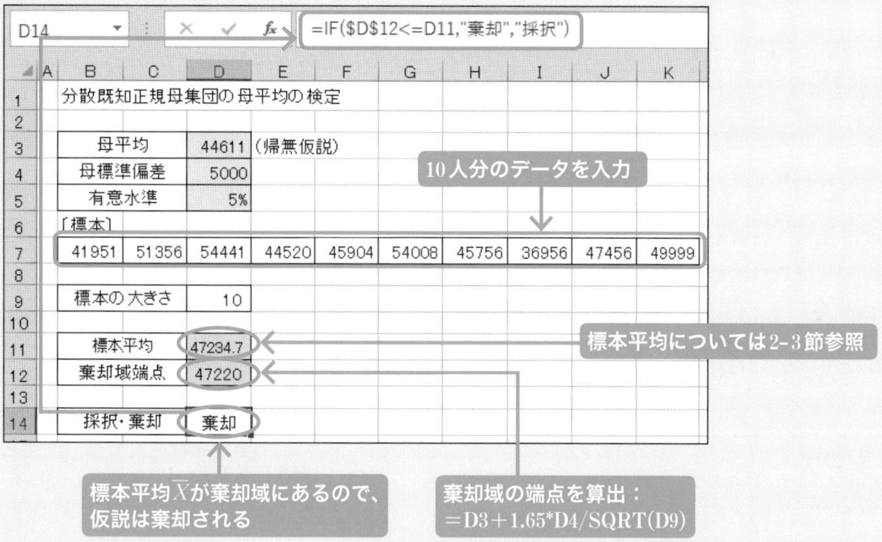

検定統計量である標本平均の値が棄却域に入り、帰無仮説が棄却されることがわかります。

（注）有意水準を 1% に変更するには、セル D5 の有意水準の値以外に、セル D12 を式 (4) に変更する必要があります。

6-3 分散未知の正規母集団の母平均の検定 ～ t 分布が活躍する検定

母平均を検定するとき、母分散がわかっていることはまれです。そこで、母分散がわからないときに母平均を検定する方法を調べてみましょう。ただし、母集団分布は正規分布を仮定します。

(注) ここで調べる t 検定を「1 群 t 検定」と呼びます。他にもいろいろな t 検定がありますが、基本は同じです。

母分散未知の母平均の検定の考え方

平均値 μ、分散 σ^2 の正規母集団 $N(\mu, \sigma^2)$ から抽出した大きさ n の標本 $\{X_1, X_2, \cdots, X_n\}$ について、標本平均を $\overline{X}$、不偏分散を s^2 とします。つまり、

$$\overline{X} = \frac{X_1 + X_2 + \cdots + X_n}{n}$$

$$s^2 = \frac{(X_1 - \overline{X})^2 + (X_2 - \overline{X})^2 + \cdots + (X_n - \overline{X})^2}{n-1}$$

このとき、標本平均 $\overline{X}$ に関して、次の定理が成立します。

次の統計量 T は自由度 $n-1$ の t 分布に従う：統計量 $T = \dfrac{\overline{X} - \mu}{\dfrac{s}{\sqrt{n}}}$ … (1)

(注) t 分布については、3-8 節参照。

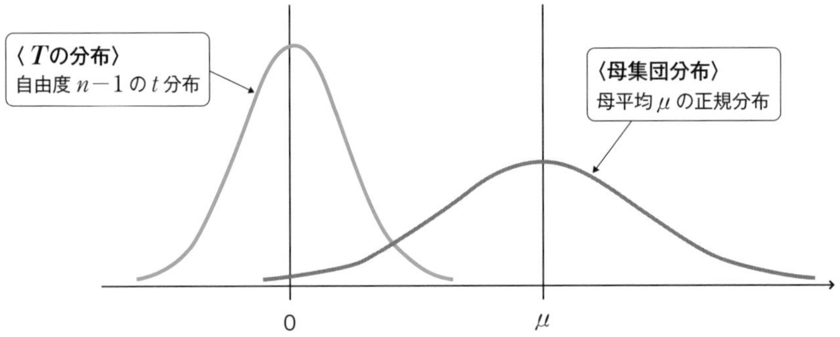

(1) 式では母分散が使われていません。標本から母平均を検定するとき、母分散がわかっていないことが多いので、この性質は重要です。すなわち、(1) 式の統計量 T の分布を利用すれば、母分散が未知の場合でも母平均を検定することができるのです。これを **t 検定**といいます。

以上のことを利用して、母分散が未知の正規母集団の場合に、母平均 μ がある値 μ_0 に等しいかを検定してみましょう。

手順（ⅰ）～（ⅴ）は6-1節の解説手順と一致しています。また、両側検定でも、片側検定でも、次の（ⅰ）～（ⅲ）は共通です。

（ⅰ）帰無仮説を設定

帰無仮説と対立仮説を次のように設定します。

帰無仮説　$H_0 : \mu = \mu_0$

対立仮説　$H_1 : \mu \neq \mu_0$　（両側検定のとき。右側検定のときには、$H_1 : \mu > \mu_0$）

（ⅱ）母集団分布を仮定

母集団分布は条件から正規分布です。

（ⅲ）検定で用いる統計量の分布を調べる

帰無仮説のもとでは、大きさ n の標本の標本平均 $\overline{X}$、不偏分散 s^2 から算出した（1）式の統計量 T の分布は自由度 $n-1$ の t 分布に従います。

以下（ⅳ）～（ⅴ）は、両側検定と片側検定に分けて解説します。

（注）片側検定の中で、ここでは右側検定を調べます。左側検定も同様です。

両側検定 …「母平均 $\mu \neq \mu_0$」を主張したい場合

（ⅳ）検定する際の判断基準を設定

有意水準 $100p$% の棄却域は次のようになります。

$|T| \geqq t(p)$　…（2）

ここで、$t(p)$ は自由度 $n-1$ の t 分布における両側 p% 点のことです。

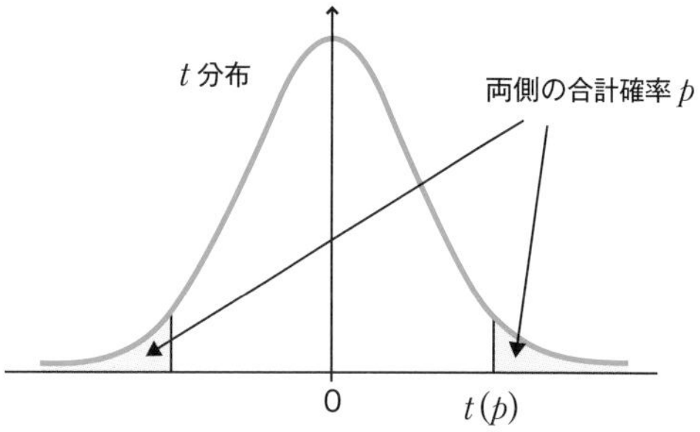

（ⅴ）標本を抽出して仮説の採否を決定

大きさ n の標本を抽出し、（1）式の統計量 T の値 t を求め（これを t 値といいます）、式（2）より次の判断をします。

$|t| \geqq t(p)$ ならば　有意水準 p% で帰無仮説「$\mu = \mu_0$」を棄却

棄却できないときには、帰無仮説を採択します。

右側検定 …「母平均 $\mu > \mu_0$」を主張したい場合

（ⅵ）検定する際の判断基準を設定

有意水準 $100p$% の棄却域は

$T \geqq t(p)$　…（3）

ここで、$t(p)$ は自由度 $n-1$ の t 分布における上側 p% 点のことです。

（注）上記の両側検定用の $t(p)$ と値が異なります。

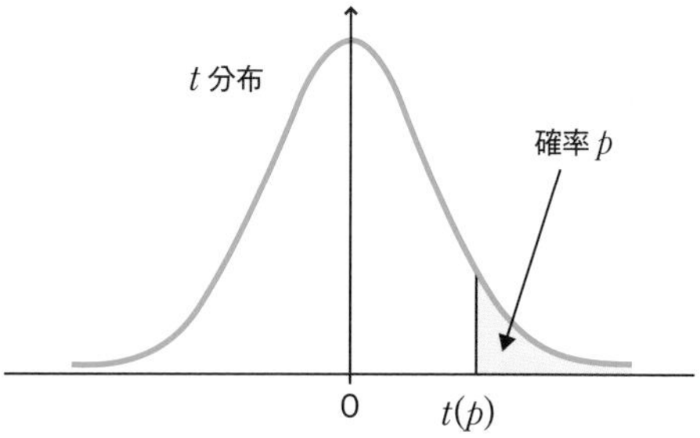

(v) 標本を抽出して仮説の採否を決定

大きさ n の標本を抽出し、(1) 式の統計量 T の値 (t 値) を求め、式 (3) より次の判断をします。

$t \geqq t(p)$ ならば　有意水準 p%で帰無仮説「$\mu=\mu_0$」を棄却

棄却できないときには、帰無仮説を採択します。

(注) 対立仮説が「$\mu < \mu_0$」ならば左側検定になります。

例で見てみよう

> **例** あるマスコミの発表によると、「アラサー」と呼ばれる 30 歳近くの女性は月に平均 3 ～ 4 回会食し、その出費は毎回平均 4150 円だそうである。しかし、「この平均 4150 円は少なすぎる」と思い、20 人の「アラサー」女性を抽出し調べたところ、次のデータが得られた。
>
> 4850、4750、2890、5820、5170、4160、4960、5260、5010、4130
>
> 5220、4000、5670、4040、5830、4770、4590、3770、5200、4980
>
> この標本から、「アラサー女性の外食費の毎回平均は 4150 円」を有意水準 5%で検定してみよう。ただし、外食費は正規分布に従うものと仮定する。

母平均 μ が 4150 円より大きいと考えているので、右側検定になります。

(i) 帰無仮説を設定

帰無仮説 H_0 は「母平均 $\mu=4150$」であり、対立仮説 H_1 は「母平均 $\mu > 4150$」です。

(ii) 母集団分布を仮定

アラサー女性の外食費の母集団分布は正規分布を仮定します。

(iii) 検定で用いる統計量の分布を調べる

帰無仮説のもとでは、大きさ n の標本から導かれた $T=\dfrac{\overline{X}-\mu}{s/\sqrt{n}}$ の分布は自由度 $n-1$ の t 分布となります。この例では $n=20$ なので、自由度は $(20-1=)$ 19 となります。

(iv) 検定する際の判断基準を設定

自由度 19 の t 分布の性質より、式 (3) から次のことが成立します。

有意水準 5%の棄却域は $T \geqq 1.73$　… (4)

(注) この 1.73 は Python や Excel の関数を利用して求められます。

(v) 標本を抽出して仮説の採否を決定

計算より、標本平均 $\overline{X}=4753.5$、不偏分散 $s^2=549318.7$ (標準偏差 $s=741.2$) を得ます。よって、(1) の T の値 (t 値) は

$$t=\frac{4753.5-4150}{741.2/\sqrt{20}}=3.64$$

これは式 (4) の棄却域に入っています。よって、帰無仮説は棄却されることがわかりました。

実習 37 Pythonによる統計分析

いま調べた検定の(例)をPythonで計算してみよう。

「1標本のt検定」と呼ばれる典型的な例題をPythonで計算してみます。式(1)から検定統計量を算出し、先に解説した手順を踏んで統計的検定が進められます。

Pythonプログラム 37

```
# t検定の方法
print('【母分散未知のときの母平均の検定】')
#準備
import numpy as np
from scipy.stats import t

#帰無仮説と有意水準の設定
mu0 = 4150        #帰無仮説
level=0.05        #有意水準
print('有意水準={:.0%}'.format(level))

#標本抽出
sample = [4850, 4750, 2890, 5820, 5170,
          4160, 4960, 5260, 5010, 4130,
          5220, 4000, 5670, 4040, 5830,
          4770, 4590, 3770, 5200, 4980 ]
ss = len(sample)   #sample size

#棄却域の端点の算出
p = 1-level
df = ss-1        #自由度
p_point = t.ppf(p, df)
print('棄却域：t≧', round(p_point, 2))

#統計量の算出
ms = np.mean(sample)
sd1 = np.std(sample, ddof=1)
print('標本平均＝',ms,'、不偏標準偏差＝',round(sd1,1))

# t値算出
ts = (ms-mu0) / (sd1 / np.sqrt(ss))
```

NumPy、SciPyの関数を使えるようにする準備(序-4節)

帰無仮説(母平均が4150円)と有意水準(level)を設定

標本を変数sampleに入力。標本の大きさをssに

有意水準に対応する確率分布の%点を求め(式(3)の$t(p)$)、棄却域の端点にする。t.ppfについては3-9節参照

検定統計量のt値を算出するため、標本平均、不偏分散を算出(4-2節)

検定統計量tの値を式(1)から算出

```
print('t値＝', round(ts, 2))

 #検定
print('検定結果：', end='')
if ts < p_point :
  print('採択')
else:
  print('棄却')
```

検定の判断を表示

（注）標本をファイルから入力する方法については、付録A、B、Cを参照してください。

計算結果

プログラムの実行結果を示します。なお、有意水準を1％に変更するには、プログラムの中の変数levelを0.01に設定します。

```
【母分散未知のときの母平均の検定】
有意水準=5%
棄却域：t≧ 1.73
標本平均= 4753.5 、不偏標準偏差= 741.2
t値= 3.64
検定結果：棄却
```

Pythonレッスン　ttest_1samp関数とp値による検定

SciPyには、標本を直接セットして、t値とp値を同時に算出する関数が用意されています。

ts_value, p_value = ttest_1samp（標本の配列，帰無仮説の母平均）

左辺の出力値は順にt値とp値です（2-2節）。p値が有意水準よりも小さければ「帰無仮説は棄却」されます。

（注）この関数で算出されるp値は両側検定用です。右側検定で利用する際には、半分の値をp値とする必要があります。

実際に関数ttest_1samp利用してみましょう。それには本プログラムのコメント行「#棄却域の端点の算出」以下を次のプログラムに差し替えてください。

```
# t値とp値の算出
from scipy.stats import ttest_1samp
ts, ps = ttest_1samp(sample, mu0)
print('t値＝', round(ts, 2))
ps = ps /2  #両側検定p値を右側用に変更
print('p値＝', round(ps, 5))

# p値による検定
print('検定結果：', end='')
```

検定統計量のp値をttest_1sampで算出。この関数を利用するには、次のimport文が追加で必要。from scipy.stats import ttest_1samp

```
if ps > level:
  print('採択')
else:
  print('棄却')
```

（p値と有意水準との比較で検定の判断）

プログラムの実行結果を示します。p値は有意水準より小さい値です。許容したよりも起こりにくい事象が起こったということで、帰無仮説は棄却されます。

```
【母分散未知のときの母平均の検定】
有意水準=5%
t値= 3.64
p値= 0.00087
検定結果：棄却
```


参考 37　Python・Excel二刀流

本節のテーマをExcelで実行するには、関数T.INVを利用します（3-9節）。これはSciPyの関数t.ppfと同様の働きをします。このT.INVを用い、Pythonのときと同様、式(3)を利用して検定処理が実行できます。

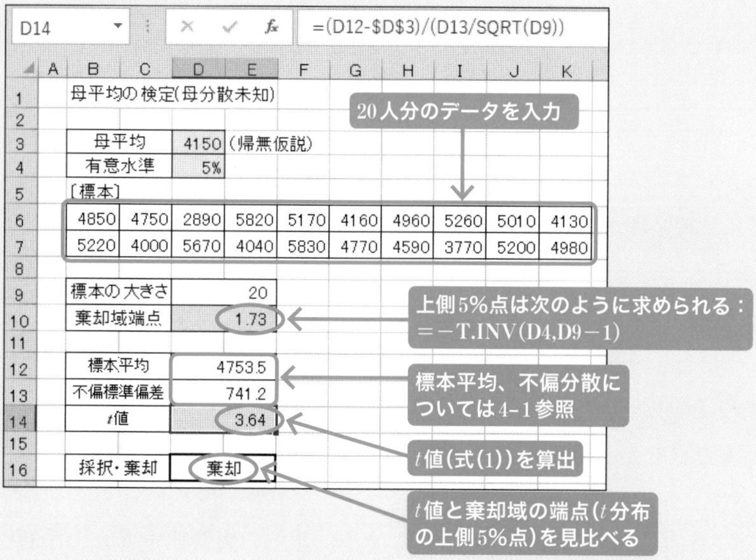

6-4 大きな標本での母平均の検定 ～中心極限定理が本領発揮する検定

前節(6-3)では、母分散がわかっていないときに母平均を検定する方法を調べました。しかし、母集団は正規分布に従う必要がありました。ここでは、母集団分布についての条件を何もつけないで母平均を検定する方法を調べてみることにします。

大きな標本の場合の母平均の検定の考え方

平均値μ、分散σ^2の母集団から抽出した大きさnの標本の標本平均を$\overline{X}$とします。このとき、次の定理が成立します(中心極限定理(4-3節))。

> 標本平均$\overline{X}$は、nが十分大きいとき、近似的に母平均μ、分散$\dfrac{\sigma^2}{n}$の正規分布に従う。

大切なことは、ここで母集団として正規母集団を仮定してはいないことです。

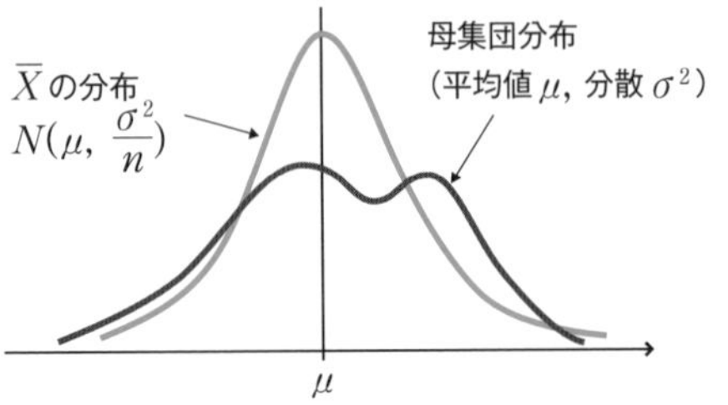

母集団分布が正規分布でないときでも、nの値が大きければ、$\overline{X}$の分布は平均値μ、分散$\dfrac{\sigma^2}{n}$の正規分布で近似できる(中心極限定理)

さて、標本の大きさnが大きいとき、母分散σ^2は標本から得られる不偏分散s^2で近似できるでしょう。したがって、次の定理が成立します。

> 標本平均$\overline{X}$は、nが十分大きいとき、近似的に母平均μ、分散$\dfrac{s^2}{n}$の正規分布に従う。

この定理を利用すれば母集団分布がどんな場合でも母平均の検定が可能になります。

では、母集団分布も母分散も未知な場合に、母平均μが値μ_0に等しいかの検定手順を整理してみましょう。

手順(ⅰ)～(ⅴ)は6-1節の解説手順と一致しています。また、両側検定でも、片側検定でも、次の(ⅰ)～(ⅲ)は共通です。

(注)片側検定の中で、ここでは右側検定を調べます。左側検定も同様です。

(ⅰ)帰無仮説を設定

帰無仮説と対立仮説を次のように設定します。

　帰無仮説　$H_0 : \mu = \mu_0$

対立仮説　$H_1 : \mu \neq \mu_0$　(両側検定のとき。右側検定のときには、$H_1 : \mu > \mu_0$)

(ⅱ) 母集団分布を仮定

標本の大きさ n が十分大きいとき、母集団分布についての条件は問いません。

(ⅲ) 検定で用いる統計量の分布を調べる

先に調べた定理から、十分大きな標本の大きさ n のもとで、標本平均 $\overline{X}$ は近似的に、平均値 μ_0、不偏分散 $\dfrac{s^2}{n}$ の正規分布に従います。

以下 (ⅳ)～(ⅴ) は、両側検定と片側検定に分けて解説します。

両側検定 …「母平均 $\mu \neq \mu_0$」を主張したい場合

(ⅳ) 検定する際の判断基準を設定

次のように棄却域を設定します。

有意水準 5%の棄却域は　$|\overline{X} - \mu_0| \geqq 1.96 \dfrac{s}{\sqrt{n}}$　… (1)

有意水準 1%の棄却域は　$|\overline{X} - \mu_0| \geqq 2.58 \dfrac{s}{\sqrt{n}}$　… (2)

ここで、s は不偏分散 s^2 から求めた標準偏差です。

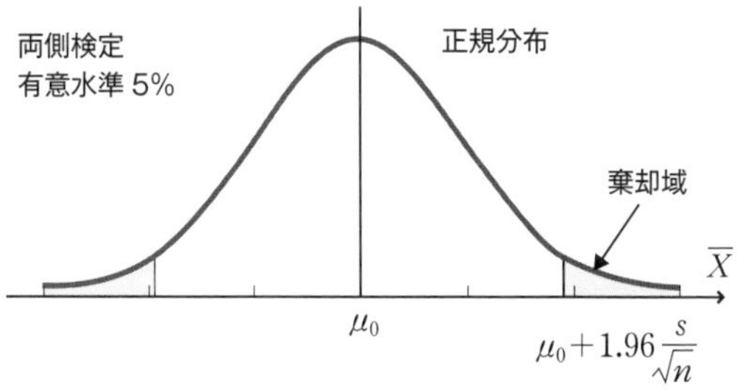

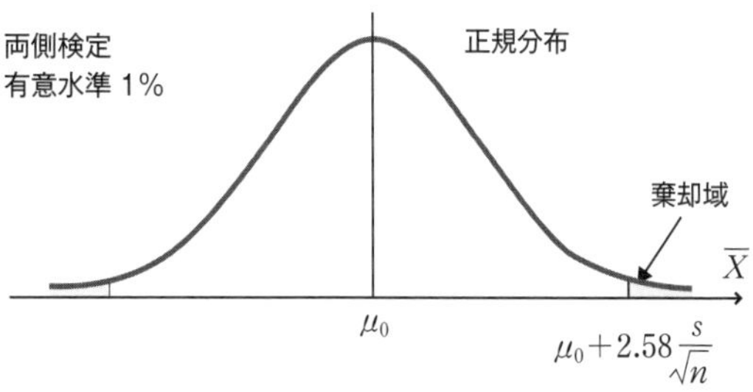

(ⅴ) 標本を抽出して仮説の採否を決定

大きさ n の標本を抽出し、標本平均 $\overline{X}$ の値 $\overline{x}$ を求め、式 (1)、(2) より次の判断をします。

$|\overline{x} - \mu_0| \geqq 1.96 \dfrac{s}{\sqrt{n}}$　ならば有意水準 5%で帰無仮説「$\mu = \mu_0$」を棄却

$|\overline{x} - \mu_0| \geqq 2.58 \dfrac{s}{\sqrt{n}}$　ならば有意水準 1%で帰無仮説「$\mu = \mu_0$」を棄却

棄却できないときには、帰無仮説を採択します。

右側検定 …「母平均 $\mu > \mu_0$」を主張したい場合

(ⅳ) 検定する際の判断基準を設定

次のように棄却域を設定します。s は不偏分散 s^2 から求めた標準偏差です。

有意水準 5%の棄却域は　$\overline{X} \geqq \mu_0 + 1.65 \dfrac{s}{\sqrt{n}}$　… (3)

有意水準 1%の棄却域は　$\overline{X} \geqq \mu_0 + 2.33\dfrac{s}{\sqrt{n}}$　… (4)

(v) 標本を抽出して仮説の採否を決定

大きさ n の標本を抽出し、標本平均 $\overline{X}$ の値 $\overline{x}$ を求め、式 (3)、(4) より次の判断をします。

$\overline{x} \geqq \mu_0 + 1.65\dfrac{s}{\sqrt{n}}$　ならば　有意水準 5%で帰無仮説「$\mu = \mu_0$」を棄却

$\overline{x} \geqq \mu_0 + 2.33\dfrac{s}{\sqrt{n}}$　ならば　有意水準 1%で帰無仮説「$\mu = \mu_0$」を棄却

棄却できないときには、帰無仮説を採択します。

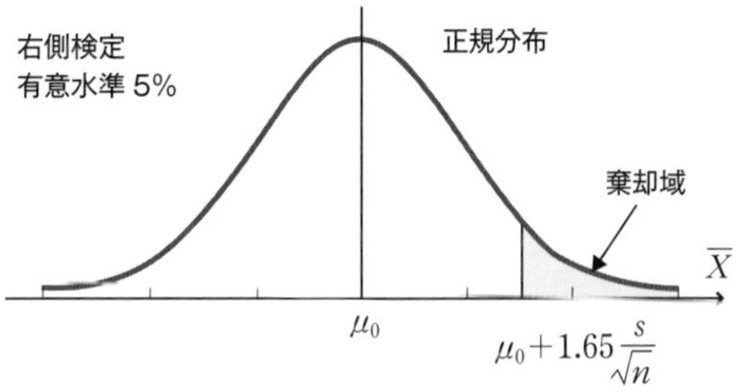

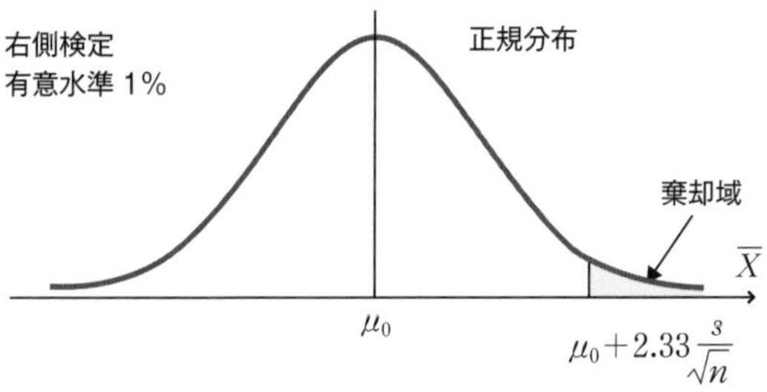

(注) 対立仮説が「母平均 $\mu < \mu_0$」ならば左側検定になります。このとき、例えば、有意水準 5%の棄却域は

$\overline{X} \leqq \mu_0 - 1.65\dfrac{s}{\sqrt{n}}$　… (5)

例で見てみよう

例 東京都の 20 代のサラリーマンの小遣の月額平均は 56000 円だと聞いた男性 A は「高すぎる」と思った。そんなに使っている人はあまり見かけないからである。そこで、男性 A は東京都の 20 代のサラリーマン 100 人を抽出し調べたところ、次のような結果が得られた (単位は 100 円)。

349, 571, 571, 485, 317, 472, 483, 631, 592, 420, 528, 554, 338, 505, 510, 621, 622, 590, 490, 543, 534, 423, 520, 643, 626, 606, 530, 469, 536, 470, 634, 498, 601, 468, 344, 557, 504, 631, 709, 388, 534, 529, 436, 539, 572, 558, 616, 701, 555, 495, 505, 702, 712, 664, 428, 440, 640, 665, 613, 584, 555, 527, 614, 552, 510, 597, 572, 613, 544, 517, 424, 716, 647, 423, 737, 405, 491, 517, 563, 610, 327, 558, 481, 567, 620, 479, 596, 680, 402, 466, 514, 546, 599, 701, 608, 594, 724, 550, 568, 563

このデータを用いて、「東京都の 20 代サラリーマンの小遣の月額平均は 56000 円」を有意水準 5%で検定してみよう。

男性 A は「東京都の 20 代サラリーマンの小遣の平均値は 56000 より少ない」と思っているわけですから、検定は左側検定になります。

(i) 帰無仮説を設定

帰無仮説 H_0 は「母平均 $\mu = 56000$ (円)」、対立仮説 H_1 は「母平均 $\mu < 56000$ (円)」です。

（ii）母集団分布を仮定

ここでは、特定の母集団を仮定していません。

（iii）検定で用いる統計量の分布を調べる

与えられた標本から、標本平均 $\overline{X}$ の値 $\bar{x}$ と不偏分散 s^2 は次のように計算されます。

$$\left.\begin{array}{l}\text{標本平均}\bar{x}=54648\ \text{（円）}\\ \text{不偏分散}s^2=86276057\ \text{（標準偏差}s=9288\text{）}\end{array}\right\}\ \cdots\ (6)$$

標本の大きさ $n=100$ がある程度大きいので、帰無仮説のもとで、標本平均 $\overline{X}$ の分布は、平均値 $\mu=56000$、分散 $\dfrac{s^2}{100}=862761$ の正規分布で近似されます。

（iv）検定する際の判断基準を設定

棄却域を求めます。有意水準 5%の棄却域は (5) 式に (6) の値を代入して

$$\overline{X}\leqq 56000-1.65\frac{9288}{\sqrt{100}}=54467\quad\cdots\ (7)$$

（v）標本を抽出し仮説の採否を決定

標本から得られた標本平均 $\overline{X}$ の値 $\bar{x}$ が（iv）の棄却域にあるかを調べます。実際、(6) 式から $\bar{x}=54648$ ですが、これは棄却域 (7) に入っていません。よって、「東京都の 20 代サラリーマンの小遣の平均値は 56000 円」は有意水準 5% では棄却できません。

実習 38 Pythonによる統計分析

いま調べた検定の (例) を Python で計算してみよう。

式 (5) を用いて、大きな標本が与えられとときの母平均の検定を行います。本節の問題は基本的には 6-2 節の「母分散既知の正規母集団における母平均の検定」と同一の問題です。「既知の母分散」に「標本から得られた不偏分散」を割り当てるだけです。そこで、多少目新しい要素を付加するために、標準誤差を求める関数 scipy.stats.sem を利用して、式 (5) の表現を簡略化してみましょう。scipy.stats sem は推定や検定で利用できる便利な関数です。

Pythonプログラム 38

```
#大きな標本での母平均の検定
print('【大きな標本による母平均の検定】')
#準備
import numpy as np
from scipy.stats import norm, sem
```

NumPy、SciPy の関数を使えるようにする準備(序-4節)

```
#帰無仮説と有意水準
mu0=560*100  #帰無仮説
level=0.05   #有意水準
print('有意水準={:.0%}'.format(level))
#標本抽出（単位は100円）
sample = [
    349, 571, 571, 485, 317, 472, 483, 631, 592, 420,
    528, 554, 338, 505, 510, 621, 622, 590, 490, 543,
    534, 423, 520, 643, 626, 606, 530, 469, 536, 470,
    634, 498, 601, 468, 344, 557, 504, 631, 709, 388,
    534, 529, 436, 539, 572, 558, 616, 701, 555, 495,
    505, 702, 712, 664, 428, 440, 640, 665, 613, 584,
    555, 527, 614, 552, 510, 597, 572, 613, 544, 517,
    424, 716, 647, 423, 737, 405, 491, 517, 563, 610,
    327, 558, 481, 567, 620, 479, 596, 680, 402, 466,
    514, 546, 599, 701, 608, 594, 724, 550, 568, 563 ]
ss=len(sample)   #sample size

#検定統計量の算出
ms = np.mean(sample) *100
print('標本平均＝', round(ms))

#標準正規分布の%点設定
p_point = 1.65

#左側検定の棄却域を算出
r1 = mu0 - p_point * sem(sample)*100
print('棄却域：x≦', round(r1), '円')

#検定実行
print('検定結果：', end='')
if ms > r1:
  print('採択')
else:
  print('棄却')
```

帰無仮説（母平均が56000円）と有意水準（level）を設定

標本を変数sampleに入力。標本の大きさをssに

検定統計量である標本平均を算出。100倍していることに注意

式(5)の係数1.65をセット

関数semを利用して標準誤差を算出。それから式(5)より棄却域の端点を求める。100倍したのはデータの単位が100円だから

検定の判断とその表示

（注）ファイルから標本を入力する方法については、付録A、B、Cをご覧ください。

計算結果

プログラムの実行結果を示します。なお、有意水準を1%に変更するには、プログラムの変数level を0.01に、p_pointの値を2.33に変更します。

```
【大きな標本による母平均の検定】
有意水準=5%
標本平均= 54648
棄却域：x≦ 54467 円
検定結果：採択
```

Pythonレッスン　標準誤差とsem関数

先にも調べましたが(5-3節)、式(4)の分母 $\frac{s}{\sqrt{n}}$ を標本平均の**標準誤差**と呼びます。標本平均の値が母平均に対してどの程度ばらついているかを表します。統計的な推定や検定でしばしば現れる数です。そこで、SciPyはそのための関数を用意してくれています。それが関数scipy.stats semです。

(注) semはstandard error of the mean、またはstandard error of measurementの略です。

標本が収まる配列sampleに対して、本プログラムでは次のように利用しています。

```
r1 = mu0 - p_point * sem(sample)*100
```

(注) sem(sample)を100倍するのは、データの単位が100円だからです。

参考 38　Python・Excel二刀流

本節のテーマをExcelで実行するには、Pythonのときと同様、式(5)を直接利用します。標本から検定統計量の「標本平均」を算出し、この値が棄却域にあるか否かを判定します。

	A	B	C	D	E	F	G	H	I	J	K
1		大きな標本による母平均の検定									
2											
3		母平均		56000	(帰無仮説)						
4		有意水準		5%							
5		[標本]									
6		34900	57100	57100	48500	31700	47200	48300	63100	59200	42000
7		52800	55400	33800	50500	51000	62100	62200	59000	49000	54300
8		53400	42300	52000	64300	62600	60600	53000	46900	53600	47000
9		63400	49800	60100	46800	34400	55700	50400	63100	70900	38800
10		53400	52900	43600	53900	57200	55800	61600	70100	55500	49500
11		50500	70200	71200	66400	42800	44000	64000	66500	61300	58400
12		55500	52700	61400	55200	51000	59700	57200	61300	54400	51700
13		42400	71600	64700	42300	73700	40500	49100	51700	56300	61000
14		32700	55800	48100	56700	62000	47900	59600	68000	40200	46600
15		51400	54600	59900	70100	60800	59400	72400	55000	56800	56300
16											
17		標本の大きさ		100							
18		標本平均		54648							
19		不偏標準偏差		9288							
20		棄却域端点		54467		採択・棄却		採択			

100人分のデータを入力

式(5)から棄却域を求める

標本平均が棄却域にあるかを確認。ないので「採択」

6-5 母比率の検定
～ベルヌーイ分布と中心極限定理が協力した検定

政党や内閣の支持率、喫煙率など、母集団のある特性に目を向けて、その特性を持っているものの全体に対する割合、つまり、母比率を問題にすることがあります。ここでは、この母比率が妥当な値かどうかを判断する「母比率の検定」について調べてみましょう。

(注) 母比率、標本比率の詳細は 5-6 節を参照してください。

母比率の検定の考え方

母集団の個々の要素は、ある特性を持っているかいないかの二通りであるとします。そして、その特性を持っている比率は p_0 であるとします(これが**母比率**になります)。この母集団から要素を一つ取り出し、それがある特性を持っていれば1、そうでなければ0という値を取る確率変数 X を考えます。すると、この確率変数 X はベルヌーイ分布に従い、平均値は p_0、分散は $p_0(1-p_0)$ となります(3-2 節参照)。

X	確率
0	$1-p_0$
1	p_0

この表のような確率分布を持つ確率変数 X はベルヌーイ分布。平均値は p_0、分散は $p_0(1-p_0)$

すると、中心極限定理から、次の定理が成立します。

> 母比率 p_0 のベルヌーイ分布に従う母集団から抽出した大きさ n の標本 $\{X_1, X_2, \cdots, X_n\}$ の標本比率 $\overline{X}=\dfrac{X_1+X_2+\cdots+X_n}{n}$ は、n が十分大きいとき、平均値 p_0、分散 $\dfrac{p_0(1-p_0)}{n}$ の正規分布に従う。

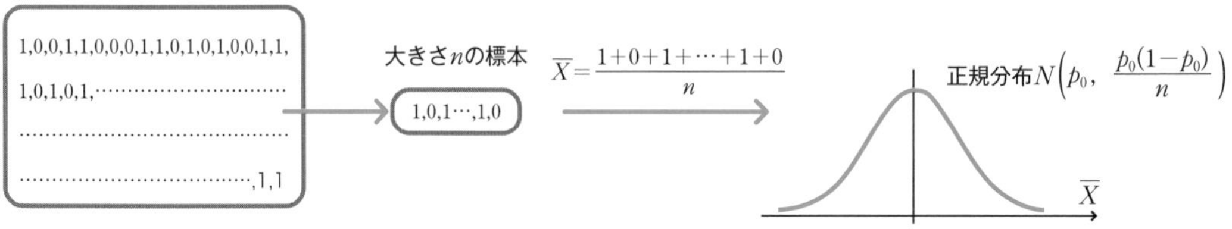

この性質を利用して、「母比率 p がある値 p_0 に等しい」ことを検定してみましょう。次の手順(i)～(v)は6-1節の一般論と一致しています。また、両側検定でも、片側検定でも、次の(i)～(iii)は共通です。

(注) 片側検定では右側検定を調べます。左側検定も同様です。

(ⅰ)帰無仮説を設定

帰無仮説と対立仮説を次のように設定します。

帰無仮説　H_0：母比率 $p=p_0$

対立仮説　H_1：母比率 $p \neq p_0$(両側検定のとき。右側検定のときには、$p>p_0$)

(ⅱ)母集団分布を仮定

ベルヌーイ分布に従うことを仮定します。

(ⅲ)検定で用いる統計量の分布を調べる

帰無仮説のもとでは、大きさ n の標本の標本比率 $\overline{X}$ は、平均値 p_0、分散 $\dfrac{p_0(1-p_0)}{n}$ の正規分布に従います。

以下(ⅳ)〜(ⅴ)は、両側検定と片側検定に分けて解説します。

両側検定 …「母比率 $p \neq p_0$」を主張したい場合

(ⅳ)検定する際の判断基準を設定

次のように棄却域を設定します。

$$\text{有意水準 }5\%\text{の棄却域は}\quad |\overline{X}-p_0| \geqq 1.96\sqrt{\frac{p_0(1-p_0)}{n}} \quad \cdots (1)$$

$$\text{有意水準 }1\%\text{の棄却域は}\quad |\overline{X}-p_0| \geqq 2.58\sqrt{\frac{p_0(1-p_0)}{n}} \quad \cdots (2)$$

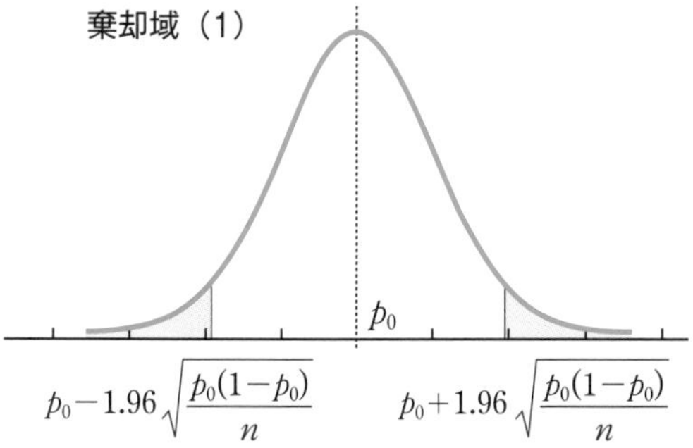

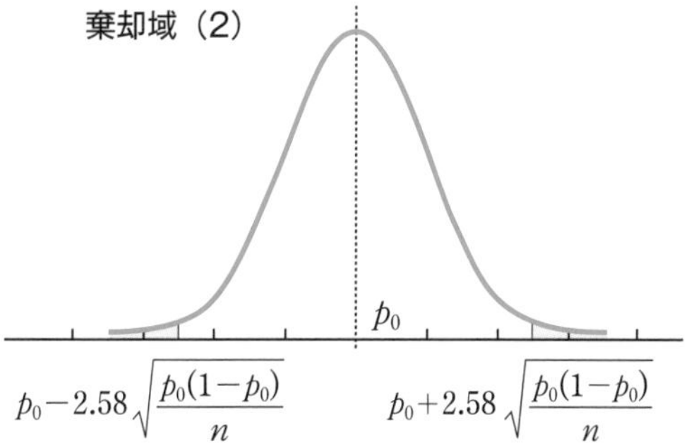

(ⅴ)標本を抽出して仮説の採否を決定

大きさ n の標本を抽出し、標本比率 $\overline{X}$ の値 $\overline{x}$ を求め、式(1)、(2)より次の判断をします。

$|\overline{x}-p_0| \geqq 1.96\sqrt{\dfrac{p_0(1-p_0)}{n}}$　ならば有意水準5%で帰無仮説「$p=p_0$」を棄却

$|\overline{x}-p_0| \geqq 2.58\sqrt{\dfrac{p_0(1-p_0)}{n}}$　ならば有意水準1%で帰無仮説「$p=p_0$」を棄却

棄却できないときには、帰無仮説を採択します。

右側検定 …「母比率 $p>p_0$」を主張したい場合

(iv) 検定する際の判断基準を設定

次のように棄却域を設定します。

有意水準 5%の棄却域は　$\overline{X} \geqq p_0+1.65\sqrt{\dfrac{p_0(1-p_0)}{n}}$　… (3)

有意水準 1%の棄却域は　$\overline{X} \geqq p_0+2.33\sqrt{\dfrac{p_0(1-p_0)}{n}}$　… (4)

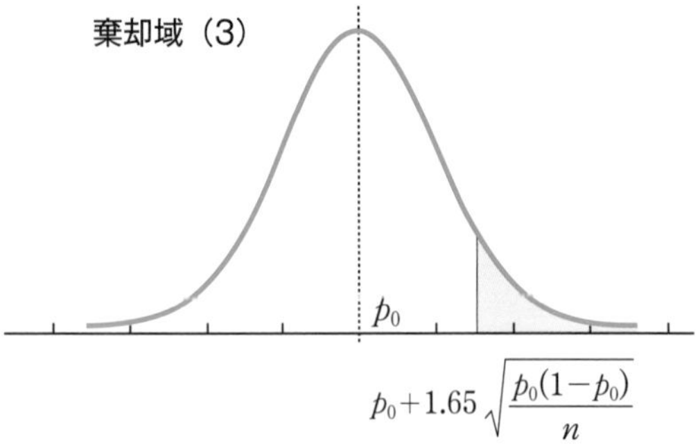

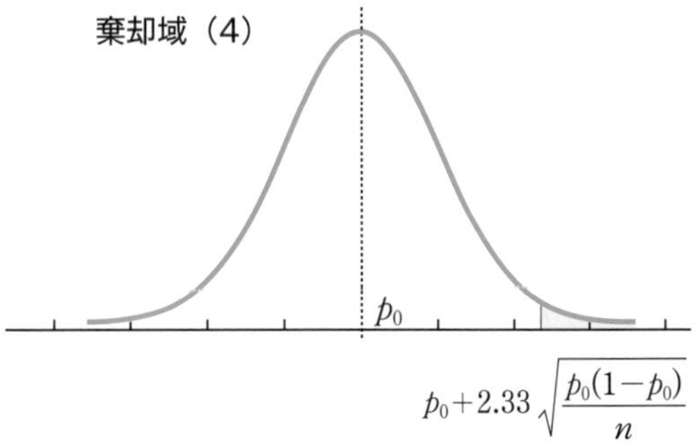

(v) 標本を抽出して仮説の採否を決定

大きさ n の標本を抽出し標本比率 $\overline{X}$ の値 $\overline{x}$ を求め、式 (3)、(4) より次の判断をします。

$\overline{x} \geqq p_0+1.65\sqrt{\dfrac{p_0(1-p_0)}{n}}$　ならば　有意水準 5%で帰無仮説「$p=p_0$」を棄却

$\overline{x} \geqq p_0+2.33\sqrt{\dfrac{p_0(1-p_0)}{n}}$　ならば　有意水準 1%で帰無仮説「$p=p_0$」を棄却

棄却できないときには、帰無仮説を採択します。

例で見てみよう

母比率の検定は標本比率 $\overline{X}$ さえわかれば可能です。具体例で母比率の検定を実際に行ってみましょう。

例 A 市において、最近の 30 代前半女性の未婚率は 21.3%であると報道された。しかし、周囲の状況から 30 代前半女性の未婚率はもっと高いように思われた。そこで A 市において、30 代前半女性 30 人を抽出し調べたところ、次のように 12 人が未婚であった。

既婚、未婚、既婚、既婚、未婚、既婚、既婚、未婚、既婚、未婚
既婚、未婚、既婚、既婚、既婚、既婚、未婚、既婚、既婚、未婚
未婚、未婚、未婚、既婚、未婚、既婚、既婚、未婚、既婚、既婚

この資料をもとに、「30 代前半女性の未婚率は 21.3%である」が正しいか、有意水準 5%で検定してみよう。

未婚を1、既婚を0と数値で表現すると、標本平均 $\overline{X}=\frac{12}{30}=0.40$ は未婚率を表す標本比率になります。また、30代前半女性の未婚率は21.3%より高いと考えているので、検定は右側検定になります。

(ⅰ)帰無仮説を設定

帰無仮説 H_0 は「母比率 $p=0.213$」であり、対立仮説 H_1 は「母比率 $p>0.213$」です。

(ⅱ)母集団分布を仮定

既婚者に0、未婚者に1を対応させたベルヌーイ分布です。

(ⅲ)検定で用いる統計量の分布を調べる

帰無仮説のもとで、標本比率 $\overline{X}$ の分布は、平均値0.213、分散 $\frac{0.213(1-0.213)}{30}$ の正規分布となります。

(ⅳ)検定する際の判断基準を設定

正規分布の性質から、有意水準5%の棄却域は次のようになります。

$$\overline{X} \geqq 0.213+1.65\sqrt{\frac{0.213(1-0.213)}{30}}=0.336 \quad \cdots (5)$$

(ⅴ)標本を抽出して仮説の採否を決定

標本から得られた標本比率 $\overline{X}$ の値 $\overline{x}=0.40$ は(iv)で調べた棄却域に入っています。したがって、帰無仮説は有意水準5%で棄却されることになります。

実習 39 Pythonによる統計分析

いま調べた検定の(例)をPythonで計算してみよう。

式(3)を用いて、母比率の検定を行います。その際、既婚を0に、未婚を1として、データ入力しました。

Pythonプログラム 39

```
#母比率の検定
print('【母比率の検定】')
#準備
import numpy as np

#帰無仮説と有意水準の設定
p0 = 21.3/100      #帰無仮説
level = 0.05       #有意水準
```

NumPy、SciPyの関数を使えるようにする準備(序-4節)

帰無仮説と有意水準(level)を設定

```
print('有意水準＝{:.0%}'.format(level))

#標本抽出（既婚を0、未婚を1で表現）
sample = [0, 1, 0, 0, 1, 0, 0, 1, 0, 1,
          0, 1, 0, 0, 0, 0, 1, 0, 0, 1,
          1, 1, 1, 0, 1, 0, 0, 1, 0, 0 ]
ss = len(sample)   #sample size

#基本統計量
var0 = p0*(1-p0) / ss
sd0 = np.sqrt( var0 )

#検定統計量の算出
ps = np.mean( sample )
print('標本平均＝', ps)

#片側検定の％点の設定
p_point = 1.65

#棄却域を算出
r2 = p0+ p_point * sd0
print('棄却域：p≧', round(r2,3))

#検定の実際
print('検定結果：', end='')
if ps < r2:
  print('採択')
else:
  print('棄却')
```

標本を変数sampleに入力。標本の大きさをssに

帰無仮説から分散var0（標準偏差sd）を算出

検定統計量である標本比率を算出

式(3)を用いて棄却域の境界を算出

検定の判断を表示

（注）標本をファイルから入力する方法については、付録A、B、Cを参照してください。

計算結果

プログラムの実行結果を示します。なお、有意水準を1%に変更するには、プログラムの中の変数levelを0.01に、変数p_pointを2.33に変更します。

```
【母比率の検定】
有意水準＝5%
標本平均＝ 0.4
棄却域：p≧ 0.336
検定結果：棄却
```

Pythonレッスン　有意水準の変更とパーセント点

本節のプログラムで、有意水準1%の検定にするには、有意水準を表す変数levelの値とパーセント点を表す変数p_pointの値の2箇所を変更する必要があります。しかし、p_pointの値は有意水準levelの値により確定します。そこで2箇所の修正は冗長です。これを解消するには、コメント「#片側検定の%点の設定」の下の行「p_point = 1.65」の行を次の2行に差し替えてみましょう。有意水準levelの数値を書き換えるだけで、パーセント点p_pointも自動算出されます。

```
from scipy.stats import norm
p_point = norm.ppf(1 - level, loc=0, scale=1)
```

（注）norm.ppfについては、3-4、3-6節を参照してください。

参考 39　Python・Excel二刀流

本節のテーマをExcelで実行するには、Python同様、式(3)を直接利用します。標本から検定統計量の「標本平均」(すなわち標本比率)を算出し、この値を利用して左側検定の式(3)を用いて検定処理を実行します。

図に示すように、「標本比率」が棄却域に入ります。よって帰無仮説は棄却されます。

（注）有意水準を変更するには、セルD3の有意水準の値以外に、セルD12を式(4)に変更する必要があります。

6-6 母分散の検定 〜 χ^2 分布が活躍する検定

平均値は母集団を代表する重要な統計量ですが、この平均値に負けず劣らず重要な統計量に分散があります。ここでは、この分散の検定について調べてみましょう。

母分散の検定の考え方

正規分布 $N(\mu, \sigma^2)$ に従う母集団から抽出された大きさ n の標本を $\{X_1, X_1, \cdots, X_n\}$ とします。このとき、次の定理が成立します。

> 次の統計量 χ^2 は自由度 $n-1$ の χ^2 分布に従う。ただし、s^2 は不偏分散である。
>
> $$\chi^2 = \frac{(n-1)s^2}{\sigma^2} \quad \cdots (1)$$

(注) χ^2 分布については、3-10 節を参照。

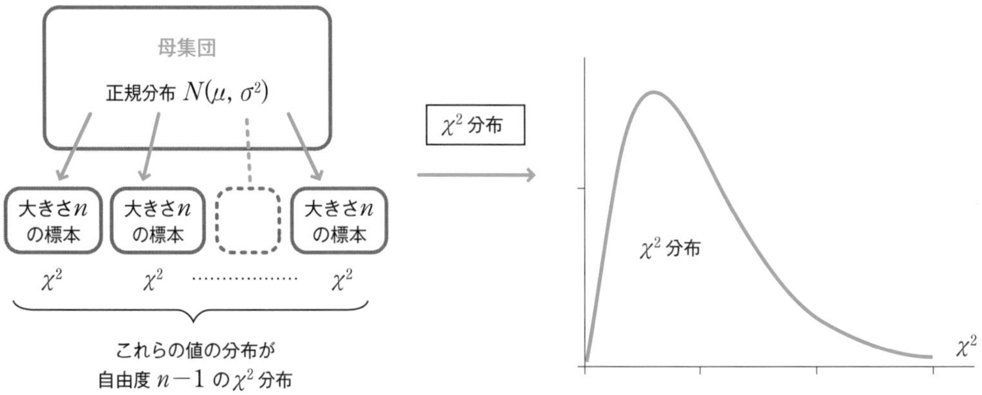

この性質を利用して「母分散 σ^2 が値 σ_0^2 に等しい」ことの検定が行えます。

以下に述べる検定手順（i）〜（v）は 6-1 節で調べた一般的な手順と一致しています。ただし、両側検定でも、片側検定でも、（i）〜（iii）は共通です。

(注) 片側検定の中で、ここでは右側検定を調べます。左側検定も同様です。

（i）帰無仮説を設定

帰無仮説と対立仮説を次のように設定します。

帰無仮説　H_0：母分散 $\sigma^2 = \sigma_0^2$

対立仮説　H_1：母分散 $\sigma^2 \neq \sigma_0^2$　（両側検定のとき。右側検定のときには、H_1：$\sigma^2 > \sigma_0^2$）

(ii) 母集団分布を仮定

母集団は正規分布に従うことを仮定します。

(iii) 検定で用いる統計量の分布を調べる

帰無仮説のもとで、(1) の統計量 χ^2 は自由度 $n-1$ の χ^2 分布に従います。

以下、手順 (iv)～(v) は、両側検定と片側検定に分けて解説します。

両側検定 …「母分散 $\sigma^2 \neq \sigma_0{}^2$」を主張したい場合

(iv) 検定する際の判断基準を設定

次のように棄却域を設定します。

有意水準 5%の棄却域は　$\chi^2 \leqq k_1$　または　$\chi^2 \geqq k_2$　… (2)

有意水準 1%の棄却域は　$\chi^2 \leqq k_3$　または　$\chi^2 \geqq k_4$　… (3)

ただし、k_1、k_2、k_3、k_4 は χ^2 分布の自由度によって決まる両側 5%、1%点です (下図)。

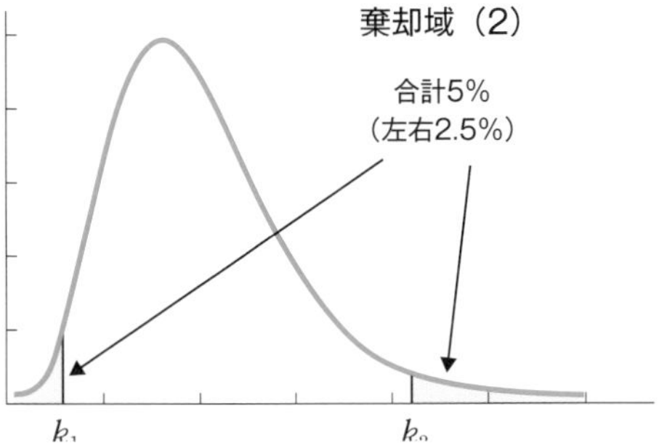

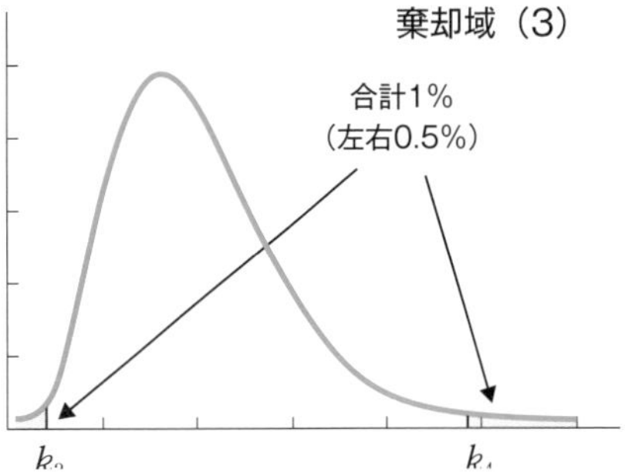

(v) 標本を抽出して仮説の採否を決定

大きさ n の標本を抽出し、統計量 χ^2 の値を求め、式 (2)、(3) より次の判断をします。

$\chi^2 \leqq k_1$ または $\chi^2 \geqq k_2$ ならば有意水準 5%で帰無仮説「$\sigma^2 = \sigma_0{}^2$」を棄却

$\chi^2 \leqq k_3$ または $\chi^2 \geqq k_4$ ならば有意水準 1%で帰無仮説「$\sigma^2 = \sigma_0{}^2$」を棄却

棄却できないときには、帰無仮説を採択します。

右側検定 …「母分散 $\sigma^2 > \sigma_0{}^2$」を主張したい場合

(iv) 検定する際の判断基準を設定

次のように棄却域を設定します。

有意水準 5%の棄却域は　$\chi^2 \geqq k_5$　… (4)

有意水準 1%の棄却域は　$\chi^2 \geqq k_6$　… (5)

ただし、k_5、k_6 は χ^2 分布の自由度によって決まる上側 5%、1%点です (次図参照)。

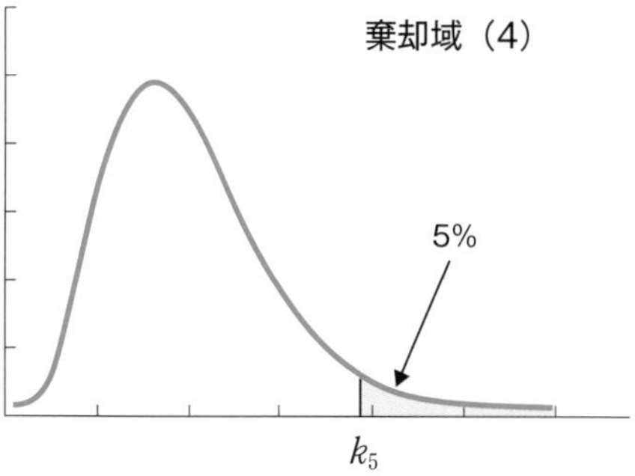

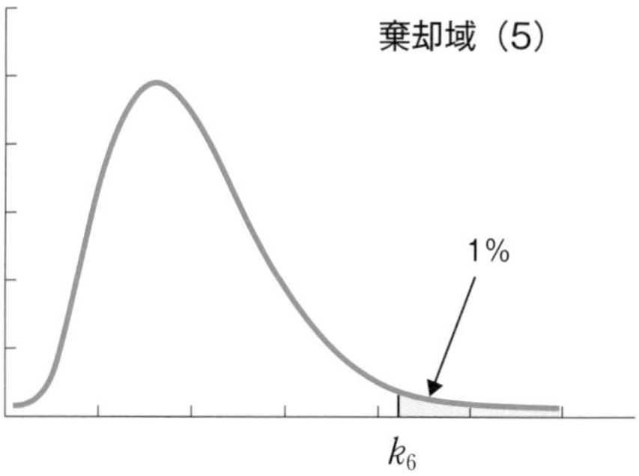

(v) 標本を抽出して仮説の採否を決定

大きさ n の標本を抽出し統計量 χ^2 の値を求め、式(4)、(5)より次の判断をします。

$\chi^2 \geqq k_5$ ならば有意水準5%で帰無仮説「$\sigma^2=\sigma_0{}^2$」を棄却

$\chi^2 \geqq k_6$ ならば有意水準1%で帰無仮説「$\sigma^2=\sigma_0{}^2$」を棄却

棄却できないときには、帰無仮説を採択します。

例で見てみよう

母分散の検定を具体例で実際に行ってみましょう。

> **例** ある工場で生産されている直径30cmのパイプの分散は従来0.010であった。最近、製品にバラツキが多くなったように思え、30本のパイプを抽出し調べたところ、次のような標本が得られた。
>
> 30.15、29.78、29.97、29.98、30.01、29.92、29.88、29.98、30.06、30.18
> 29.98、30.06、30.05、29.98、29.98、30.04、29.83、30.07、30.06、30.17
> 29.89、29.95、29.97、29.88、29.78、29.90、29.95、30.23、29.91、30.16
>
> この標本から、製造するパイプの直径の分散が以前より大きくなったかを、有意水準5%で右側検定してみよう。

(i) 帰無仮説を設定

帰無仮説 H_0 は「母分散 $\sigma^2=0.010$」であり、対立仮説 H_1 は「母分散 $\sigma^2 > 0.010$」です。

(ii) 母集団分布を仮定

パイプの直径の分布は正規分布と仮定します。

(iii) 検定で用いる統計量の分布を調べる

帰無仮説のもとで、統計量 $\chi^2=\dfrac{(n-1)s^2}{\sigma^2}$ は自由度 $n-1$（n は標本の大きさ30）の χ^2 分布に従う。

(iv) 検定する際の判断基準を設定

右側検定を用いた棄却域を設定します。自由度29の χ^2 分布の性質から、有意水準5%の棄却域は

$42.56 \leqq \chi^2$

(注) 42.56の値はPythonやExcelの関数で求めることができます（「実習23　Pythonによる統計分析」参照。）。

（v）標本を抽出して仮説の採否を決定

標本から不偏分散を計算すると $s^2=0.0131$ であり、帰無仮説より $\sigma^2=0.010$ なので、

$$\chi^2=\frac{(n-1)s^2}{\sigma^2}=\frac{(30-1)\times 0.0131}{0.010}=38.0$$

この値は上の（iv）で求めた棄却域には入りません。したがって、帰無仮説「$\sigma^2=0.010$」は採択されることになります。「製造するパイプの直径の分散が以前より大きくなった」ことは、この標本からは認められないことになります。

実習 40　Pythonによる統計分析

いま調べた検定の（例）をPythonで計算してみよう。

χ^2 分布を用いた検定にはSciPyの関数chi2.ppfが便利です（3-11節）。有意水準と自由度から棄却域の境界を与えるパーセント点を算出してくれます。

Pythonプログラム 40

```
#χ2分布を用いた母分散の検定
print('【χ2分布を用いた母分散の検定】')
#準備
import numpy as np
from scipy.stats import chi2

#帰無仮説と有意水準
var0 = 0.010 #帰無仮説
level = 0.05 #有意水準
print('有意水準={:.0%}'.format(level))

#標本抽出
sample = [30.15, 29.78, 29.97, 29.98, 30.01, 29.92,
          29.88, 29.98, 30.06, 30.18, 29.98, 30.06,
          30.05, 29.98, 29.98, 30.04, 29.83, 30.07,
          30.06, 30.17, 29.89, 29.95, 29.97, 29.88,
          29.78, 29.90, 29.95, 30.23, 29.91, 30.16 ]
ss = len(sample)
print('標本の大きさ=', ss)

#基本統計量
```

NumPy、SciPyの関数を使えるようにする準備（序-4節）

帰無仮説（母分散が0.010）と有意水準（level）0.05を設定

標本を変数sampleに入力。標本の大きさをssに

```
vars = np.var(sample, ddof=1)
print('不偏分散＝', round(vars, 4))

#χ2の値算出
chisq = (ss - 1) * vars / var0
print('chisq値＝', round(chisq, 2))

#棄却域を算出
p_point = chi2.ppf(1-level, ss-1)
print('棄却域：chisq>=', round(p_point, 2))

#検定
print('検定結果：', end=' ')
if chisq < p_point:
  print('採択')
else:
  print('棄却')
```

標本分散varを算出

式(1)から得られる検定統計量χ^2値（変数名はchisq）を算出

式(4)を用いて棄却域の境界を算出。関数chi2.ppfについては3-11節参照

検定の判断を表示

（注）ファイルから標本を入力する方法については、付録A、B、Cを参照してください。

計算結果

プログラムの実行結果を示します。なお、有意水準を1%にするには、プログラムの中の変数levelを0.01に変更します。

```
【χ2分布を用いた母分散の検定】
有意水準=5%
標本の大きさ= 30
不偏分散= 0.0131
chisq値= 38.0
棄却域：chisq>= 42.56
検定結果： 採択
```

Pythonレッスン　p値による検定と関数stats.chi2.cdf

χ^2分布の累積分布関数として、SciPyはchi2.cdfを用意しています。これを利用すると、式(1)のχ^2に対するp値が算出されます。書式は次の通りです。

chi2.cdf(χ^2 の値 , 自由度)

意味を右に図示しましょう。

（注）cdfは累積分布関数（cumulative distribution function）の略

この関数を利用すれば、p値による検定が行えます（6-3節）。それには、元のプログラムのコメント文「#棄却域を算出」以下を、次のプログラムに差し替えてください。

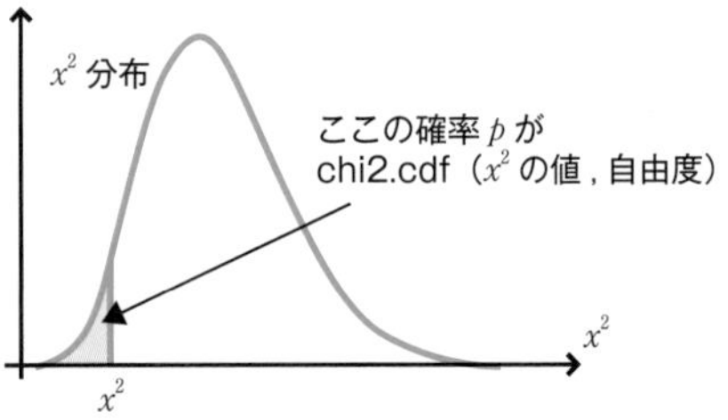

```
#p値を算出
p_value=chi2.cdf(chisq,ss-1)
ps = 1 - p_value       #右側検定用に補正
print('p値＝', np.round(ps,4))

#検定
print('検定結果：', end=' ')
if ps > level:
  print('採択')
else:
  print('棄却')
```

関数chi2.cdfを用いて、左側検定のp値を算出。右側検定に利用するには補正が必要

検定の判断とその表示

結果を見てみましょう。p値が有意水準0.05より大きく、帰無仮説の許容範囲の中にあります。帰無仮説は棄却できません。

```
【χ2分布を用いた母分散の検定】
有意水準=5%
標本の大きさ= 30
不偏分散= 0.0131
chisq値= 38.0
p値= 0.122
検定結果： 採択
```

ここで利用している関数chi2.cdfは、先に調べたchi2.ppf、chi2.pdfと名称が似ています（3-11節）。下図に意味を整理しておきます。

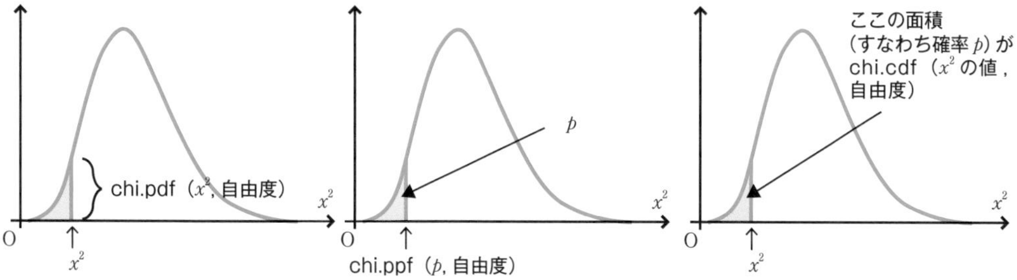

（注）再掲しますが、pdfは確率密度関数（probability density function）、ppfはパーセント点関数（percent point function）、cdfは累積分布関数（cumulative distribution function）の略です。

memo

p値による検定

英文のホームページに記載されている検定解説の多くは、p値を用いて結論を導き出しています。しかし使い方には誤解が多いということで、複数の統計学会から警告が出されています。本書では伝統的な検定法を主に紹介しています。

参考 40 Python・Excel 二刀流

本節のテーマを Excel で実行するには、関数 CHISQ.INV.RT を利用します (3-11 節)。標本から検定統計量の「χ^2 値」を算出し、この関数で算出した棄却域に入るかを確認します。こうして仮説検定が実行できます。

なお、ここで利用した関数 CHISQ.INV.RT は右側検定で利用するパーセント点を求める関数です (3 章 §11)。次の右図の意味を持ちます。

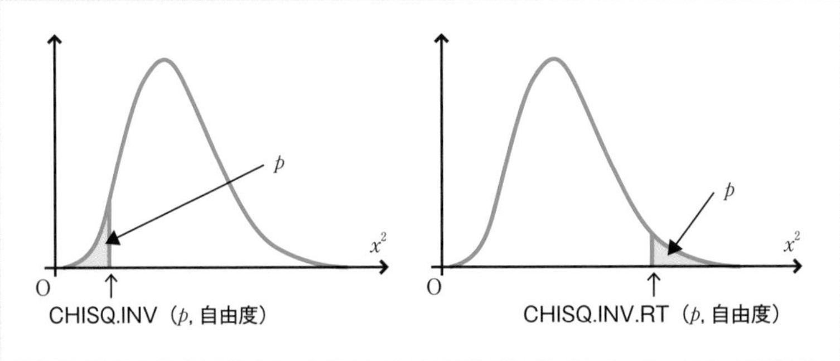

ちなみに左側検定用に p 値からパーセント点を求める関数は CHISQ.INV です (上図左)。

6-7 母比率の差の検定 〜 標本比率の差が標準正規分布に従う

「東京と沖縄の住民では喫煙率に差があるか」などと、2つの母集団における母比率の違いを検定する方法について調べましょう。

母比率の差の検定の考え方

母比率の等しい2つのベルヌーイ分布に従う母集団A、Bから、それぞれ大きさ n_A、n_B の標本を抽出し、各々の標本比率を p_A、p_B とします。このとき、次の定理が成立します。

> 次の統計量 Z は標準正規分布 $N(0, 1^2)$ に従う。ただし n_A、n_B は十分大きいものとする。
>
> $$Z = \frac{p_A - p_B}{\sqrt{\overline{p}(1-\overline{p})\left(\frac{1}{n_A} + \frac{1}{n_B}\right)}} \quad （ただし、\overline{p} = \frac{n_A p_A + n_B p_B}{n_A + n_B}） \quad \cdots (1)$$

（注）母比率、標本比率の詳細については5-6節参照。

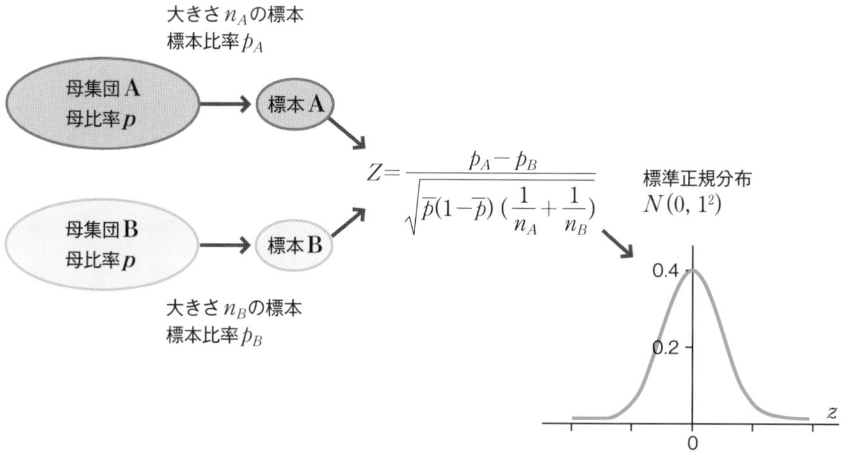

この定理を利用して、2つの母集団の母比率が同じであることの検定が行えます。

これから調べる検定手順（ⅰ）〜（ⅴ）は6-1節の解説手順と一致しています。ただし、両側検定でも、片側検定でも、次の（ⅰ）〜（ⅲ）は共通です。

（注）片側検定の中で、ここでは右側検定を調べます。左側検定も同様です。

（ⅰ）帰無仮説を設定

帰無仮説と対立仮説を次のように設定します。α、β を各々の母集団の母比率として、

帰無仮説　H_0：母比率は等しい、すなわち $\alpha = \beta$

対立仮説　$H_1 : \alpha \neq \beta$　（両側検定のとき。右側検定のときには、$H_1 : \alpha > \beta$）

(ii) 母集団分布を仮定

ベルヌーイ分布を仮定します。

(iii) 検定で用いる統計量の分布を調べる

帰無仮説のもとで、(1) 式で見た統計量 Z が標準正規分布 $N(0, 1^2)$ に従います。

両側検定 …「母比率　$\alpha \neq \beta$」を主張したい場合

(iv) 検定する際の判断基準を設定

棄却域を設定します。

有意水準 5%の棄却域は　$|Z| \geqq 1.96$　…（2）

有意水準 1%の棄却域は　$|Z| \geqq 2.58$　…（3）

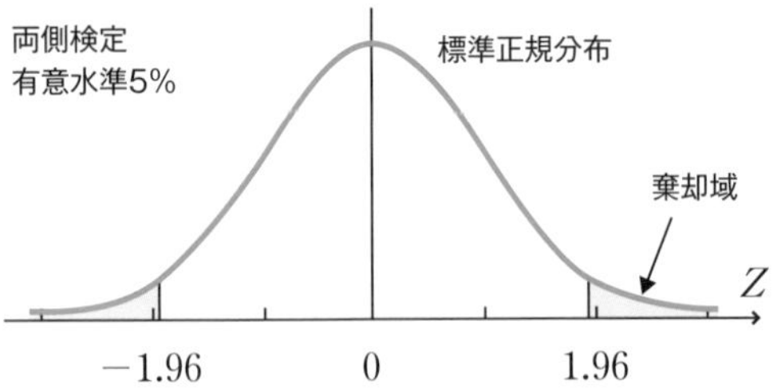

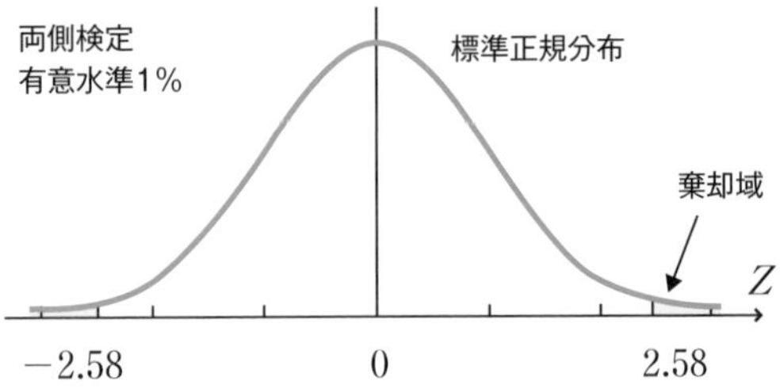

（注）1.96、2.58 の値は Python や Excel の関数で簡単に求めることができます（3-6 節）。

(v) 標本を抽出して仮説の採否を決定

標本を抽出し統計量 Z の値 z を求め、式 (2)、(3) より次の判断をします。

$|z| \geqq 1.96$ ならば有意水準 5%で帰無仮説「$\alpha = \beta$」を棄却する。

$|z| \geqq 2.58$ ならば有意水準 1%で帰無仮説「$\alpha = \beta$」を棄却する。

棄却できないときには、帰無仮説を採択します。

右側検定 …「母比率　$\alpha > \beta$」を主張したい場合

(iv) 検定する際の判断基準を設定

棄却域を設定します。

有意水準 5%の棄却域は　$Z \geqq 1.65$　…（4）

有意水準 1%の棄却域は　$Z \geqq 2.33$　…（5）

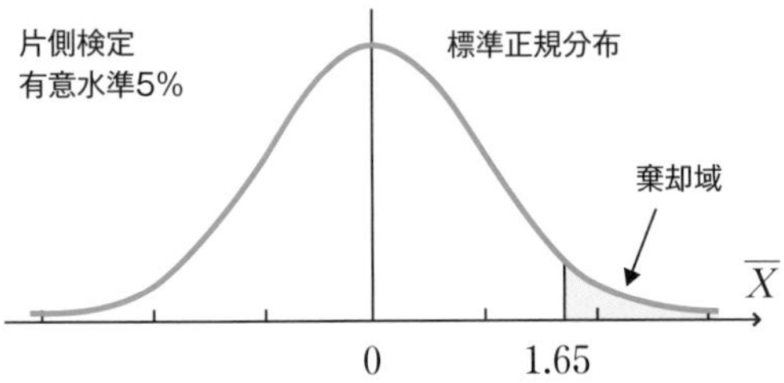

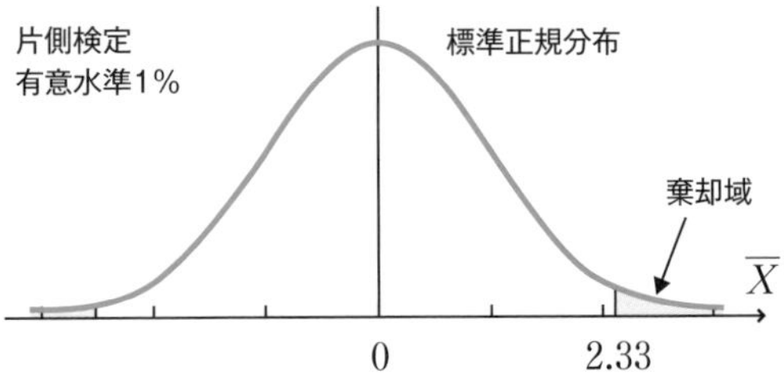

(注) 1.65、2.33の値はPythonやExcelの関数で簡単に求めることができます(3-6節)。

(v)標本を抽出して仮説の採否を決定

標本を抽出し統計量 Z の値 z を求め、式(4)(5)より次の判断をします。

$z \geqq 1.65$ ならば 有意水準5%で帰無仮説「$\alpha=\beta$」を棄却する。

$z \geqq 2.33$ ならば 有意水準1%で帰無仮説「$\alpha=\beta$」を棄却する。

棄却できないときには、帰無仮説を採択します。

例で見てみよう

例 A市とB市では男性の喫煙率が同じといえるかを調べるために、各市から順に35人と30人を抽出し、喫煙の習慣を調べた。以下がその結果である。

〔A市〕

非喫煙、非喫煙、喫煙、喫煙、非喫煙、喫煙、喫煙、喫煙、喫煙、喫煙、
喫煙、非喫煙、喫煙、非喫煙、喫煙、非喫煙、非喫煙、喫煙、非喫煙、喫煙
非喫煙、非喫煙、喫煙、非喫煙、非喫煙、非喫煙、非喫煙、喫煙、非喫煙、喫煙
非喫煙、非喫煙、喫煙、喫煙、喫煙

〔B市〕

喫煙、非喫煙、非喫煙、非喫煙、非喫煙、非喫煙、非喫煙、非喫煙、非喫煙、喫煙
非喫煙、喫煙、非喫煙、非喫煙、喫煙、非喫煙、非喫煙、非喫煙、非喫煙、非喫煙
喫煙、非喫煙、非喫煙、非喫煙、非喫煙、非喫煙、非喫煙、非喫煙、喫煙、喫煙

このことから、東京都と沖縄県では男性の喫煙率が同じといえるか、有意水準5%で両側検定してみよう。

喫煙者を1、非喫煙者を0と数値で表現します。すると、標本平均が喫煙率を表すことになります。また、「東京都と沖縄県では男性の喫煙率が同じといえる」ことの検定なので、検定は両側検定になります。

(i)帰無仮説を設定

帰無仮説 H_0 は「A市とB市では男性の喫煙率が同じ」であり、対立仮説 H_1 は「A市とB市では男性の喫煙率が異なる」です。

(ii)母集団分布を仮定

各市ともに、喫煙を表す1と非喫煙を表す0の分布、すなわちベルヌーイ分布を仮定します。

(iii)検定で用いる統計量の分布を調べる

帰無仮説のもとで、(1)式で与えられる次の統計量 Z が標準正規分布 $N(0,1^2)$ に従います。

$$Z=\frac{p_A-p_B}{\sqrt{\overline{p}(1-\overline{p})\left(\frac{1}{n_A}+\frac{1}{n_B}\right)}} \qquad \left(\text{ただし、}\overline{p}=\frac{n_A p_A+n_B p_B}{n_A+n_B}\right)$$

ここで、n_A、n_B、及び p_A、p_B は各々A市、B市の標本の大きさと喫煙率です。

（iv）検定する際の判断基準を設定

棄却域を設定します。(2) 式で調べたように、次のことが成立します。

有意水準 5%の棄却域　$|Z| \geqq 1.96$　… (6)

（v）標本を抽出して仮説の採否を決定

標本をもとに、実際に Z を算出します。問題文から、A 市と B 市の喫煙者の人数が各々 18 と 7 なので、

$$n_A = 35、n_B = 30、p_A = \frac{18}{35} = 0.51、p_B = \frac{7}{30} = 0.23、\overline{p} = \frac{n_A p_A + n_B p_B}{n_A + n_B} = 0.38$$

これらを (1) 式に代入して、(1) の Z の値 z は

$$z = \frac{p_A - p_B}{\sqrt{\overline{p}(1-\overline{p})(\frac{1}{n_A} + \frac{1}{n_B})}} = 2.32$$

この値は上で求めた棄却域 (6) に入ります。こうして、帰無仮説「A 市と B 市では男性の喫煙率が同じ」は棄却されます。A 市と B 市では、男性の喫煙率が異なると判断されるのです。

実習 41　Python による統計分析

いま調べた検定の (例) を Python で計算してみよう。

上記の (例) の解説同様、Python で計算する際にも、式 (2) すなわち (6) が基本となります。

Python プログラム 41

```
#母比率の差の検定
print('【母比率の差の検定】')
#準備
import numpy as np
from scipy.stats import norm

#水準の設定
level=0.05
print('有意水準={:.0%}'.format(level))

#標本抽出
sampleA = [0, 0, 1, 1, 0, 1, 1, 1, 1, 1,
           1, 0, 1, 0, 1, 0, 0, 1, 0, 1,
           0, 0, 1, 0, 0, 0, 0, 1, 0, 1,
           0, 0, 1, 1, 1]
```

（import numpy as np ～ from scipy.stats import norm：NumPy、SciPy 関数を使えるようにする準備（序-4節））

（#水準の設定 ～ print(…)：有意水準（level）を設定）

（sampleA = …：標本 A を変数 sampleA にセット。喫煙を 1、非喫煙を 0 とする）

```
sampleB = [1, 0, 0, 0, 0, 0, 0, 0, 0, 1,
              0, 1, 0, 0, 1, 0, 0, 0, 0, 0,
              1, 0, 0, 0, 0, 0, 0, 0, 1, 1]
ssA = len(sampleA)    #sample size A
ssB = len(sampleB)    #sample size B
print('標本の大きさ：ssA=', ssA, '、ssB=', ssB)

#基本統計量
pA = np.mean(sampleA)
pB = np.mean(sampleB)
print('pA=',round(pA,2), '  pB=', round(pB,2))

#検定統計量の算出
p_bar = (ssA*pA + ssB*pB) / (ssA+ssB)
z = (pA-pB) / np.sqrt(p_bar * (1-p_bar) * (1/ssA + 1/ssB))
print('z=', np.round(z, 2))

#棄却域を表示
p_point = 1.96

#棄却域を提示
print('棄却域 |Z|>=', round(p_point, 2))

#検定
print('検定結果：', end='')
if np.abs(z) < p_point:
  print('採択')
else:
  print('棄却')
```

標本Bを変数sampleBにセット。喫煙を1、非喫煙を0とする

標本A、Bの大きさをssA、ssBにセット

標本比率をpA、pBに算出

式(1)から得られる検定統計量zを算出

式(2)を用いて棄却域の境界を設定

式(2)から棄却域を提示

検定の判断とその表示

(注) ファイルから標本を入力する方法については、付録A、B、Cを参照してください。

計算結果

プログラムの実行結果を示します。なお、有意水準を1%にするには、有意水準を表す変数levelを0.01に、パーセント点を表す変数p_pointを2.58に変更します。

```
【母比率の差の検定】
有意水準=5%
標本の大きさ：ssA= 35 、ssB= 30
pA= 0.51   pB= 0.23
z= 2.32
棄却域 |Z|>= 1.96
検定結果：棄却
```

Pythonレッスン　abs関数

abs は Python 標準の関数で、数学の**絶対値**を表現します。本節では次のように利用しています。

```
if np.abs(z) < p_point
```

関数 abs(x) の意味は「x が 0 以上の数ならそのまま、負の数ならばそれにマイナスを付けて正にした値」です。数学記号で $|x|$ と表現されます。

> **例** $|3|=3$、$|-3|=3$

絶対値は図に示すと明瞭です。数 a を数直線上に示すと、原点 O とその数 a との距離を表します。

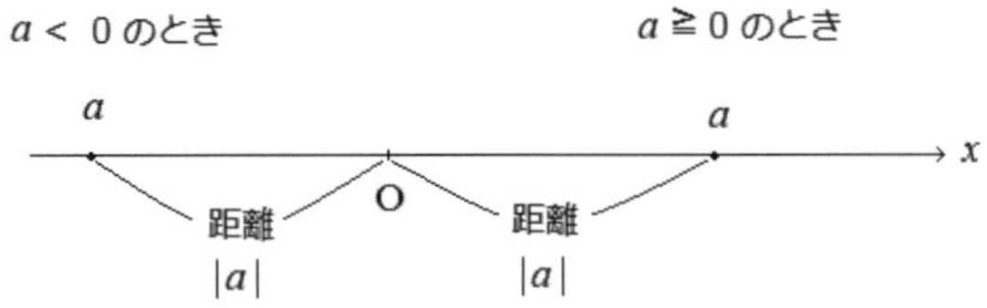

ちなみに、SciPy にもこれに相当する関数が用意されています。

参考 41　Python・Excel 二刀流

本節のテーマを Excel で実行するには、Python の場合と同様、式 (2)（すなわち (6)）が基本となります。例の解説通りに表を作成していけば、ワークシートが完成します。

	A	B	C	D	E	F	G	H	I	J	K	L	M	N
1		母比率の差の検定												
2		有意水準		5%										
3		〔東京の標本〕												
4		0	0	1	1	0	1	1	1	1	1		大きさ	35
5		1	0	1	0	1	0	0	1	0	1		東京 p_A	0.51
6		0	0	1	0	0	0	0	1	0	1			
7		0	0	1	1	1								
8		〔沖縄の標本〕												
9		1	0	0	0	0	0	0	0	0	1		大きさ	30
10		0	1	0	0	1	0	0	0	0	0		沖縄 p_B	0.23
11		1	0	0	0	0	0	0	0	1	1			
12														
13		棄却域端点		1.96										
14		Z値												
15		$\bar{p}$		0.38										
16		Zの分母		0.12										
17		Z		2.32		採択・棄却		棄却						

6-8 等分散の検定 ～F分布が活躍する検定

「2つの生産ラインで製造されている商品のバラツキが同じか」など、2つの母集団の分散が等しいかを検定するのが「等分散の検定」です。F検定ともいわれます。

等分散の検定の考え方

2つの正規母集団A、Bから大きさn_A、n_Bの標本を抽出し不偏分散$s_A{}^2$、$s_B{}^2$を求めます。このとき、次の定理が成立します。

> 母集団A、Bの母分散が等しければ、不偏分散の比
>
> $$F = \frac{s_A{}^2}{s_B{}^2} \quad \cdots (1)$$
>
> は自由度n_A-1, n_B-1のF分布に従う。

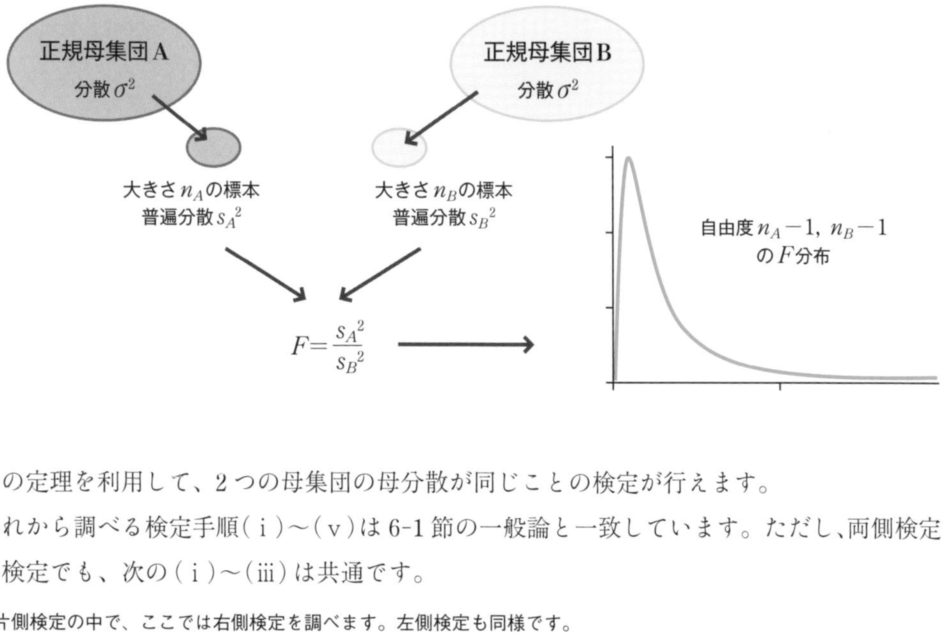

この定理を利用して、2つの母集団の母分散が同じことの検定が行えます。

これから調べる検定手順(ⅰ)～(ⅴ)は6-1節の一般論と一致しています。ただし、両側検定でも、片側検定でも、次の(ⅰ)～(ⅲ)は共通です。

(注) 片側検定の中で、ここでは右側検定を調べます。左側検定も同様です。

(ⅰ)帰無仮説を設定

帰無仮説と対立仮説を次のように設定します。

帰無仮説　H_0：母分散は等しい、すなわち$\sigma_A{}^2=\sigma_B{}^2$

対立仮説　H_1：$\sigma_A{}^2 \neq \sigma_B{}^2$　(両側検定のとき。右側検定のときには、H_1：$\sigma_A{}^2>\sigma_B{}^2$)

(ii) 母集団分布を仮定

母集団は正規分布に従うものとします。

(iii) 検定で用いる統計量の分布を調べる

帰無仮説のもとで、次の統計量 $F=\dfrac{{s_A}^2}{{s_B}^2}$ は近似的に自由度 $n_A-1,\ n_B-1$ の F 分布に従います。

ただし、分散 ${s_A}^2$、${s_B}^2$ は、それぞれ母集団A、Bから抽出された大きさ n_A、n_B の標本から求めた不偏分散です。

両側検定 …「母分散 ${\sigma_A}^2 \neq {\sigma_B}^2$」を主張したい場合

(iv) 検定する際の判断基準を設定

棄却域を設定します。

有意水準5%の棄却域は　$F \leqq k_1$ または $F \geqq k_2$　… (2)

有意水準1%の棄却域は　$F \leqq k_3$ または $F \geqq k_4$　… (3)

ここで k_1、k_2、k_3、k_4 は自由度によって決まる F 分布の両側5%、1%点です（下図）。

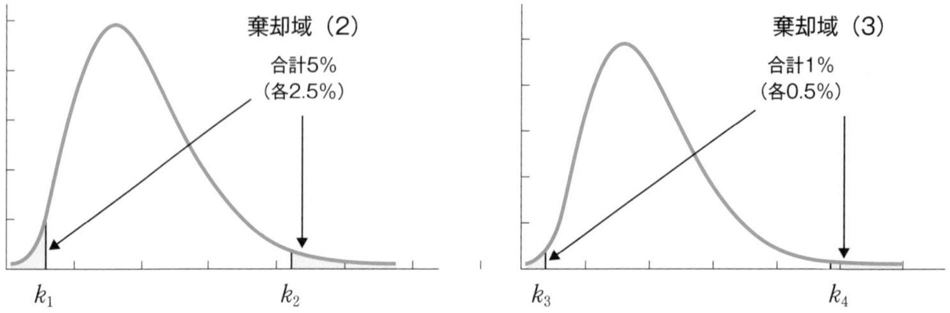

（注）k_1、k_2、k_3、k_4 を求めるにはPythonやExcelの関数を利用します（「実習25　Pythonによる統計分析」参照）。

(v) 標本を抽出して仮説の採否を決定

標本から統計量 F の値（**F 値**といいます）を求め、式(2)、(3)より次の判断をします。

$F \leqq k_1$ または $F \geqq k_2$ ならば有意水準5%で帰無仮説「${\sigma_A}^2={\sigma_B}^2$」を棄却する。

$F \leqq k_3$ または $F \geqq k_4$ ならば有意水準1%で帰無仮説「${\sigma_A}^2={\sigma_B}^2$」を棄却する。

棄却できないときには、帰無仮説を採択します。

右側検定 …「母分散 ${\sigma_A}^2 > {\sigma_B}^2$」を主張したい場合

(iv) 検定する際の判断基準を設定

棄却域を設定します。

有意水準5%の棄却域は　$F \geqq k_5$　… (4)

有意水準1%の棄却域は　$F \geqq k_6$　… (5)

ただし、k_5、k_6 は自由度によって決まる F 分布の上側5%、1%点です（次図）。

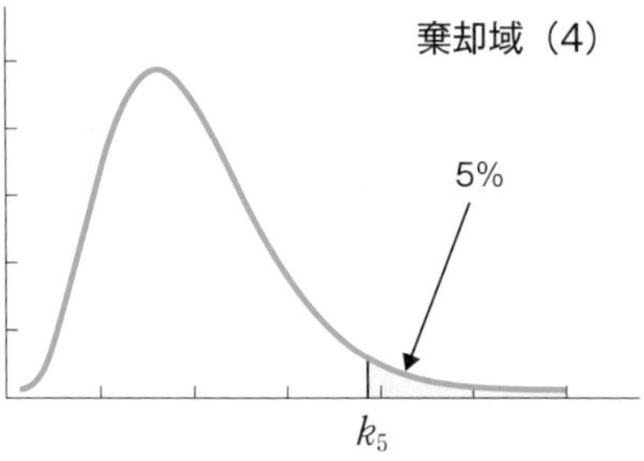

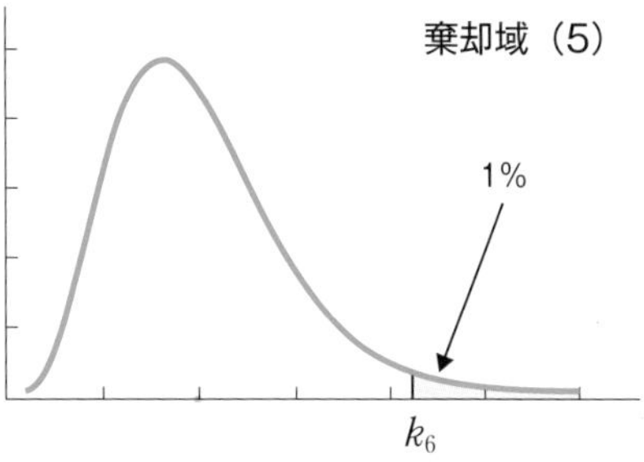

（注）k_5、k_6 を求めるには Python や Excel の関数を利用します（「実習 25　Python による統計分析」参照）。

(v) 標本を抽出して仮説の採否を決定

標本を抽出し統計量 F の値（F 値）を求め、式 (4) (5) より次の判断をします。

$F \geqq k_5$　ならば有意水準 5% で帰無仮説「$\sigma_A{}^2 = \sigma_B{}^2$」を棄却する。

$F \geqq k_6$　ならば有意水準 1% で帰無仮説「$\sigma_A{}^2 = \sigma_B{}^2$」を棄却する。

棄却できないときには、帰無仮説を採択します。

例で見てみよう

例 2 つの工場 A、B で生産されている直径 50mm のパイプについて、工場 A の直径のバラツキ（すなわち分散）の方が大きいように思えた。そこで、工場 A で生産されたパイプ 20 本と、工場 B で生産されたパイプ 25 本を調べた。その結果が次の通りである。

〔工場 A〕

49.89、49.67、50.15、49.54、50.88、49.75、49.67、50.17、50.06、50.35
50.37、49.82、49.53、50.30、50.15、49.59、49.66、49.66、49.69、50.57

〔工場 B〕

49.99、50.31、50.43、49.87、49.82、49.58、50.09、50.29、50.01、50.29
49.74、50.46、50.06、50.26、50.61、49.74、49.58、49.91、50.09、49.95
49.55、50.28、50.09、50.18、49.66

この資料から、工場 A で生産されているパイプの直径の分散が工場 B より大きいかを有意水準 5% で検定してみよう。ただし、パイプの直径は正規分布に従うと仮定します。

工場 A、B の母分散を各々 $\sigma_A{}^2$、$\sigma_B{}^2$ とします。検定したいことは、内容は $\sigma_A{}^2$ が $\sigma_B{}^2$ より大きいということなので、右側検定となります。

(i) 帰無仮説を設定

帰無仮説 H_0 は「$\sigma_A{}^2 = \sigma_B{}^2$」であり、対立仮説 H_1 は「$\sigma_A{}^2 > \sigma_B{}^2$」です。

(ii) 母集団分布を仮定

それぞれの工場の製品のパイプの直径の分布は正規分布と仮定します。

(iii) 検定で用いる統計量の分布を調べる

$n_A = 20$、$n_B = 25$ なので、帰無仮説のもとでは、(1) 式で調べた統計量 F は自由度 19, 24 の F 分布に従うことになります。

(iv) 検定する際の判断基準を設定

棄却域を設定します。自由度 19, 24 の F 分布の性質から、有意水準 5%の右側検定の棄却域は

$$2.04 \leqq F$$

(注) 左辺の 0.24 は F 分布の上側 5% 点。この値は Python や Excel の関数で求めることができます。

(v) 標本を抽出して仮説の採否を決定

標本をもとに、(1) 式の F 値を算出します。与えられた標本から、分散 $s_A{}^2$、$s_B{}^2$ は 0.1455、0.0865 が算出できます。よって F 値は次のようになります。

$$F = \frac{s_A{}^2}{s_B{}^2} = \frac{0.1455}{0.0865} = 1.68$$

したがって (iv) で調べた棄却域に入りません。帰無仮説「$\sigma_A{}^2 = \sigma_B{}^2$」は棄却できないのです。つまり、2 つの工場 A、B の母分散に違いがあるとは認められないことになります。

実習 42 Python による統計分析

いま調べた検定の (例) を、Python で計算してみよう。

上記解説のように、式 (4) が基本になります。F 分布を用いた等分散の検定には、SciPy の関数 f.ppf が便利です (3-13 節)。

Python プログラム 42

```
#等分散の検定
print('【等分散の検定】')
#準備
import numpy as np
from scipy.stats import f

#有意水準の設定
level = 0.05
print('有意水準={:.0%}'.format(level})

#標本抽出
sampleA = [49.89,49.67,50.15,49.54,50.88,
           49.75,49.67,50.17,50.06,50.35,
           50.37,49.82,49.53,50.30,50.15,
           49.59,49.66,49.66,49.69,50.57]
sampleB = [49.99,50.31,50.43,49.87,49.82,
          49.58,50.09,50.29,50.01,50.29,
          49.74,50.46,50.06,50.26,50.61,
```

NumPy、SciPy 関数を使えるように準備 (序-4 節)

有意水準 (level) を設定

標本 A を配列 sampleA にセット

標本 B を配列 sampleB にセット

```
         49.74,49.58,49.91,50.09,49.95,
         49.55,50.28,50.09,50.18,49.66]
ssA = len(sampleA)      #sample siz A
ssB = len(sampleB)      #sample siz B
print('標本Aの大きさ＝', ssA, '、標本Bの大きさ＝', ssB)

#基本統計量
varA= np.var(sampleA, ddof=1)
varB= np.var(sampleB, ddof=1)
print('標本Aの分散＝', round(varA,2), end='、')
print('標本Bの分散＝', round(varB,2))

#検定統計量の算出
fs = varA / varB
print('F値＝', round(fs,2))

#棄却域を算出
(dfn, dfd)=(ssA - 1, ssB - 1)
p_point = f.ppf(1 - level, dfn, dfd)
print('棄却域 F≧', round(p_point, 2))

#検定
print('検定結果：', end='')
if fs < p_point:
  print('採択')
else:
  print('棄却')
```

標本A、Bの大きさをssA、ssBにセット

標本A、Bの不偏分散varA、varBを算出

式(1)から、検定統計量F値(変数名fs)を算出

式(4)を用いて棄却域の境界を算出。関数f.ppfについては3-9節参照

検定の判断を表示

(注) ファイルから標本を入力する方法については、付録A、B、Cを参照してください。

計算結果

プログラムの実行結果を示します。なお、有意水準を1%にするには、有意水準を表す変数levelを0.01に変更します。

```
【等分散の検定】
有意水準＝5%
標本Aの大きさ＝ 20 、標本Bの大きさ＝ 25
標本Aの分散＝ 0.15、標本Bの分散＝ 0.09
F値＝ 1.68
棄却域 F≧ 2.04
検定結果：採択
```

Pythonレッスン　p値による検定と関数stats.f.cdf

SciPyは関数f.cdfを用いると、p値による検定ができます。関数f.cdfは次の書式を持ちます。

```
f.cdf(f値 , 自由度1, 自由度2)
```

この関数を利用した検定を行うには、元のプログラムのコメント文「#棄却域を算出」以下を、次のプログラムに差し替えてください。

```
#p値を算出
(dfn, dfd)=(ssA - 1, ssB - 1)
ps = 1-f.cdf(fs, dfn, dfd)
print('p値=', round(ps,2))

#検定
print('検定結果：', end='')
if ps > level:
  print('採択')
else:
  print('棄却')
```

関数f.cdfを用いて、右側検定のp値を算出（上の3行）

p値で検定（print('検定結果：', end='') から print('採択') までの4行）

算出結果を示しましょう。p値が有意水準よりも大きいので、帰無仮説は棄却できません。

```
【等分散の検定】
有意水準=5%
標本Aの大きさ= 20 、標本Bの大きさ= 25
標本Aの分散= 0.15、標本Bの分散= 0.09
F値= 1.68
p値= 0.11
検定結果：採択
```

ここで利用している関数f.cdfは、先に調べたf.ppf、3-12節で調べたf.pdfと名称が似ています。下図に整理しておきます。

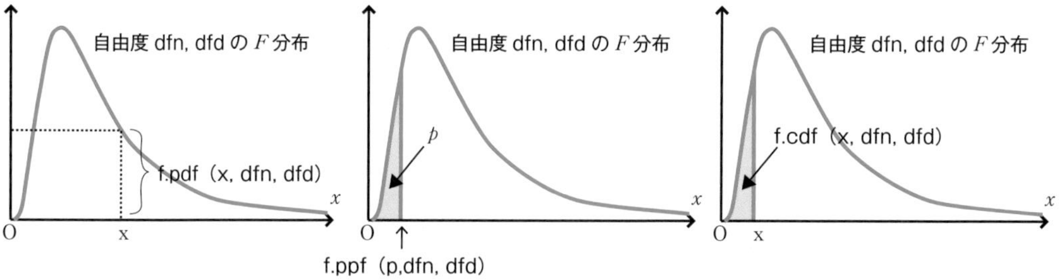

(注) 再掲しますが、pdfは確率密度関数（probability density function）、ppfはパーセント点関数（percent point function）、cdfは累積分布関数（cumulative distribution function）の略です。

参考 42　Python・Excel 二刀流

本節のテーマを Excel で実行するには、関数 F.INV.RT を利用します (3-13 節)。

最初に帰無仮説「母分散は等しい」という仮説の下で、有意水準 5% を設定します。この関数を利用して F 分布の上側 5% 点を求め、標本から得られる検定統計量 (1)、すなわち F 値と比較します。F 値が上側 5% 点より大きいか否かを IF 関数で調べれば仮説検定が実行されます。

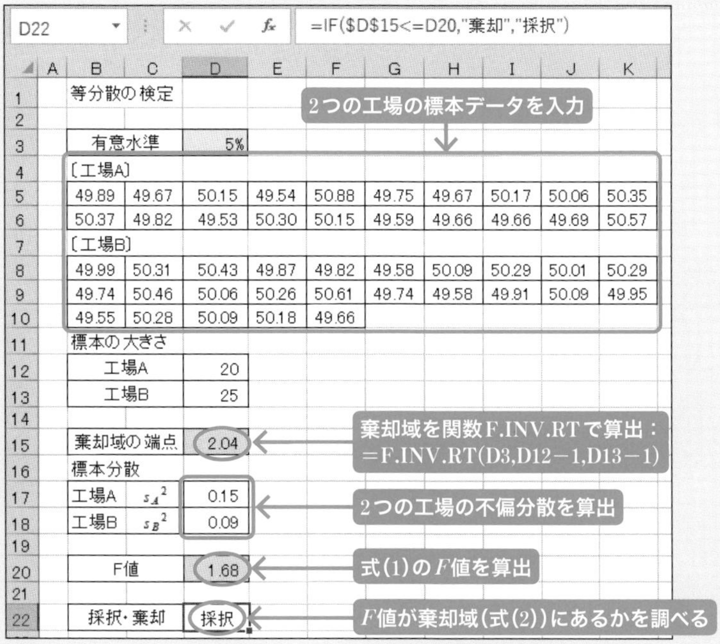

	A	B	C	D	E	F	G	H	I	J	K
1		等分散の検定									
2											
3		有意水準		5%							
4		〔工場A〕									
5		49.89	49.67	50.15	49.54	50.88	49.75	49.67	50.17	50.06	50.35
6		50.37	49.82	49.53	50.30	50.15	49.59	49.66	49.66	49.69	50.57
7		〔工場B〕									
8		49.99	50.31	50.43	49.87	49.82	49.58	50.09	50.29	50.01	50.29
9		49.74	50.46	50.06	50.26	50.61	49.74	49.58	49.91	50.09	49.95
10		49.55	50.28	50.09	50.18	49.66					
11		標本の大きさ									
12		工場A		20							
13		工場B		25							
14											
15		棄却域の端点		2.04							
16		標本分散									
17		工場A	$s_A{}^2$	0.15							
18		工場B	$s_B{}^2$	0.09							
19											
20		F値		1.68							
21											
22		採択・棄却		採択							

ワークシートから F 値 (=1.68) は棄却域 ($F \geqq 2.04$) に入っていません。帰無仮説は採択されます。

memo

f.stats 関数

F 分布の平均値と分散は公式からも簡単に得られますが、SciPy の用意している関数 f.stats を利用して求めてもよいでしょう。この関数は次の仕様に従います。dfn、dfd を自由度として、

```
mean, var = f.stats(dfn, dfd, moments='mv')
```

平均値 (mean) や分散 (var) の公式を失念しても、すぐに算出できます (3-12 節)。

6-9 第２種の誤りと検出力
～ 有意水準と検定の正しさとの絶妙な関係

母集団分布の母数は「神のみぞ知る」情報です。統計的な検定とは、「標本」という神の「微笑み」から神の意図を知ろうとする大胆な行為なのです。そのような行為には、必ず厄介な問題が発生します。第１種の誤りと第２種の誤りです。

第１種の誤りと第２種の誤り

統計的検定を復習してみましょう。

例えば、「日本人の平均体重が5年前に比べて増えた」という仮説が正しいかを検定することにします。検定では、最初に次の仮説を立てます。

帰無仮説 H_0：日本人の平均体重は変わらない。

対立仮説 H_1：日本人の平均体重は大きくなった。

次に今の日本人から標本を抽出し、標本における平均体重 $\overline{x}$ を求めます。標本平均 $\overline{X}$ の確率分布において、予め決めた有意水準 α に対する棄却域（この例では右側検定）に、この $\overline{x}$ が入れば仮説 H_0 を棄てます。そうでなければ、仮説 H_0 を棄てずに採択します。

以上が統計的な検定のシナリオです。このシナリオを頭に置きながら、本論に入りましょう。帰無仮説 H_0 を採択したり棄却したりするときに、2種類の誤りを犯す可能性があるということを調べるのです。

一つ目の誤りは、「帰無仮説 H_0 が正しいのにこれを棄ててしまう」という誤りです。これを**第１種の誤り**といいます。この誤りを犯す確率は棄却域を決める確率、すなわち有意水準 α となります。

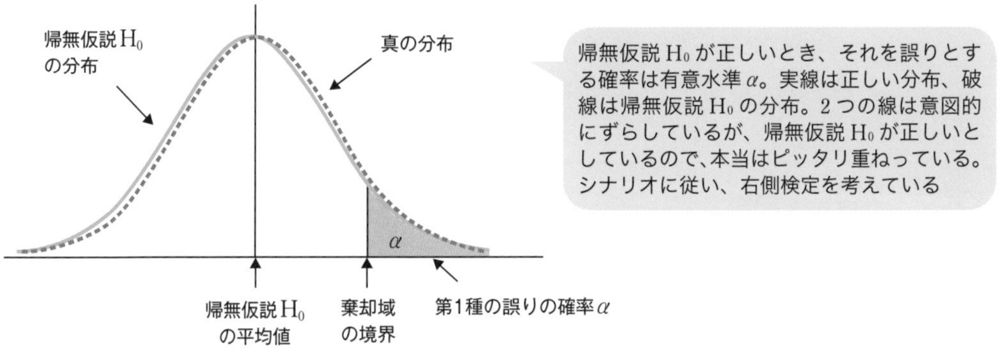

もう一つの誤りは仮説 H_0 を採択するときに犯す誤りです。「帰無仮説 H_0 が誤りであったのにこれを棄てないで採択してしまう」という誤りです。この誤りを**第２種の誤り**といいます。しばしば β で表されます。

（注）第１種の誤りを**第１種の過誤**ともいいます。また、第２種の誤りを**第２種の過誤**ともいいます。

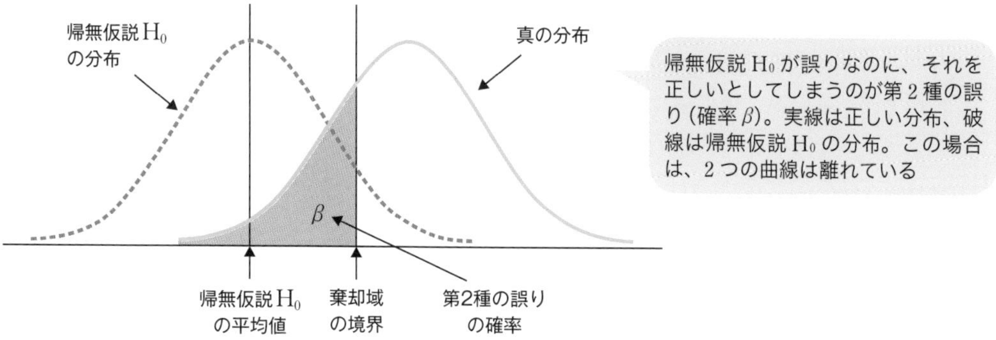

以上のことを表にまとめましょう。

	H_0 を採択	H_0 を棄却
H_0 真	正しい決定 （正しい H_0 を受容する確率＝ $1-\alpha$）	第 1 種の過り （正しい H_0 を棄却する確率＝ α）
H_0 偽	第 2 種の誤り （誤りの H_0 を受容する確率＝ β）	正しい決定 （誤りの H_0 を棄却する確率＝ $1-\beta$）

過誤のジレンマ

第 1 種の誤りと第 2 種の誤りを同時に小さくできれば理想的です。しかし、そうはいかないのです。上の議論から明らかなように、有意水準を小さくすると第 1 種の誤りの確率 α は低下します。しかし、第 2 種の誤りの確率 β は大きくなってしまうのです。

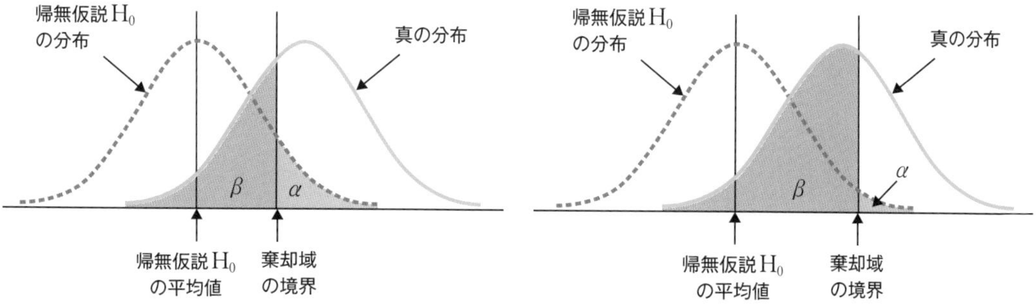

αを小さくするとβが大きくなる。逆も真

そこで、有意水準を決める際には、第 1 種の誤りと第 2 種の誤りのどちらが重要かを考え、検定に先立って決めておく必要があります。

検出力

「帰無仮説 H_0 が誤っているときに，この仮説 H_0 を棄却する確率」γ のことを**検出力**（または、**検定力**）といいます。「間違いを間違い」と指摘する能力を表すのです。

第 2 種の誤りを犯す確率を β とすると、β の定義から次の関係が満たされます。

$\gamma + \beta = 1$

したがって検出力γは次のように表されます。

検出力 $\gamma = 1 -$（第 2 種の誤りの確率 β）

話が込み入ってきたので、図にまとめておきましょう。

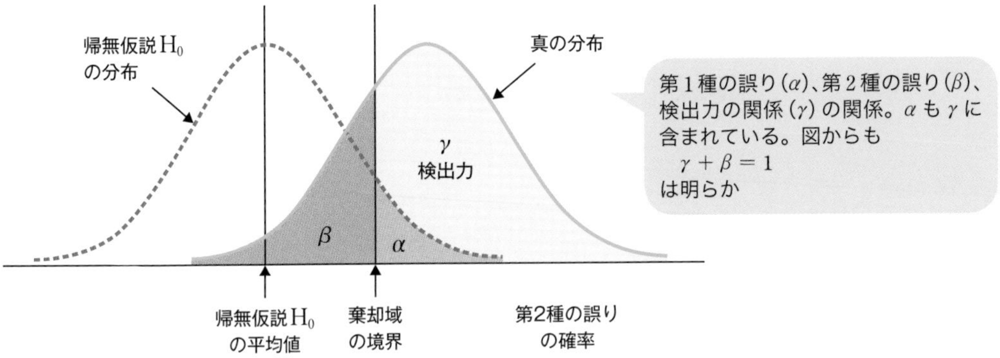

この図からわかるように、検出力γが大きい方が検定としてはありがたいのですが、それを大きくするとαも大きくなります、第 1 種の誤りを犯すリスクも増えてしまうのです。

例で見てみよう

検定の基本を復習しながら、第 2 種の誤りと検出力の意味の確認をしましょう。

> **例** 何年か前の資料から A 市の成人女子の平均体重は 50.0kgであるといわれている。しかし、実際には 50.0kgより大きいように思える。そこで、30 人の標本を抽出し、「A 市の成人女子の平均体重は 50.0kgである」が正しいかを有意水準 5%で右側検定した。
>
> なお、後日全数調査を行い、A 市の成人女子の平均体重は 55.0kgであることがわかった。このとき、A 市の検定の「第 2 種の誤り」の確率βと「検出力」γを算出しよう。ただし、体重の分布は正規分布を仮定し、標準偏差 10.0 は不変で既知とする。

A 市の検定において、帰無仮説は次のようになります。

帰無仮説 H_0：A 市の成人女子の平均体重は 50.0kg

対立仮説 H_1：A 市の成人女子の平均体重は 50.0kgより大きい

帰無仮説 H_0 のもとで、標本平均の分布について次のことが成立します（6-2 節）。

「A 市の成人女子から抽出して得られる 30 人の標本の体重平均 $\overline{X}$ は平均値が 50.0 で標準偏差が $\dfrac{10.0}{\sqrt{30}}$ の正規分布に従う」

この分布における上側 5%点は正規分布の性質より 53.0 となります。

（注）$50.0 + 1.63 \times \dfrac{10.0}{\sqrt{30}} = 53.0$から、この上側 5%点が得られます。1.63 は標準正規分布の上側 5%点です（3-6 節）。

標本が得られれば、その標本平均 と上側 5%点（＝53.0）との大小で、帰無仮説 H_0 の棄却・採択を決定します。

以上が検定のプロセスの基本です。得られた数値を、後に判明した「真の分布」に重ねて図示してみましょう。

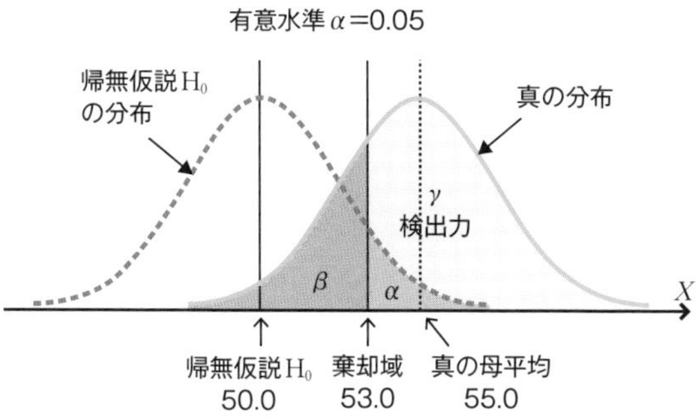

有意水準5%の右側検定のイメージ。検定プロセスで得た数値を記入してある

このプロセスを前提として、定義から得られる「第1種の誤り」の確率α、「第2種の誤り」の確率β、そして「検出力」γの算出結果を表示します。また、有意水準を1%にした場合も算出しておきます。

(注)具体的な数値の算出は後のPythonのプログラムに任せます。

確率の種類	意味	有意水準0.05	有意水準0.01
第1種の誤りα	帰無仮説H_0が正しいのに、これを棄ててしまう確率	0.05	0.01
第2種の誤りβ	帰無仮説H_0が誤りであったのに、これを棄てないで採択してしまう確率	0.137	0.340
検出力γ	帰無仮説H_0が誤っているときに，H0を棄却する確率	0.863	0.660

この表からわかることは、有意水準を小さくし検定を厳密にしても、それは「第1種の誤り」だけを小さくしているということです。第2種の誤りや検出力は、有意水準を小さくすると、かえって増えてしまいます。「第1種の誤り」、「第2種の誤り」、そして「検出力」は互いにトレードオフの関係なのです。仮説検定を実行する際には、このことを肝に銘じておくべきでしょう。

以上で各誤りの確率の具体的なイメージができると思います。しかし注意しなければならないことは、「真の母数」がわかっているので、このような具体的な計算が可能だということです。第2種の誤りや検出力は、全数調査をしない限り不明なのです。(全数調査をすると、統計的な検定の意味がなくなります！)

実習 43 Pythonによる統計分析

(例)において、提示した表の確率を算出しよう。

正規分布において、分散と標準偏差が与えられれば、様々な確率の情報はすぐに得られます。ここではSciPyの関数scipy.stats.norm.ppf、scipy.stats.norm.cdfを用いて確率を計算してみましょう(3-4節)。

Pythonプログラム 43

```
#第2種の誤りと検出力
print('【第2種の誤りと検出力】')
#準備
import numpy as np
from scipy.stats import norm
```

NumPy、SciPyの関数が使えるように準備(序-4節)

```
#モデルの仮定
mu0 =55          #真の母平均
sigma = 10     #真の母分散
ss = 30        # sample size
```

題意の設定

```
#帰無仮説の母平均と有意水準
m0 = 50
level = 0.05
print('有意水準={:.0%}'.format(level))
```

題意にある帰無仮説(mu0=50)と有意水準の設定

```
#棄却域の算出
p = 1 - level
p_point = norm.ppf(p, m0, sigma / np.sqrt(ss))
print('棄却域の上側%点=', round(p_point, 1))
```

棄却域の算出。norm.ppfについては3-4節参照

```
#第1種、第2種の誤りβ
print('第1種の誤りα=', level)
e2 = norm.cdf(p_point, mu0,sigma / np.sqrt(ss))
print('第2種の誤りβ=', round(e2, 3))
r = 1- e2
print('検出力γ=', round( r, 3))
```

真の母平均を持つ分布から、第2種の誤りの確率e2と、検出力(1−e2)を算出

計算結果

プログラムの実行結果を示します。なお、有意水準を1%に変更するには、プログラムの中の変数levelを0.01に変更します。

```
【第2種の誤りと検出力】
有意水準=5%
棄却域の上側%点= 53.0
第1種の誤りα= 0.05
第2種の誤りβ= 0.137
検出力γ= 0.863
```

参考 43 Python・Excel 二刀流

本節のテーマをExcelで実行するには、関数NORM.INVとNORM.DISTを利用します。棄却域の端点はNORM.INVで(3-6節)、「第２種の誤り β」はNORM.DISTで算出できます(3-4節)。

有意水準を1%に変更するには、上の図の該当セルに1%をセットしてください。

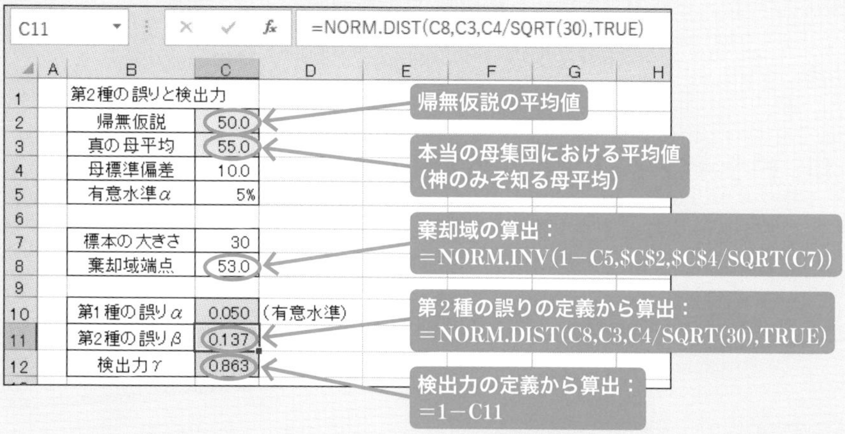

なお、「第２種の誤り β」を求めるのにNORM.DISTを利用しました。SciPyのnorm.cdfの働きをする関数です。ところで、3-4節ではNORM.DISTを「確率密度関数」としても紹介しました。パラメータ指定のし方で役割が変わるのです。次の表を見てください。

NORM.DIST(x, μ, σ, FALSE)	確率密度関数。関数のxにおける値
NORM.DIST(x, μ, σ, TRUE)	累積分布関数。x以下の値が起こる確率

付録A CSVファイルをGoogleドライブに格納する方法

GoogleＡが提供するサービスにアカウントを持っている場合には、Googleの提供するGoogleドライブというサービスを利用できます。最初の15GBは無料で使えます。

(注) Googleドライブにアクセスし、指示に従えば簡単に利用のためのアカウントが得られます。また、gmailユーザはそのアカウントが利用できます。

Googleドライブでファイルを管理

Googleドライブはデータのクラウドサービスとして利用できます。アカウントを持つ会員はファイルを格納し利用することができるのです。

Google Colaboを利用する際には、このGoogleドライブをファイル格納場所として利用するとよいでしょう。管理が簡単だからです。

(注) Googleドライブを利用するには、Googleの会員に加入し、アカウントを得ていなければなりません。手続きは簡単で無料。特に、gmailユーザは既に利用しているアカウントが使えます。

Google ドライブはデスクトップのように利用できる

Google ドライブはあたかもデスクトップのフォルダーのように利用できます。自分のパソコンのフォルダーから、ドラッグ＆ドロップの操作で、ファイルを Google ドライブに移すことができます。次の図は、先の図の「ドライブ」アイコンをクリックし、開かれた Google ドライブの「マイドライブ」にファイルを移動している図です。

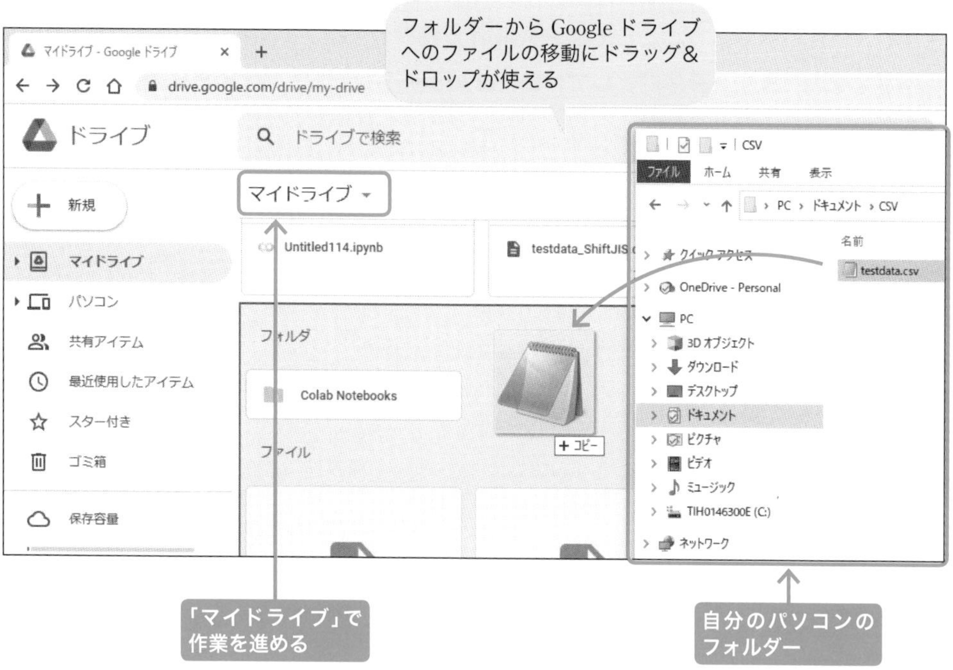

本書では、この Google ドライブをルートドライブの「マイドライブ」の上で利用することにします。このとき、プログラムからファイルへのパスは次のように記述できます。

/content/drive/My Drive/

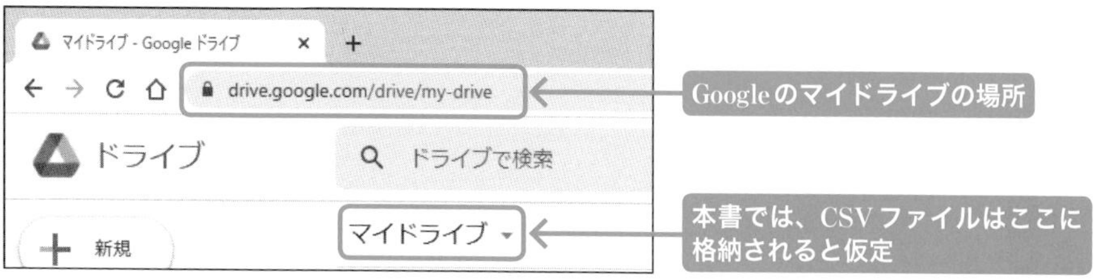

付録B Excel データを CSV ファイルに変換する方法

本文のプログラムでは、データを「手入力」することを仮定しました。しかし、大きなデータの場合には、手入力しきれません。そこで、大きなデータはファイルに保存し、そこから Python が直接読むようにしましょう。ここでは Python が読みやすいファイルの典型として、CSV ファイルの作り方を調べます。具体例として、Excel のデータを CSV ファイルに変換する方法を調べましょう。

CSV ファイルとは

CSV ファイル (comma separated value file) とは 1 行のデータの各要素が「,」(コンマ) で区切られ、1 行は改行コードで区切られているデータファイルのことです。次の例は 1 章 §1 で利用したデータを CSV ファイルにしたイメージです。

都道府県	賃金
北海道	889
青　森	822
岩　手	821
鹿児島	821
沖　縄	820

表データ

```
都道府県 , 賃金
北海道 ,889 ⏎
青森 ,822 ⏎
岩手 ,821 ⏎
  …  …
鹿児島 ,821 ⏎
沖縄 ,820 ⏎
```

CSV データ (⏎は改行)

Excel データを CSV ファイルとして書き出す

Excel データを CSV ファイルとして格納するには、「ファイル」メニューにある「名前を付けて保存」を選択します。

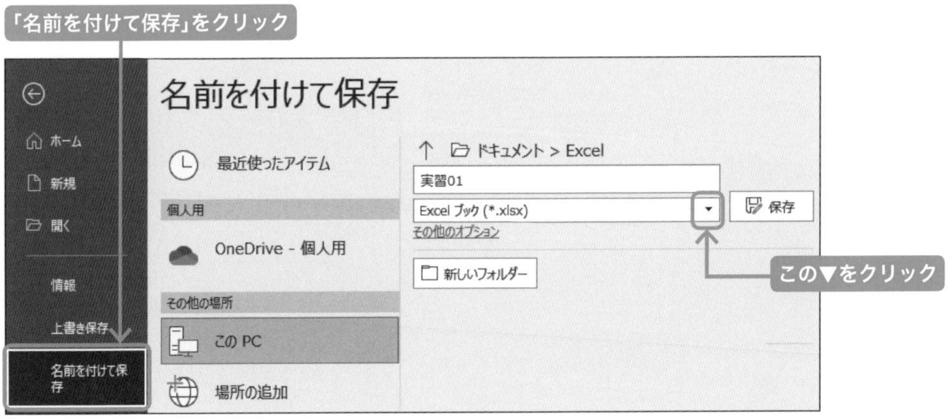

次に保存するファイル形式を選択するためのメニューを表示します。それには「保存」アイコンの左にある▼印をクリックします。すると、下図のメニューが現れます。

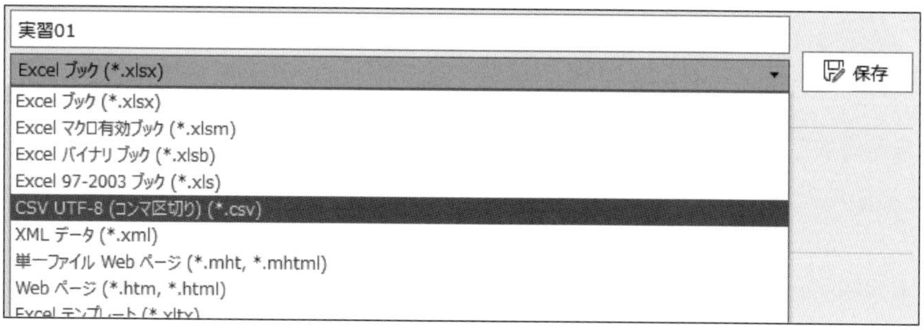

ここで、上の図のように「CSV UTF−8(コンマ区切り)(*CSV)」を選択します。Python で利用する際には、これが標準だからです。

後はファイルの保存場所を指定します。これで Excel データは CSV ファイルとして格納されます。

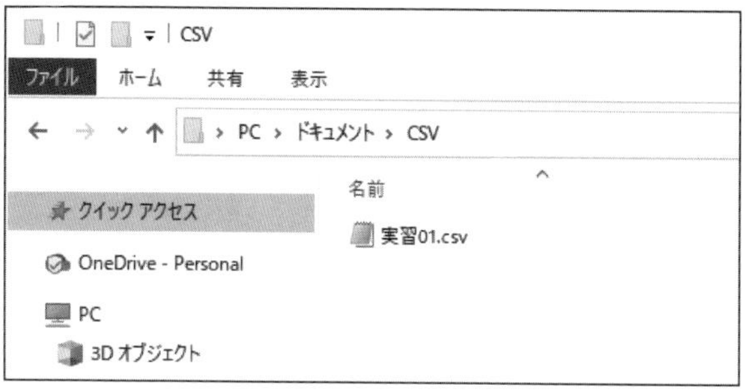

蛇足ですが、CSV ファイルはテキストエディタやワープロソフトでも読むことができ、確認が簡単にできます。下図は Windows10 の「メモ帳」で読み込む例です。

付録C CSVファイルをNumPyで読む方法（Googleドライブ利用）

大量のデータを処理するとき、Pythonはファイルからデータを読む必要があります。ここでは付録Bで調べたCSVファイルから読む方法を調べます。CSVファイル（comma separated value file）とはデータの要素が「,」（コンマ）で区切られて収められているファイルで、情報処理の分野では最も汎用性の高いファイル形式です。ほとんどのデータ解析用ソフトで読み書きできます。

テストデータの内容と場所の確認

PythonがCSVファイルを読む方法にはいろいろあります。ここではNumPyを利用する方法を調べます。なお、データ例としては1章で利用した最低賃金データの一部（関東地方）を利用し、ファイル名はtestdata.csvとします。

```
都道府県,賃金
茨城,879
栃木,882
群馬,865
埼玉,956
千葉,953
東京,1041
神奈川,1040
```

CSVファイル
（ファイル名testdata.csv）の中身

また、このCSVファイル（ファイル名はtestdata.csv）はGoogleの「マイドライブ」に用意されているとします（付録A）。

CSVファイルの読み方

NumPyの関数numpy.loadtxtを利用し、配列csvdataに読み込む例を示します。

```
from google.colab import drive
drive.mount('/content/drive', force_remount=True)

#データの読み込み
import numpy as np
csvdata = np.loadtxt(
    '/content/drive/My Drive/testdata.csv',
    delimiter=',', dtype ='unicode')
```

Google ColaboからGoogleドライブのファイルを読む準備

Googleドライブのファイルtestdata.csvをnumpy.loadtxt関数で読む

なお、Google Colabo の上でプログラムが動作していると仮定しています。また、Google ドライブにテストデータ（testdata.csv）が存在するものとしています（付録 A）。

（注）自分のパソコンのドライブにあるデータを読む方法については付録 F をご覧ください。

読んだデータの確認

プログラムの動作状況と、読み込んだデータの中身（配列 csvdata）を print で表示してみましょう。

```
print(csvdata)
```

```
Mounted at /content/drive
[['¥ufeff都道府県' '賃金']
 ['茨城' '879']
 ['栃木' '882']
 ['群馬' '865']
 ['埼玉' '956']
 ['千葉' '953']
 ['東京' '1041']
 ['神奈川' '1040']]
```

すべてのデータが文字列データとして読み込まれていることが分かります。そこで、計算ができるように、賃金部分を配列 wagedata に実数型として取り出してみましょう。

```
#賃金だけを配列wagedataに取り出す
wagedata=csvdata[:,1]
wagedata=wagedata[1:].astype(float)
print(wagedata)
```

数値計算できるように、数字データを wagedata に取り出す

（注）「.astype(float)」については、1 章 §1 をご覧ください。

先のプログラムにこれを付加し、実行した結果を示します。

```
Mounted at /content/drive
[ 879.  882.  865.  956.  953. 1041. 1040.]
```

配列 wagedata には数値だけが格納されています。こうして、平均値や分散などの計算が可能になります。

ちなみに、配列 csvdata の中身に「¥ufeff」の不本意な文字列が紛れ込んでいます。取り除く方法はいくつかありますが、「ゴミ」として無視して問題は起こりません。蛇足ながら、NumPy は文字列と数値の混在するファイル処理が苦手なのです。

（注）この「ゴミ」が気になる場合には、有名な外部ライブラリ Pandas を利用することをお勧めします。

付録D Windowsのコマンドプロンプトの利用法

キーボードからコマンドを与え、Windowsを操作する環境があります。それがコマンドプロンプトです。その使い方を調べましょう。Pythonを独自にインストールし利用するには必要な知識です。

(注) ここではWindows10で調べます。他のOSにも相当する機能がありますが、基本的に同じです。

コマンドプロンプトを利用

Windowsにおいて Python を直接利用するには、Windowsが用意したコマンドプロンプトを利用します。

コマンドプロンプトを利用するには、Windows画面にある「スタート」ボタンをクリックします。そして、次の順に選択します。

「スタート」→「Windowsシステムツール」→「コマンドプロンプト」

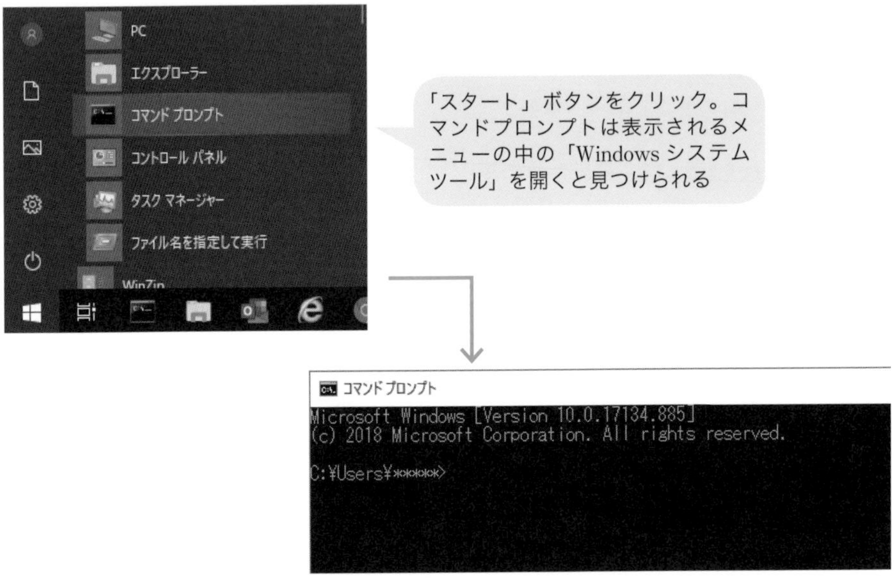

コマンドプロンプトでは、画面例が示すように、プロンプト記号「>」が表示されます。この後に、コマンドを入力します。

(注) プロンプトは英語のprompt。周知のように「刺激する」「促す」などの意味です。

2つの必須コマンド

コマンドプロンプトを利用すると、キーボードだけでコンピュータが操作できます。Pythonを利用するとき、ディレクトリに関係する次の 2 つのコマンドを覚えておくとよいでしょう。ここで、**ディレクトリ**は Windows でいう「フォルダー」と読み替えてください。

コマンド名	意味
CD	Change Directory の頭文字をとったコマンド。ディレクトリを変更する。
DIR	Directory の頭 3 文字をとったコマンド。現在のディレクトリの中身を表示。

(注) コマンドは大文字でも小文字でも同じ意味になります。ちなみに Python は違います。

コマンドプロンプトの使い方

コマンドプロンプトの操作に慣れるために、実際にコマンドをキーボードから入力してみます。実例として、コマンドを用いて Python のインストール先を見てみましょう。

(注) 標準的なインストールを採用する限り、Python 本体のインストールにコマンドプロンプトの知識は不要です (付録 E)。そこで、順序が逆ですが、インストール済みとして話を進めます。

最初に、Windows で Python の標準的なインストール場所を確認しておきます。それには、Windows の操作で Python のインストール先のフォルダーを開きましょう。アドレスバーから Python のインストール場所を調べることができます。

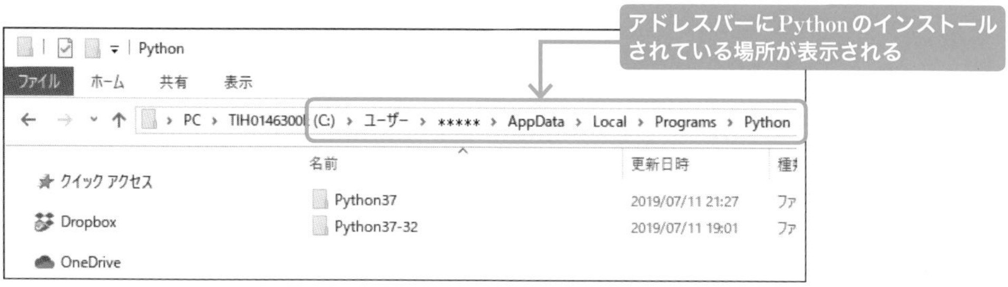

場所が分かったので、Python のインストールされたフォルダーをコマンドプロンプトで「開く」ことにします。それには次のように CD コマンドを利用します。

例 >CD C:¥Users¥*****¥AppData¥Local¥Programs¥Python

上の図と見比べればわかるように、ウィンドウのアドレスバーにあるフォルダー名を¥記号でつないで入力すればよいのです。

(注) コマンドの中の「Users」は Windows10 のアドレスバーでは「ユーザ」と表示されます。***** には自分のパソコンのユーザ名が入ります。

下図が現れれば、目的のフォルダーを開いたことになります。

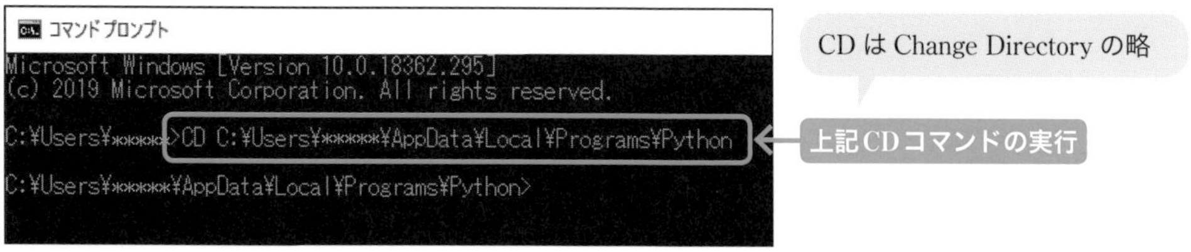

Windows では、フォルダーを開けば中身が見えます。しかし、コマンドプロンプトでは、そうは行きません。コマンドを入力し、「中を見せて」と命令しなければならないのです。それが DIR コマンドです。次のように入力します。

例 >CD C:¥Users¥*****¥AppData¥Local¥Programs¥Python>DIR

実行すると、下図のように、何が入っているかが示されます。

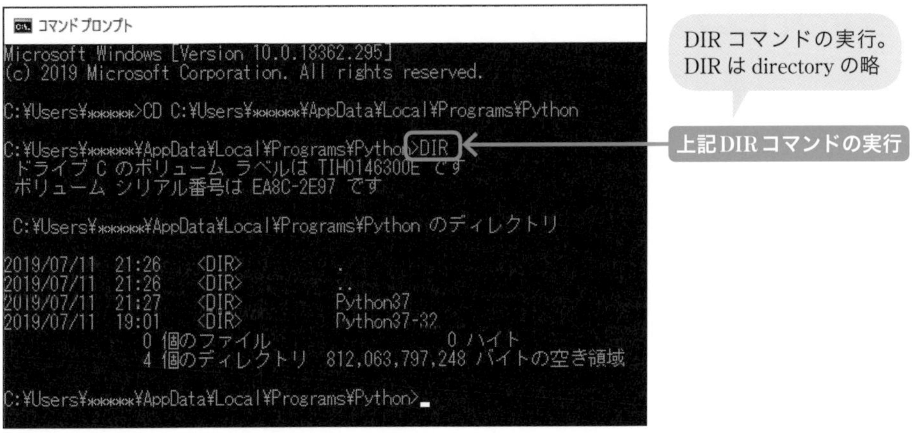

(注) 以上の画面コピーの中で、***** にはユーザ名が入ります。

ディレクトリとフォルダー

インストールのマニュアルには「ディレクトリ」という言葉が多用されます。ディレクトリ (directory) は「名簿」「住所録」などの意味ですが、インストールで利用する際には、フォルダーと同義語と理解しておいて、問題は起こりません。

たとえば CD コマンドの CD は、先に述べたように Change Directory の頭文字をとったコマンドです。「ディレクトリを変更する」というコマンドですが、「フォルダーを変更する」と解釈すれば、Windows 世代には、わかりやすいでしょう。

付録 E

個人のパソコンへ Python を インストールする方法

Google Colabo を利用せず、個人のパソコンに Python インストールして利用する場合を考えます。本書では、この使い方を推奨しません。インストール作業が多少面倒だからです。インターネットの環境が悪く、どうしても個人の PC に Python をインストールして統計学習を進めたいときにのみ、この付録を参考にして下さい。

(注) 本書では、簡略化のために、ディレクトリとフォルダーを同義とします。

(注) Python を個人のパソコンで利用するには、便利な開発環境を利用するのが一般的です。有名なものに Jupyter Notebook があり、その利用をお勧めします。これを利用するにも、インストール作業が必要です。詳細はその解説に従ってください。

Python をインストール

個人のパソコンで Python を利用するには、Python 開発元のホームページからファイルをダウンロードし、インストールしなければ利用できません。また、外部ライブラリの NumPy、SciPy、Matplotlib もインストールする必要があります。ここでは、Windows10 に標準的なインストールを行ってみます。

❶ Python の公式サイトにアクセス (https://www.python.org/) します。

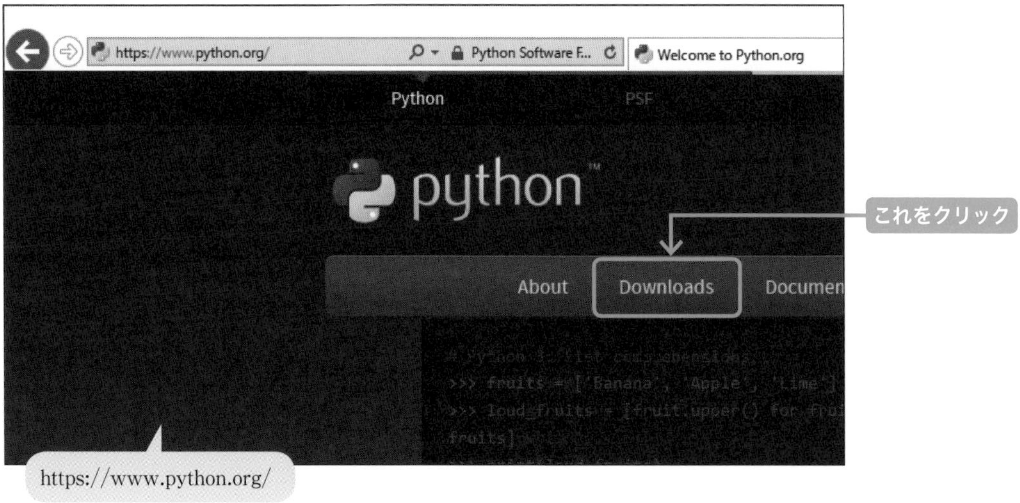

web ページが開いたならば、その上の「Downloads」をクリックします。

❷ ❶で開かれる「Downloads」サイト（https://www.python.org/downloads/）から、（特別な理由がなければ）最新の Python をダウンロードします。

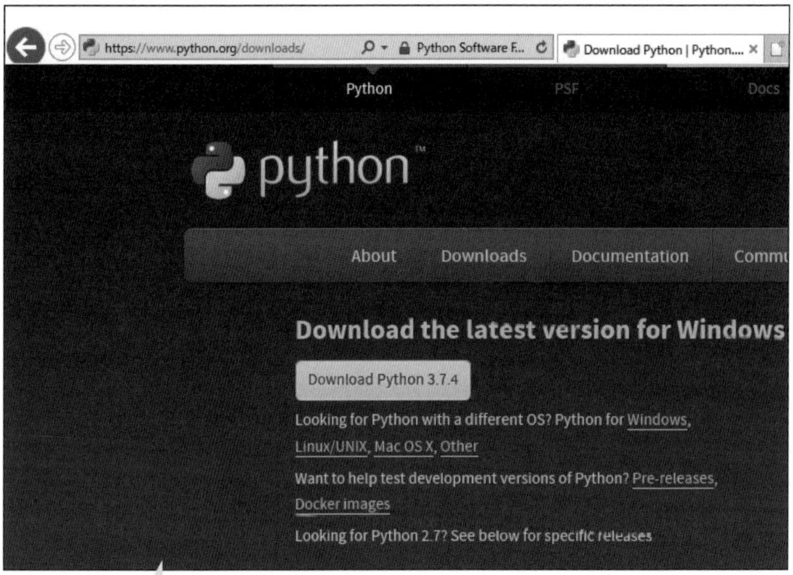

https://www.python.org/downloads/

これ以降は、Python のインストールの指示に従います。なお、インストール先は標準の場所にすることをお勧めします。以上で Python のインストールは完了です。

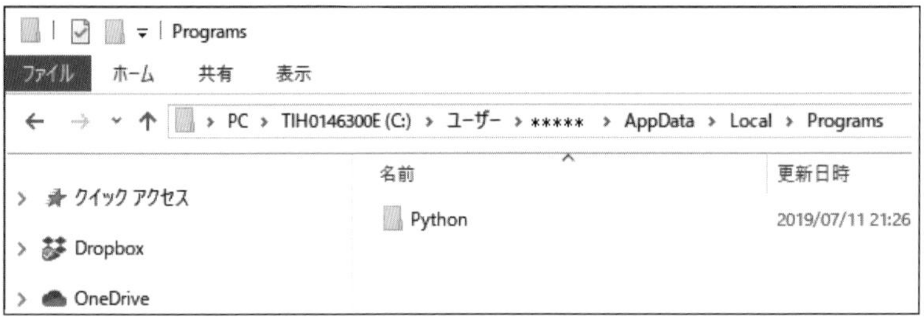

Windows10 での場所（標準的なインストール。***** にはユーザ名が入る。）

ここでは Python バージョンが 32 ビット版バージョン 3.7 とします。この時、Python の主要プログラムファイルは「Python37－32」ディレクトリに格納されます。Python のバージョンが異なる際には、適宜変更して下さい。

外部ライブラリのインストール

本書では、外部ライブラリの外部ライブラリの NumPy、SciPy、Matplotlib を利用しています。それらをインストールしましょう。ここでは代表として NumPy を解説します。他も同様です。

インストールはコマンドプロンプトで行います（付録 D）。コマンドプロンプトを開き、次のように操作します。

❶ NumPy をインストールしたフォルダーの中の「Python37-32¥ Scripts」を開きます。

CD コマンドを利用して(付録 D)、次のようにコマンドを入力します。

CD C:¥Users¥*****¥AppData¥Local¥Programs¥Python¥Python37−32¥Scripts

(注)標準的なインストールを行った場合です。

❷ pip コマンドを入力し、実行します。

> pip install numpy

すると、次図のように、インストール作業が実行されます。

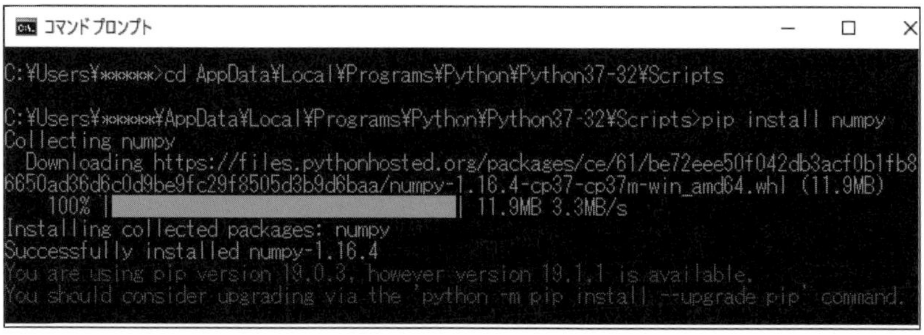

(注)以上の文中や画面コピーの中で、***** にはユーザ名が入ります。

完了メッセージが出されたなら、インストール作業は終了です。

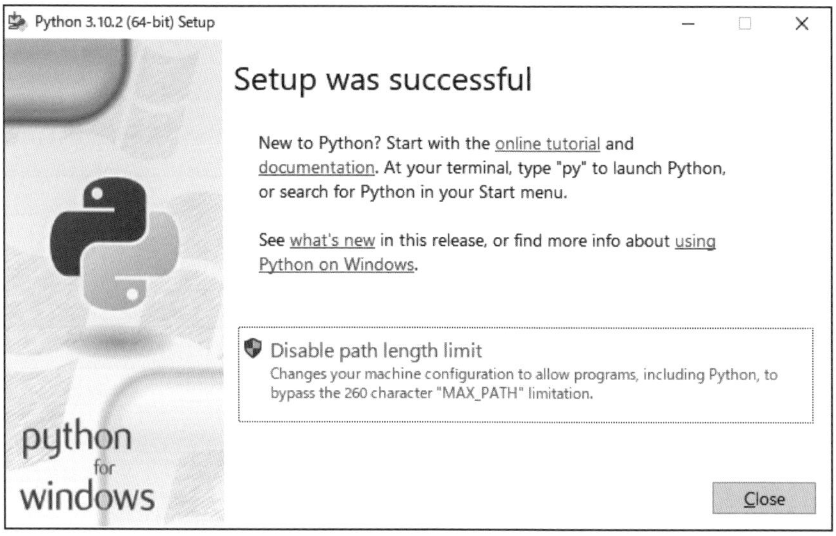

付録F Windowsコマンドプロンプトで Python を実行

Google Colabo を利用せず、個人の PC で Python を利用することは、付録 E でも言及したように、本書では推奨しません。インターネットの環境が悪いか、インターネット環境から離れて利用する場合のみ、本付録を参考にして下さい。ここでは Windows10 で解説を進めます。

（注）先にも述べたように（付録 E）、Python を個人のパソコンで利用するには、Jupyter Notebook などの便利な開発環境を利用するのが一般的です。この際の詳細は、その解説に従ってください。

Python のインストール場所の確認

付録 E では、Python のインストール先の確認法を調べました。本書では、標準的にインストールされていることを前提とします。そのインストール先として、次の場所を仮定します。

C:¥Users¥*****¥AppData¥Local¥Programs¥Python¥Python37−32

（注）「*****」には、使用しているパソコンのユーザ名が表示されます。先にも述べたように、ここで用いる Python バージョンは 32 ビット版バージョン 3.7 とします。以下の解説では、インストールした Python のバージョンに合わせて、「Python37-32」の部分を適宜変更してください。インストールの場所は任意ですので、標準的なインストールをしない場合には、今後の解説を適宜変更して下さい。

さらに、統計学の開発に便利な NumPy、SciPy、Matplotlib をインストールしておきます（付録 E）。

プログラムやデータの保存場所を確保

Python を個人のシステム内で利用するとき、プログラムやデータのファイルはフォルダーに保存されている必要があります。その保存場所を確保しましょう。

保存場所はどこでも良いのですが、記述を簡単にするために、ドライブ C の先頭の場所（すなわち**ルートディレクトリ**と呼ばれる場所）に作成することにします。そして、フォルダー名（すなわちディレクトリ名）は pytest とします。

この pytest フォルダーは Windows の操作で簡単に作れます（下図）。

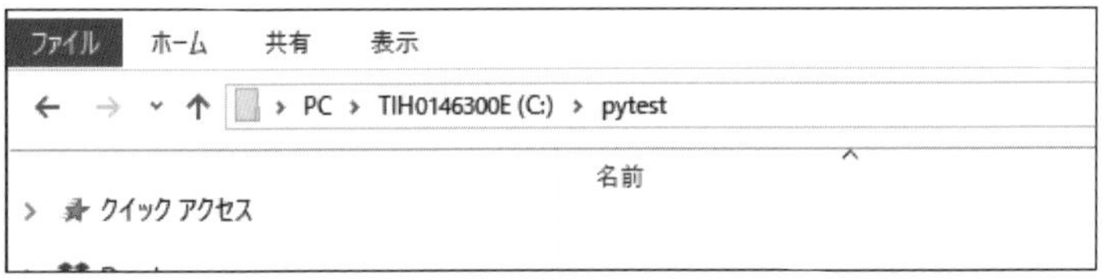

作成した pytest フォルダーを開いた図

この場所は Windows プロンプトでは次のディレクトリで表現されます。

プログラムやデータの保存ディレクトリ：c:¥pytest

プログラムやデータを保存

以上の準備の下に、プログラムをファイルとして保存しましょう。保存場所は、いま作成したフォルダー（フォルダー名 pytest）です。次の図は backpro.py という Python のプログラムファイルを Windows の操作で格納したことを確認しています。

Windows10 で、プログラファイルを格納した図。backpro という Python プログラムファイルを格納

この図からわかるように、プログラムのファイル名の拡張子は「py」とします。

データファイルの保存も同様です。

プログラムを実行しよう

Python のプログラムを Windows で標準的に実行します。次のステップを追いましょう。

❶ 現在作業中のディレクトリを Python システムの実行環境の場所に設定します。それには、プロンプト (>) の後に、次のように CD コマンドを入力します。

>CD C:¥Users¥*****¥AppData¥Local¥Programs¥Python¥Python310

（注）「*****」はパソコンのユーザ名です。

❷ 保存した Python プログラムを指定し、実行します。それには、プロンプ (>) の後に、プログラムのファイル名をディレクトリ名とともに入力します。次の例は、上記に例示した backpro.py を実行しています。

>python c:¥pytest¥backpro.py

こうして、プログラムが実行されます。次の図は backpro.py に 1 章 §1 のプログラムを収めた場合を例にした、実行例です（「*****」にはパソコンのユーザ名が表示されます）。

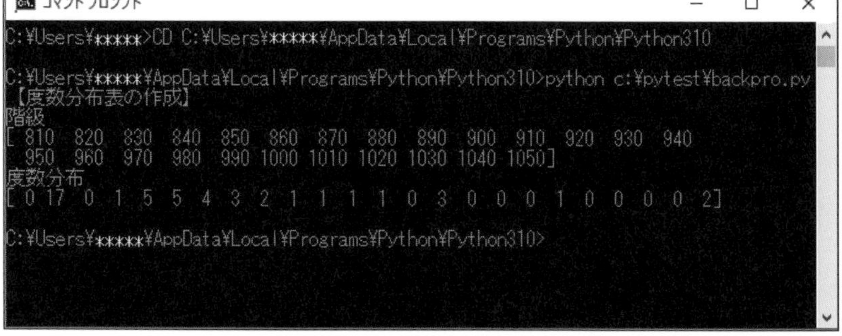

データの読み込み

付録Cでは Google Colabo で Google ドライブのデータファイルを読む場合を調べています。以下には、個人のパソコンにあるデータファイルの読み込み方を調べます。それには付録Cで調べたプログラムを多少修正する必要があります。

(注) NumPy で CSV ファイル「testdata.csv」を読む例を調べています。具体的には付録Cのファイルをイメージしてください。

【Google ドライブのデータファイルを読む場合】

```
from google.colab import drive
drive.mount('/content/drive', force_remount=True)

#データの読み込み
import numpy as np
data1 = np.loadtxt(
    '/content/drive/My Drive/testdata.csv',
     delimiter=',', dtype ='unicode')
```

Googleドライブのファイルtestdata.csvをnumpy.loadtxt関数で読む

(注) 付録Cで調べています。

【個人のパソコンにあるデータファイルを読む場合】

上の部分を次のように変更します。

```
#データの読み込み
import numpy as np
data1 = np.loadtxt(
    'c:¥¥pytest¥¥testdata.csv', delimiter=',')
```

個人のパソコンにあるファイルtestdata.csvをnumpy.loadtxt関数で読む

Google Colabo のファイル処理の最初の2行をカットし、次に関数 np.loadtxt のファイル位置の指定場所を個人のディレクトリに指定するのです。

INDEX

記号・数字

英字

ア行・カ行

サ行

タ行

ナ行・ハ行

マ行・ヤ行・ラ行

【著者】
涌井　良幸（わくい　よしゆき）
1950年東京生まれ。東京教育大学数学科を卒業後、教職に就く。教職退職後はライターとして著作活動に専念。

涌井　貞美（わくい　さだみ）
1952年東京生まれ。東京大学理学系研究科修士課程修了後、富士通、神奈川県立高等学校教員を経て、サイエンスライターとして独立。

【著述歴】
共著として「道具としてのベイズ統計」「図解でわかる多変量解析」「図解でわかる回帰分析」「図解でわかる統計解析用語辞典」（以上、日本実業出版社）、「困ったときのパソコン文字解決字典」「ピタリとわかる統計解析のための数学」（以上、誠文堂新光社）、「パソコンで遊ぶ数学実験」（講談社ブルーバックス）、「大学入試の『抜け道』数学」（学生社）、ほか多数。

カバー　● 小野貴司（やるやる屋本舗）
本文デザイン・DTP　● BUCH⁺

Python《ぱいそん》 演習《えんしゅう》で初歩《しょほ》から学《まな》ぶ
実習《じつしゆう》統計学《とうけいがく》入門《にゆうもん》

2023年4月26日　初版　第1刷発行

著　者　涌井《わくい》良幸《よしゆき》
　　　　涌井《わくい》貞美《さだみ》
発行者　片岡 巌
発行所　株式会社技術評論社
　　　　東京都新宿区市谷左内町 21-13
　　　　電話　03-3513-6150　販売促進部
　　　　　　　03-3267-2270　書籍編集部
印刷／製本　図書印刷株式会社

定価はカバーに表示してあります。

造本には細心の注意を払っておりますが、万一、乱丁（ページの乱れ）や落丁（ページの抜け）がございましたら、小社販売促進部までお送りください。送料小社負担にてお取り替えいたします。

ISBN978-4-297-13411-2　C3041
Printed in Japan

● 本書へのご意見、ご感想は、技術評論社ホームページ（http://gihyo.jp/）または以下の宛先へ書面にてお受けしております。電話でのお問い合わせにはお答えいたしかねますので、あらかじめご了承ください。

〒162-0846
東京都新宿区市谷左内町21－13
株式会社技術評論社書籍編集部
『Python演習で初歩から学ぶ　実習統計学入門』係